宇宙思考

Cosmos,
Essence,
Perspectives

天文物理学者BossB
信州大学准教授

かんき出版

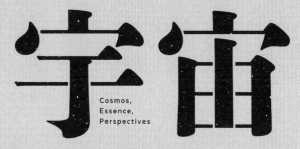

愛する息子たちTakezoとBjarkeに捧げる

はじめに

宇宙は全てです。全ての空間、時間、モノとエネルギーが宇宙です。
本書で紹介する宇宙思考のポイントは、次の3つです。

❶ 宇宙において、見えるもの、そして知ることができることは、視点に依存しており、視点に限られています。１つの視点で見えることは現実の一側面でしかありません。視点によって、見えるものが異なり、見えるものが限られてきます。だから、様々な視点でモノゴトを見ることで初めて、全体が見え始め、より本質に近づいていきます

❷ 宇宙には、容易に見えない所に本質が隠れています。よって、見えない、見たことのないことを見るためには、新しい視点が必要です

❸ 宇宙は無限に広がり、ほぼ無限の可能性があります。私たちはそれら全ての可能性を知ることはできませんが、だからこそ、私たちは未来を創れるのです

「宇宙思考」の根底には、宇宙を探究する過程で見えてきた宇宙の本質が、私たちの存在の本質であり、モノゴトの本質であるという認識があります。そして、「宇宙思考」は、宇宙の本質を「見る」方法で、自分を、人を、そして関係、感情、社会など自分の周りのモノゴト全てを思い、考える（思考）ことです。

ちなみに、本質を「見る」の「見る」は、「知る」「解釈する」などを含めた総称で、この「見る」方法を、私は「視点」と呼びます。

宇宙思考は、自分の視点は限られており、よって理解が限られていることを知ることから始まります。私たちの視点は思い込みと偏った解釈に限られているため、私たちは自分を含めモノゴトの本質は見えていません。

よって容易にモノゴトを判断することはできません。自分は間違っているかも知れないと思って立ち止まり、オープンマインドで、違いと未知と多様を受け入れましょう。

宇宙思考は多角的視点で、思い考えることです。視点が増えれば増えるほど、見えなかったものが見え始めるからです。視点を増やすためには、「普通」や「当たり前」の枠を超えて、探検し、チャレンジし、違いと出会って対話する必要があります。

すると自分の本質も見え始めます。自分の様々な輝きが見えてくることでしょう。周りの人々の輝きも見え始めます。学校や組織、他人の物差しに無理やり合わせることなく、皆があるがままで、それぞれの色で輝ける社会を創っていける、と元気が湧いてきます。

宇宙思考は、視点を選び、よりよい未来を創っていくことです。

未来は未知で可能性が広がっています。

次の一秒一秒何をするのか？　何を考え、何のために、どこに向かい、どんな自分になるのか？　という可能性であり、どの可能性を体現するのか、その選択をするのは、自分です。なりたい自分になれるのです。

私は天文物理学者です。私が宇宙や物理に興味を持ったきっかけは、自分はなぜ生まれ、なぜ生きているのか？　そして私の存在意義、価値はなんだ？　これらの問いの答えを探していたからです。研究分野は銀河の形成と進化の計算でしたが、私は学問の自由がある大学の教員です。

今は、自分が宇宙を学び始めた原点に戻り、宇宙と人、社会の接点に好奇心を駆り立てられています。

私は天文物理学者BossBです。BossBはBoss Bitchの略で、自信に満ち、自分の信じた道を進む、ユニークで型にハマらない自立した女性のことです。

天文物理学者BossBが誕生したのは、２０２０年秋、コロナ禍、それまで継続してきた社会活動ができなくなり、TikTokを中心にＳＮＳで、宇宙と愛と平和のメッセージの発信を始めた瞬間です。

本書には、皆さんに、宇宙を知って、宇宙思考で、なりたい自分になって、自分の色で輝いてほしいと思う願いがこもっています。

宇宙は全てです。

よって私たちも宇宙です。

私たちの考えること、夢も、愛も、喜びも悲しみも全てが宇宙です。

環境も社会も、未来も過去も宇宙です。

宇宙思考

目次

第1章 宇宙の中の私たち

第2章

宇宙は何でできているの？

第3章

空間、時間、時空、重力

第4章

ブラックホールは怖くない

第5章

宇宙はどこへ行く？

第6章

宇宙はどう始まったの？宇宙の外には何があるの？

第7章

タイムトラベルしたいかい？

ブックデザイン 山之口正和＋斎藤友貴（OKIKATA）
イラストレーター 徳丸ゆう
DTP 安田浩也（株式会社システムタンク）
野中賢（株式会社システムタンク）

第 1 章

宇宙の中の私たち

01

Q 私たち人間は宇宙のどこにいるのですか？

A

私たちの宇宙住所は、ラニアケア超銀河団、おとめ座超銀河団、おとめ座銀河団、局部銀河群、天の川銀河、オリオン腕、太陽系、地球です。

Message

果てしなく広がり圧倒的パワーを持つ宇宙はただ、あるだけです。宇宙は私たちを判断しないし、私たちの価値を与えません。自分の価値は、宇宙でもない、社会でも学校でもない、自分が決めるのです。

■広大な宇宙

宇宙はどんなところなのでしょうか？　宇宙を知ると、小さいけれど大きな自分に気づきます。自分の内に潜んだ途轍もないエネルギーと無数の可能性に出会い、なりたい自分になれることに気づきます。また、宇宙を探究する過程で、自分が見えること、解釈できることは視点に依存していること、そして自分の視点は限られていることを学ぶことができます。限られているけれど、宇宙（現実）を探究し、新しい発見があるごとに、視点は増えていきます。視点が増えれば自分の様々な輝きが見えてきます。周りの輝きも見えるようになります。そして皆がそれぞれ自分らしく輝ける社会を築いていける、という確信が生まれるのです。

宇宙を知り、視点が増えると、自分を含めモノゴトの本質が見えてきます。

これが「宇宙思考」です。

では、宇宙探究の旅に出かけましょう！

最初に、宇宙の中における私たちの立ち位置を考えてみます。私たちの住む惑星、地球の宇宙住所を知り、どれだけ宇宙が、私たちと比べて大きいかを考えてみましょう。地球の宇宙住所は、ラニアケア超銀河団、おとめ座超銀河団、おとめ座銀河団、局部銀河群、天の川銀河、オリオン腕、太陽系、地球です。地球上の住所を真似て表すと、ラニアケア帝国、おとめ座国、局部県、天の川市、オリオン通り、太陽家、地球様、と言ったところでしょうか？

■ 地球（様）

私たちは太陽という星（＝恒星）[*1]の周りをくるくる回る、地球という惑星に住んでいます。太陽からちょうどいい距離に位置している故、暑すぎることもなく寒すぎることもなく、豊富な水に恵まれた青い惑星が地球です。

太陽系（図1）を100億分の1のサイズに縮小すると、太陽はグレープフルーツの大きさになり、地球はそこから15メートル先にある針の先の大きさになります（図2）。太陽から地球までの距離はおよそ1億5000万キロメートルで、この距離は1天文単位（AU）と定義されています。地球がぎっしり1万個ぐらい入る距離です。

■ 太陽系（家）

太陽の周りには8つの惑星があります（図1）。太陽系で最も大きな惑星は木星、最も遠くにある惑星は海王星です。さきほどの太陽系縮小モデル（100億分の1）の中では、木星は太陽

図 1

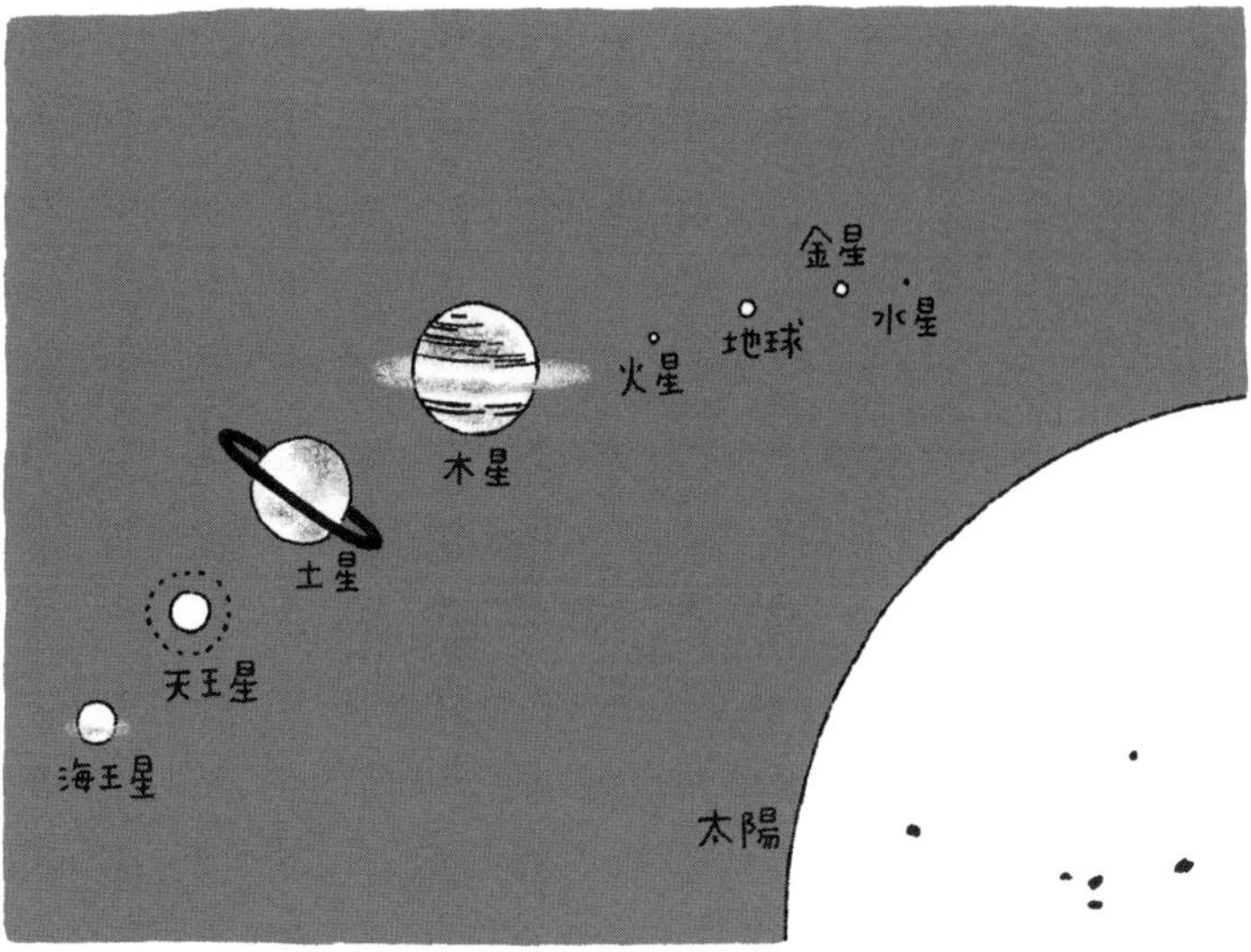
金星
水星
地球
火星
木星
土星
天王星
海王星
太陽

図 2

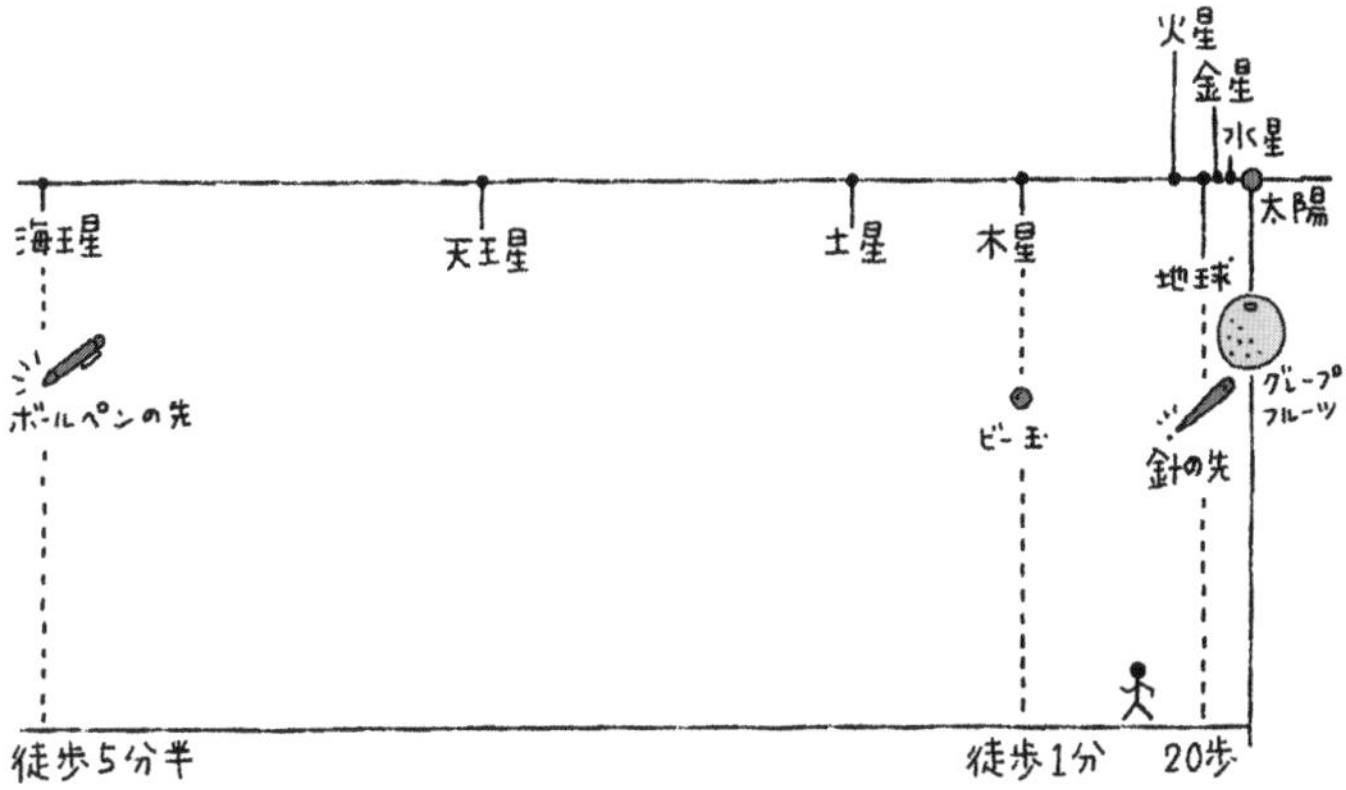
火星
金星
水星
海王星
天王星
土星
木星
太陽
地球
グレープフルーツ
ボールペンの先
ビー玉
針の先
徒歩5分半
徒歩1分
20歩

から78メートル先にあるビー玉、海王星は太陽から450メートル先にあるボールペンの先になります。太陽から歩いて木星まで1分、海王星までは5分半かかる距離です（図2）。

これら8つの惑星と少なくとも5つの準惑星、200以上の衛星（月は地球の衛星です）、100万以上の小惑星、おそらく10億以上はある彗星を含めて、太陽系と言います。みんな同じガスのかたまり、原始太陽系星雲から生まれており、太陽の重力でガッツリまとめられている、言ってみれば家族みたいなものです。私たちは太陽家に属しているのです。

「重力とは何か？」については第3章第5節で詳しく説明しますが、ここでは「質量を持つモノとモノの間に働く引力、お互いを引きつけ合う力」だと理解してください。

■ 天の川銀河（都市）

太陽は数千億個の星からなる天の川銀河（図3）にある、1つの星です。街の光から離れて夜空を見上げたことはありますか？　空（＝天）には、星々からできた川があたかも流れているように見えると思います。この「川」が天の川の由来です。私たちは天の川銀河の他の星々を見ているのです。

天の川銀河の数千億個の星々を、一人の人間が、1秒に1つずつ数えていったら何年ぐらいかかると思いますか？　数千年かかります。一人の人間が生きている間に数えきることはで

図3

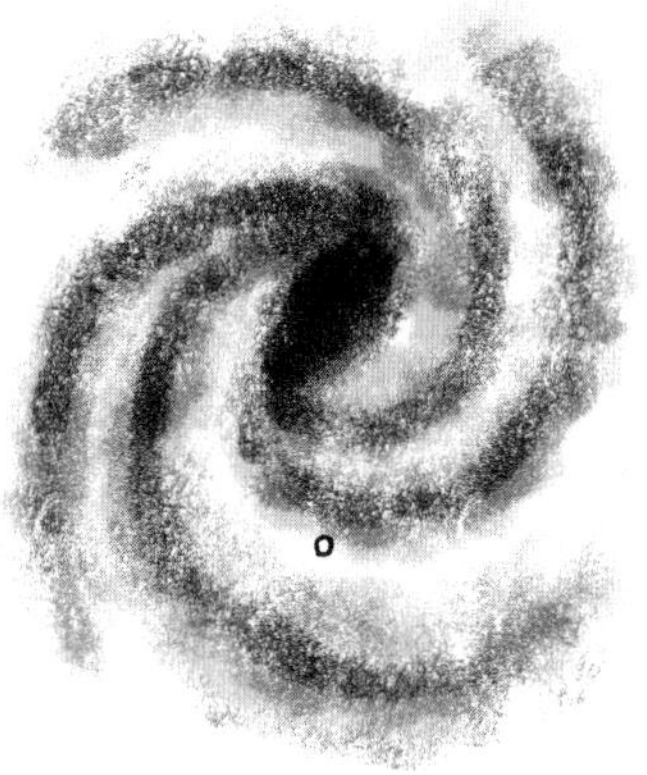

きません。「星の数ほど男（女）はいる」という表現がありますが、男も女もそれぞれおよそ40億人、天の川銀河内の星の数のたった1％に過ぎません。「星の数ほど」男も女もいないのです。出会った人を大切にしましょう。

太陽から最も近い星は、3つの星がお互いの重力でまとまってグループを作っている三重連星、ケンタウリ座アルファ星系です（南半球からしか見えません）。太陽からの距離はおよそ40兆キロメートル。1兆は0が12個もある大きな数ですが、ここまで数が大きくなると、地球のキロメートル感覚では比較が不可能になります。よって距離の単位を「光年」に変えます。1光年は、1秒におよそ30万キロメートルで動く光が1年に移動できる距離で、だいたい10兆キロメートです。太陽から最も近い3つ星までの距離はおよそ4光年です。

天の川銀河を100億分の1に縮小すると、ケンタウリ座アルファの3つ星は2つのグレープフルーツと1つのビー玉サイズになり、グレープフルーツサイズの太陽からおよそ4000キロメートル離れたところにあることになります。北アメリカ大陸西側のロサンゼルスにグレープフルーツ（太陽）があって、東側ニューヨークにグレープフルーツ（ケンタウリ座アルファ星系の星）があることを想像してください。人間が休むことなく寝ずに歩き続けて1ヶ月以上かかる距離です。このように、4光年とはとてつもなく大きな距離なのです。

地球から1等星のシリウスまでの距離は8・6光年、清少納言のお気に入り、昴《すばる》（プレアデス星団）までの距離は440光年。私たちが肉眼で見ることのできる星のほとんどは、太陽からおよそ1000光年以内にあります。

■オリオン腕（通り）

天の川銀河の星々は主に円盤状に、中心から渦を巻くように分布しています（図3）。そのことから、天の川銀河は渦巻銀河と言われます。その渦巻を作る複数の腕《わん》の中のひとつ、オリオン腕に、太陽系も、シリウスも、昴も、そして肉眼で見ることができるほぼ全ての星々があります。腕の太さはおよそ3500光年、長さはおよそ1万光年です。天の川銀河の円盤の大きさはおよそ10万光年ですから、オリオン腕は天の川銀河のほんの一部に過ぎません。

天の川銀河という大都市の中に、太陽系という私たちの家がある、よって、オリオン腕は町名と言ったところでしょう。町名というよりも西洋都市のストリート（通り）という感覚です。

■局部銀河群（県）

天の川銀河は、運命の友、アンドロメダ銀河と共に局部銀河群というグループに属しています（運命の友である理由は第5章第3節で説明します）。２つの銀河はそれぞれ数十の矮小（ミニ）銀河を周りにひき連れて、全員がお互いの重力でまとまっています。強いて言えば、局部銀河群は複数の近隣市町村をまとめる県みたいなものでしょう。

天の川銀河からアンドロメダ銀河までの距離は２５０万光年です。２５０万光年は、光が２５０万年間、止まることなく、減速することなく、ひたすら進み続ける距離です。私たちの祖先がアフリカで石器を使い始めた頃にアンドロメダ銀河から発せられた光が今ちょうど、地球に届いているのです。私たちの銀河から最も近くにある渦巻銀河でさえ、そんな遠くにあるのです。

■おとめ座銀河団とおとめ座超銀河団（国）

局部銀河群はおよそ2000の銀河からなるおとめ座銀河団の一部で、中心までの距離はおよそ6500万光年。さらに、おとめ座銀河団はおよそ100以上の銀河群と数個の銀河団からなる、おとめ座超銀河団の中心に位置します。

おとめ座超銀河団の直径はおよそ1億光年。重力でまとまった銀河の集団が銀河団であり、超銀河団です。

おとめ座超銀河団は多くの都道府県からなる国のようなものです。

■ラニアケア超銀河団（帝国）

近年、おとめ座超銀河団はさらに大きな超銀河団、ラニアケア超銀河団の一部であることがわかりました。ラニアケア超銀河団の直径はおよそ5億光年、数百以上の銀河団から成り、4つの大きな超銀河団があります。つまり複数の国々からなる帝国のようなものです。

■観測可能な宇宙

ラニアケア超銀河団の外にも、果てしなく、同じように超銀河団、銀河、星々が分布しています。私たちが観測可能な宇宙は930億光年に亘り、合計数兆個の銀河があり、およそ100000000000000000000000個（数兆個×数千億）の星があります。この数は0が23個ありますが、数学的には10^{23}と表現します。地球上のビーチの砂つぶを全部数えても10^{21}にしかならないことを考えると、途轍もなく大きな数です。

さらに、星の周りには惑星があり、天の川銀河の星には平均10個の惑星があると予想されていますから、観測可能な宇宙にある惑星の数はおよそ10^{24}個です。こんなに惑星があるのに、地球外生命がいないほうがおかしいような気がします（第5章第3章）。

■観測不可能な宇宙

観測可能な宇宙を超えて観測不可能な宇宙が、おそらく無限に広がっています（第6章第2節）。この無限の宇宙では、無数の銀河と星と、無数の生命があります。

その中にポツン、と地球があって、ポツン、とあなたはいるのです。

夜空を見上げて宇宙を感じてください。宇宙は果てしなく広がり、圧倒的なパワーを持っています。しかし宇宙は何も言いません。宇宙は何が正しくて何が間違っているのか、人間はどう生きるべきなのか？　判断しません。そして、あなたを判断することもないし、あなたに価値を与えません。宇宙はただ、あるのです。

例えば宇宙は、テストの点や偏差値であなたの価値を決めません。テストの点が40点であることを評価するのは学校であり社会であり、あなたです。宇宙は評価も判断もしません。テストとはある分野（教科）の一側面の評価法に過ぎず、あなたの価値を判断できるものではありません。そんな限られた基準で、学校や社会や他人に、あなたの価値を判断させてはいけません。もし、自分はいい点が取りたい、しかし頑張っても、何度やっても40点の結果しか出ないのであれば、そのテストはあなたに適したテストではないのです。宇宙はあなたに価値を与えない、あなたの価値はあなたが決めます。

また、宇宙はスクールカーストや社会人カースト（格差、勝ち組・負け組など）であなたの価値を決めません。そうするのは集団に属する人々であり、あなたです。宇宙は評価も判断もしません。ある集団内にヒエラルキーを作ることで、自分たちの下を作り、自分たちに価値を見出そうとする試みに過ぎません。しかしあなたの価値はあなたにしか決められないのですから、社会や学校や集団のヒエラルキーに影響されてはいけません。

そしてあなたにも他人の価値を決めることはできません。自分のことは自分にしかわからないからです。

無数の銀河や星を作り、生命を生み出すパワフルな宇宙はただ存在し、黙っています。答えはくれないし、答えもないと思います。自分の価値は自分で決めてください。[注] 宇宙の探究は自分の探求です。

※注　集団で同じ地球に住んでいる限り、自分で決める価値が他人を脅かすもの、傷つけるものである場合は、社会的に隔離されなければいけません。

02

Q

宇宙が生まれたのはいつですか？
太陽や地球が生まれたのはいつですか？

A

宇宙が誕生したのは今から１３８億年前です。
太陽と地球が生まれたのは46億年前です。

Message

宇宙の年齢を地球の１年に喩えると、人間の寿命はたったの0・2秒しかありませんが、その0・2秒のあなたの選択が創造にも破壊にも繋がります。

■宇宙カレンダー

私たちの住んでいる宇宙が誕生したのは今から138億年前、様々な観測結果から導かれる数字です。[*2] 宇宙は時間のスケールも壮大ですから、この138億年を私たちの1年に圧縮した宇宙カレンダー（次ページ、図4）で、宇宙のこれまでの歴史と私たち人間の存在を考えてみましょう。[*3] 138億年を1年とすると、1ヶ月はおよそ12億年、1日はおよそ4000万年になります。

■138億年を1年に圧縮した宇宙カレンダー

――1月1日

ビッグバン、宇宙が誕生しました。ビッグバンの熱（第6章第1節）は、宇宙の膨張（第5章第1節）と共に冷え、宇宙はまだ真っ暗です。

――1月3日頃

宇宙に星が輝き始めたのではないかと推測されます。2021年12月に打ち上げられたジェームズ・ウェッブ宇宙望遠鏡[*4]が宇宙最初の星々（ファーストスター）の死、超新星爆発の光を

図 4

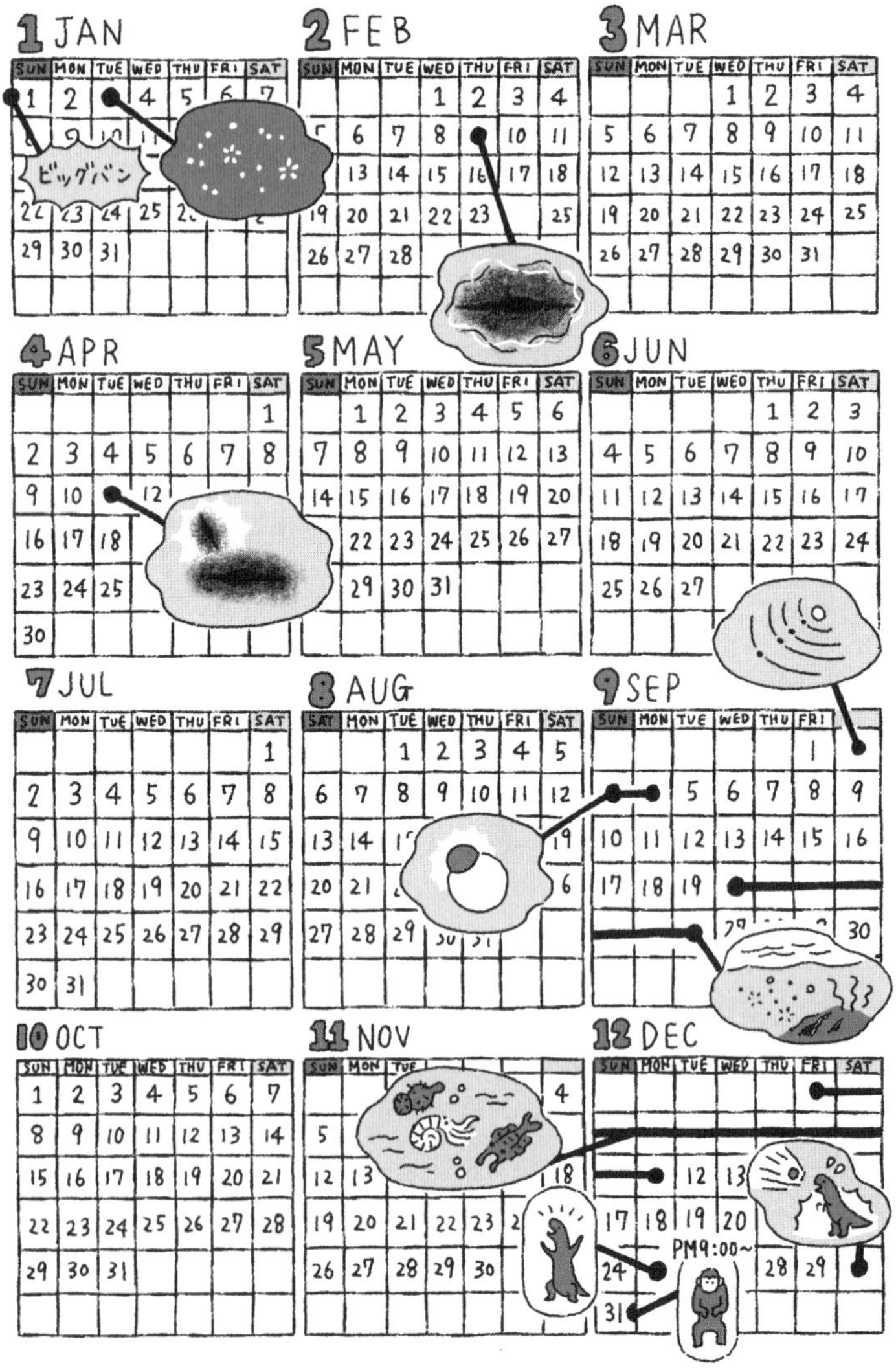
1 JAN
2 FEB
3 MAR
4 APR
5 MAY
6 JUN
7 JUL
8 AUG
9 SEP
10 OCT
11 NOV
12 DEC
ビッグバン
PM9:00~

観測できるかもしれません。

同じ頃、小さな原始銀河も生まれたと推測されています。天の川銀河のおよそ100万分の1程度の小さな銀河です。銀河は小さいものから順に生まれ、小さい銀河が合体し、階層的に大きくなっていくと考えられています（第5章第3節）。現在観測されている最古（宇宙カレンダー1月9日頃）の銀河は、2022年、ジェームズ・ウェッブ宇宙望遠鏡により発見されたJADES-GS-z13-0です。[*5] おそらく1月3日頃から形成され始めた銀河であり、この銀河の中に最初の星々の光があるのではないか、と考えられています。分析は現在進行中です。

― 2月9日頃までには

天の川銀河の円盤の原型はもうでき上がっていたと考えられています。この時期に形成された、かなり大きな銀河の円盤ガスが、最近、ALMA望遠鏡を使って発見されました。[*6] そして天の川銀河は他の銀河と合体を重ねてさらに大きくなっていくのです。

― 4月11日頃

天の川銀河はガイア＝エンセラドス銀河と衝突、合体しました。当時の天の川銀河のおよそ5分の1サイズの銀河だったようですから、かなりの打撃を受けた模様です。ガイア衛星がその衝突、合体の結果である星の軌跡を捉えています。[*7]

銀河の中では数多くの星が生まれます。星が死ぬと、その星のかけらを含むガスからまた新しい星が生まれ、その星もいずれは死に絶え、かけらを次世代に繋げます。これが星のリサイクルと呼ばれるプロセスです。銀河に星を作る材料（ガス）がある限り、銀河中でこの星のリサイクルは繰り返されます。

――9月2日

太陽と私たちの住む太陽系が生まれ、地球も生まれました。前世代の星のかけらでできた地球です。

――9月3〜4日

火星サイズの原始惑星テイアが原始地球に衝突し、衝突によるテイアと地球の破片から、月ができました。

――9月下旬

生命はもうすでに地球に存在していたようです（何日かは現時点のデータからは確定できません）。宇宙カレンダーで9月生まれの様々な単細胞微生物の化石が見つかっているからです。生命は地球で生まれたという説もあれば、隕石か彗星が生命を運んできたという説もあります。

――12月中旬

多細胞生物が生まれました。生命は数ヶ月の時をかけて、一人（単細胞）よりもみんなで協力した（共生）ほうが得なことに気づいたようです。ダーウィンの自然淘汰の例です。

――12月25日

クリスマスの夜に恐竜が誕生しました。

―12月30日早朝

直径10キロメートル超の隕石が地球に衝突し、その結果恐竜は全滅してしまいました。

―12月31日

宇宙カレンダーの最終日後半にやっと人間が出てきます。ここからは時間ごとに見ていく必要があります。

・**21時12分**

人間の祖先アルディ(Ardi)が生まれました。しかし、長時間の二足歩行はまだ無理なようでした。

・**21時58分**

人間の祖先ルーシー(Lucy)は2足歩行をマスターします。二人ともエチオピアで発見された最古の化石人骨で、女性です。私たち全人類共通のおばあちゃんたちです。

・**23時57分**

人間は形や絵を描き始めました。

・**23時59分33秒**

人間は農業を始め、定住生活が可能になり、街、文明が生まれました。

・**23時59分49秒**

人間はエジプトでピラミッドを建設しました。

・23時59分59秒

宇宙カレンダーの1年が終わる1秒前に、ニコラウス・コペルニクスが「地球は宇宙の中心ではない、太陽の周りを回っている」という地動説を唱え、科学革命が始まります。のちに、アイザック・ニュートンがその理由を重力と運動の法則で説明し、科学技術の発展が人間社会をリードする現代文明の幕が上がりました。

それは、たった1秒前。たった1秒だけど、1秒の影響力は大きいです。例えば、人間は1秒前に比べて、地球の生態系を100倍から1000倍の速さで破壊しています。恐竜は4日以上も地球と共生できたのに対して（隕石さえ落ちなければもっと長かったはず）、人間は誕生してからまだ3時間ほどしか経っていないのに、共生するどころか地球を破壊しています。

一方、人間はたった1秒で、1年間の宇宙の歴史及び様々な現象を解明してきました。もちろんわからないことも沢山ありますが、恐竜を含め地球上のどの生命にもできなかったことです。おそらくは近傍の宇宙に存在するであろう、どの生命にもできないことだと思います。そして私たちはさらに宇宙を解明し続けていくことでしょう。

私たちは強欲で虚栄心が強く、一方、好奇心旺盛で知性がある人間です。そんな人間一人に与えられた時間は、宇宙カレンダーで最大0・2秒程度。たった0・2秒だけど、0・2秒の影響は大きいです。

宇宙思考

次に記すのは、アメリカの天文学者かつ科学コミュニケータの第一人者である、故カール・セーガンの言葉です（ドキュメンタリー映画『コスモス』より）。

> 帝王、戦争、民族の大移動、発明、あらゆる愛のストーリー、歴史で起こった全ての事、その時代を生きた全ての人々が宇宙カレンダーの最後の数十秒にあります。私たちは、私たちが現れた広大な空間と時間の存在に気づいたばかりです。そして宇宙150億年[注]の進化を受け継ぐレガシーであることにも気づきました。自らを高め、私たちを生んだ宇宙の探究を続けるのか、150億年の遺産を自己破壊で無駄にしてしまうのか、私たちには選択ができます。来《きた》るべき来年の宇宙カレンダーの元旦に何が起こるかは、今、ここで私たちが、私たちの知性で、宇宙から得た知識を使い、何をするかで決まります。

宇宙カレンダーで0・2秒しか生きられない一人ひとりの人間の選択が来年の宇宙カレンダーを創ります。宇宙から学んだことを生かし、宇宙思考で、来年を創り上げていきましょう。

※注　当時（1980年）宇宙の年齢は150億年と考えられていましたが、現在あらゆる精密な観察結果により138億年ということがわかっています。

03

Q 地球は動いているのですか？ なぜその動きを感じないのですか？

A 私たちは、太陽から見ると秒速30キロメートルで動いています。天の川銀河の中心から見ると秒速220キロメートル、膨張する宇宙から見ると秒速630キロメートルで動いています。しかし、動きは視点によって変わるので、私たちから見ると、私たちは動いていないことになるのです。

Message

あなたが「見ることができるもの」そして「解釈できること」はあなたの視点に依存します。視点によって「見ることができるもの」も「解釈できること」も異なるのです。

■動きは視点で決まる

時速60キロメートルで動く電車の中でジャンプすると、ジャンプした元の場所に着地します。電車は動いているのに、どうしてでしょうか？　それは、電車の中から見ると、あなたは静止している、動いていないからです。運動場でジャンプしようが、部屋の中でジャンプしようが、音も摩擦もないスムーズな、時速60キロメートルで動く電車の中でジャンプしようが、必ず元の場所に着地します。目を閉じてジャンプしたならば、自分はどこにいるのか気づかないことでしょう。

一方、電車の外からジャンプするあなたを見ると、あなたはジャンプした場所から電車の動く方向、およそ17メートル先に着地します（あなたの滞空時間はマイケル・ジョーダン級で1秒と仮定しました）。あなたがジャンプするかしないかに関係なく、あなたは常に時速60キロメートルで、つまり1秒に17メートル（秒速17メートル）ずつ、電車の動く方向に動いていくように見えます。

モノの動きには大きさと方向があり、どこを基準にして測るかで変わります。視点で変わるのです。モノの動きは、単位時間内にどれだけ、どの方向に動いたかで表し、これを速度と言います。

「あなたの速度は？」と聞かれたら、「どこから見て？」と答えましょう。

■あなたの速度は？

地球の表面から見ると地面に立っているあなたの速度は0です。動いていないのです。よってジャンプしたら必ず同じ場所に着地します。地球の中心から見ると、あなたの速度は、あなたが赤道上に立っているのならば秒速460メートル、日本（東京）に立っているのならば秒速380メートル、北極点に立っているのならば秒速0メートルです。

地球は北極点と南極点を結ぶ軸を中心に、駒のように回転（自転）しているので、あなたも一緒に回転しています。よって、あなたの動く方向は常に変化しています。

■地球の速度は？

太陽系の中心、太陽から見ると、地球の速度は秒速30キロメートルで、地球は太陽の周りを公転（1年で1周する）しています。あなたも、地球のどこにいようが、太陽から見ると秒速30キロメートルで動いているのです（自転による違いは1%以下になるので無視できます）。これは1秒で東京から横浜に動ける速さです。

■太陽の速度は？

一方、地球とあなたから見ると、太陽の速度が秒速30キロメートルになります。科学革命以前の人々は太陽が地球の周りを回っている天動説を信じていましたが、人間視点で見たらそういうことになります。[*8]

しかし、天の川銀河の中心から見ると、太陽および太陽系の速度は、およそ秒速220キロメートルです。あなたも秒速220キロメートルで動いているのですよ。これは、1秒で東京から日本海側まで動けるスピードです。太陽および太陽系は2億数千万年に一度、天の川銀河を1周しています。

■天の川銀河の速度は？

アンドロメダ銀河から見ると、天の川銀河の速度は秒速110キロメートルです。逆に、天の川銀河から見ると、アンドロメダ銀河のスピードが秒速110キロメートルになります。お互いの重力に引かれてお互いに向かって動いているのですが、どちらが動いているのでしょうか？　という質問はできません。動きは相対的で、視点によって変わるからです。

図 5

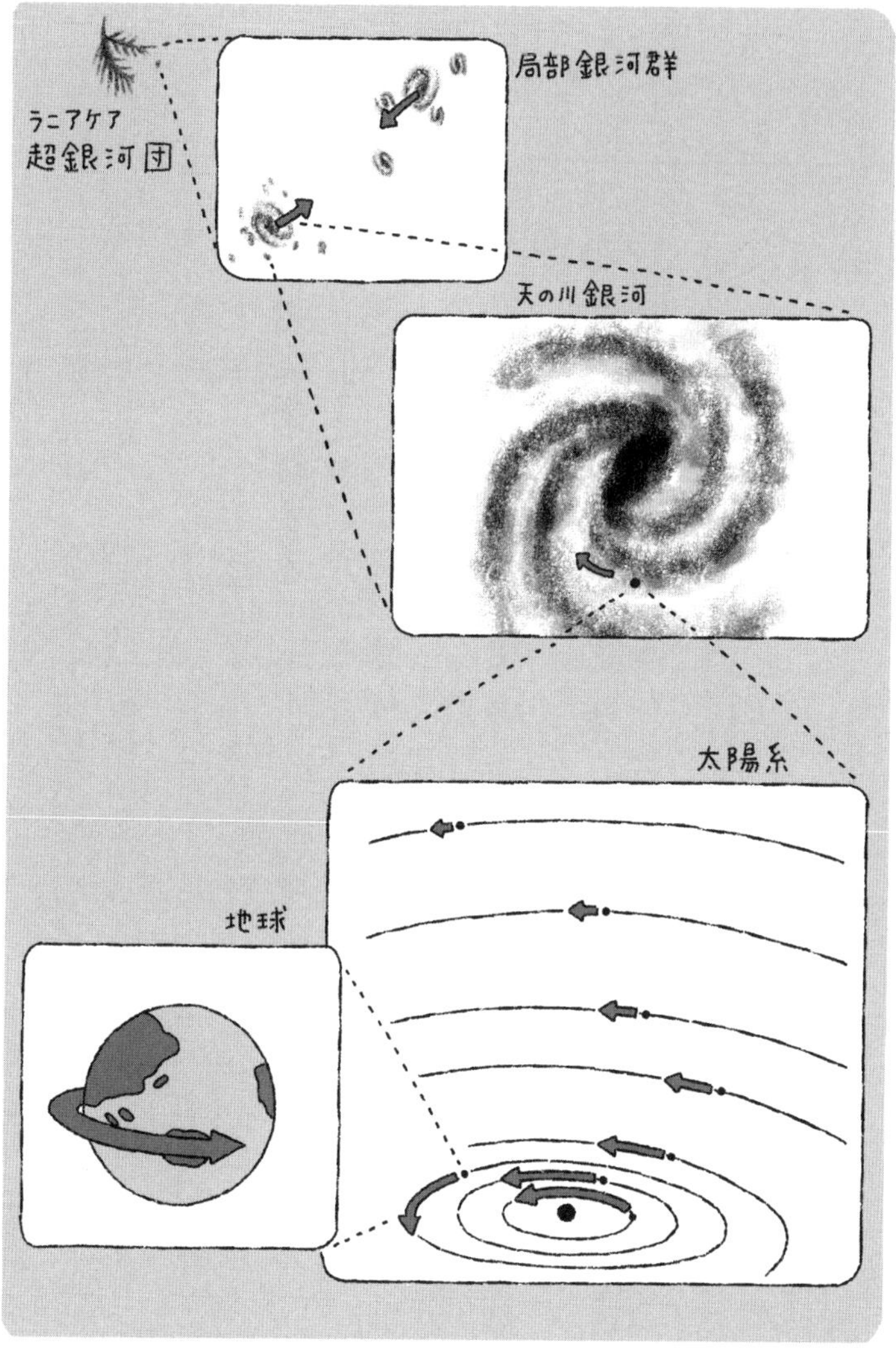

宇宙全体から見たら、天の川銀河の速度は秒速630キロメートルです。天の川銀河とアンドロメダ銀河が属する局部銀河群は、ラニアケア超銀河団の一部である巨大引力源、グレートアトラクターの方向に動いています。つまり宇宙から見ると、あなたも1秒に630キロメートルも動いているのです。

■解釈は視点に依存する

動きの解釈は視点で決まります。どこから見るかで異なり、相対的であるということです。

そして動きだけではありません。位置も視点で決まります。本章冒頭で紹介した宇宙住所も、地球に住む私たちの視点から解釈した住所であり、遠く離れた銀河の惑星に住む生命体にとっては無意味な住所です。[*9]

さらに時間も視点で決まります。相対的で個人的です。それぞれの人の、それぞれの場所の時計の進み方は異なります（第3章第3節）。

何を見るのか？　何が見えるのか？　そして何を解釈できるのかは、全て視点に依存するのです。

宇宙思考

グラスに水が半分入っています。それを見て半分も入っている、と思うのか、半分しか入っていない、と思うのか、同じ対象でも、個人の視点によって見えるものが異なり、解釈が異なります。

視点とは、何を見ようとするのか？　何を知りたいのか？　という「何」という現実の対象があって決まるものです。そして、その対象をどう見るかという方法と、どう向き合うかという姿勢（態度）のことを指して視点と言います。英語ではパースペクティブです。

視点は、あなたの脳にすでにあるデータによって定められます。データは原則、仮定と仮説です。エビデンス（仮説の検証結果）で信用を得た仮定や仮説は概念へと発展しますが、新しいエビデンスにより概念も変化するし、否定されるものです。

あなたの過去のデータは限られているので、あなたの視点も必然的に限られます。そしてあなたが現実の対象の何を見るかを決定するのはあなたの限られた視点であり、見た情報はその視点を生み出した脳の限られた過去のデータによって解釈されます。[注] つまり、あなたの視点が何を見られるか、何を解釈できるのかを決定するのです。よってあなたの視点に依存した解釈（観察や測定結果）は、現実の側面の解釈でしかないことを覚えておいてください（第2章第2節末に続く）。

※注　本書では「見る」という言葉を「見る」だけではなく「聴く」、「触る」など、環境から情報を得るという行為を通して脳が解釈するという一連のプロセス（流れ）を指して抽象的に使っています。

04

Q

私たち人間は誰が作ってくれたのですか？

A

私たちは星が作ってくれました。私たちは星からできた「星の子」なのです。星は一生をかけて、人間の材料である、酸素、炭素、鉄などの原子を作り出すのです。

Message

私たち一人ひとりの中に宇宙があり、内の宇宙と外の宇宙は繋がっています。そして星の子全てが繋がっています。

■私たちは原子でできている

中学校で習う周期表を思い出してください。私たちの体の大部分は、質量の多い順に、酸素（65％）、炭素（18％）、水素（10％）、窒素（3％）からできていますが、その他、カルシウム、鉄、ヨウ素などの原子もあります（4％）。私たちは星のかけらでできた「星の子」なのです。

■ビッグバンが原子を作り、星ができる

138億年前、ビッグバン（第6章第1節）のエネルギーで様々な粒子が生まれました。その中の陽子に電子がくっついて水素原子ができました。またその中の陽子の一部が融合した（核融合）ものに電子がくっついてヘリウム原子ができました。[*10] その水素とヘリウムから生まれる星々が、水素とヘリウムよりも重い原子を作っていきます。

■星が原子を作る

星には大きく分けて2種類あります。太陽質量の8倍を境目に、低質量星と高質量星に分け

ますが、全体の1%以下が高質量星で、ほとんどの星は低質量星です。低質量星と高質量星では生き様も死に方も異なります。それぞれの過程で作る原子も異なります。

温度が1000万度以上になった中心核で、核融合[*11]により4つの水素からヘリウムを作り（第2章第5節）、輝くのが星（恒星）です。太陽も毎秒絶え間なく、およそ6億トンのヘリウムを作り、輝いています。中心核のヘリウムがなくなると、核はさらに収縮して炭素を作り始めるのですが、低質量星と高質量星の違いはここからです。

炭素や窒素よりも重い元素を作る核融合を行うには、中心核が、重力により、さらに高温（5億度）に達する必要があります。太陽のような低質量星の核はこの温度に到達できません。炭素よりも重い重元素、例えば酸素、ネオン、カルシウム、そして鉄までを作るのは高質量星です。

■星風が原子を運ぶ

低質量星の外層は、核融合が止まると、星の風（星風）によって剝がれていきます。私たちの体の中の炭素や窒素は主に星風に乗ってやってきました。

■超新星爆発が原子を運ぶ

高質量星はどんどん重い元素を融合していき、中心核が全て鉄になると核融合は止まります。鉄は最も安定した原子ですから、鉄を融合して鉄より重い元素を作ることはできません。よって、これ以上核融合で自身の質量を支えることができなくなった星の核は、重力崩壊を起こし爆発します。これが超新星爆発です。私たちの体の中の酸素、マグネシウムはこのような爆風に乗ってやってきました。私たちの体の中の鉄の3分の1もこの爆風に乗ってやってきました。

■白色矮星が原子を作り、白色矮星超新星爆発が原子を運ぶ

では、私たちの体の中の残りの3分の2の鉄はどこからきたのでしょうか？　低質量星の外層が星風でなくなり、剝き出しになった星の核が白色矮星です。白色矮星が連星の場合、隣の星の外層（ガス）を引き寄せることができます。その引き寄せたガスの重さに自身が耐えられなくなると、白色矮星は収縮し温度が上がります。すると白色矮星は爆発的に核融合を行い、数秒で超新星爆発を起こすのです（第5章第2節）。私たちの体の中にある鉄の3分の2は、この

ような白色矮星によって作られ、超新星爆発の爆風に乗ってやってきました。

■超新星爆発のエネルギーが原子を作り、運ぶ

私たちの体の中には鉄よりも重い原子、例えばコバルト、銅、亜鉛などがありますが、これらの重元素は、高質量星及び白色矮星の超新星爆発のエネルギーにより生産され、爆風で運ばれてきました。

■中性子星合体のエネルギーが原子を作り、運ぶ

高質量星が超新星爆発を起こした後に残る星の核は、中性子星と呼ばれます。２つの中性子星が連星の場合、いずれ２つは合体します。この合体時のエネルギーを使い、私たちの体を作る最も重い原子、例えば、モリブデンやヨウ素が生産され、その時同時に大量生産されるニュートリノの風に乗ってやってきました。中性子星合体時に、地球数百個単位の量の金やプラチナも作られます。しかし中性子星合体自体がきわめて稀なので、地球でも金やプラチナは稀な貴金属なのです。

このように、私たちの体は星が作った原子でできています。ビッグバンと星が作った10^{28}個の原子が私たちの体にあるのです。私たちの体の中には、様々な星が輝き、爆発し、合体し、最後の最後まで生き続けたストーリーが刻み込まれているのです。私たちは「星の子」なのです。

宇宙思考

あなたは宇宙と同じ成分でできており、様々な星の生き様を受け継いでいます。あなたは宇宙と繋がっているし、あなたの中に宇宙があるのです。さらにあなたは全ての人類と繋がっており、地球の全ての生命とも繋がっています。

あなたが今日飲んだ水の中にはクレオパトラの体を通った水分子があり、織田信長の肝臓を通った水分子があります。コップいっぱいの水の中にはおよそ10^{25}個の水分子（水素と酸素）がありますが、地球上の水全てをコップですくっても、10^{19}杯分しかないことを考えると、統計・確率的にそうなるのです。あなたは生きとし生ける人類及び生命全てと同じ水分子をシェアしているのです。

空気も同じです。必然的に全生命と共有しています。遠く離れた街に住む、愛する人が吸った空気分子をあなたは吸っているはずだし、ケニアのライオンが吸った空気分子をあなたは吸っているのです。

また私たちが星の子ならば、全ての生命も星の子です。チンパンジーとあなたのＤＮＡは99％全く同じです。今からおよそ６００万〜７００万年も遡れば、人間とチンパンジーの共通のおばあちゃんがいたのです。宇宙カレンダーではたった４時間前のことです。バナナでさえも、ＤＮＡの半分はあなたと全く同じなのですよ！

また、人間の体はおよそ30兆個の細胞でできていますが、毎日３３００億個の細胞が再生されており、あなたの体は毎日新しくなっていきます（数十年以上に渡り使われる臓器や筋肉もあります）。つまり同じ原子があらゆる生命を通過し、生命を生かし、維持しているということです。

宇宙はすぐ横にあり、あなたの内にもあります。生命も、愛も、死も、見えない空間も、過去や未来の時間も全てが宇宙です。私たち星の子も宇宙なのです。

第 2 章

宇宙は何でできているの？

01

Q 光って何ですか？

A 光は電気と磁気を運ぶ波、電磁波です。宇宙は光り輝いています。

Message

あなたは輝いています。その輝きが見えないとしたら、それは視点の問題です。見る側が限られているだけなのです。

■光は電磁波

光は電磁波、電気と磁気を運ぶ波です。規則的に上に行ったり、下に行ったりして、形が上下に繰り返されるのが波ですが、光の場合、電気と磁気の振動が波を作っています。この繰り返される波の長さを1単位として波長と呼びます（次ページ、図6上）。

光は目に見える光だけではありません。様々な形の光があり、あなたの周りにも全ての形の光が多かれ少なかれ存在しています。様々な形の光の性質を理解するために、私たちは光を波長ごとに分類し、波長が短いものから、ガンマ線、X線、紫外線、可視光、赤外線、電波（マイクロ波を含む）と呼びます。光のエネルギーは波長に反比例するので、波長が短いほど、エネルギーが高くなります（次ページ、図6下）。

■モノの輝き

まず、宇宙にある温度をもつ全てのモノは光を発しています。モノは電気（電荷）のある粒子（電子や陽子など）からできていて、温度はそれら粒子の動きを表す量です。動く（加速・振動する）電荷は電磁波（光）を発するから、温度のあるモノは光を発するのです。これを熱放射と言

図6

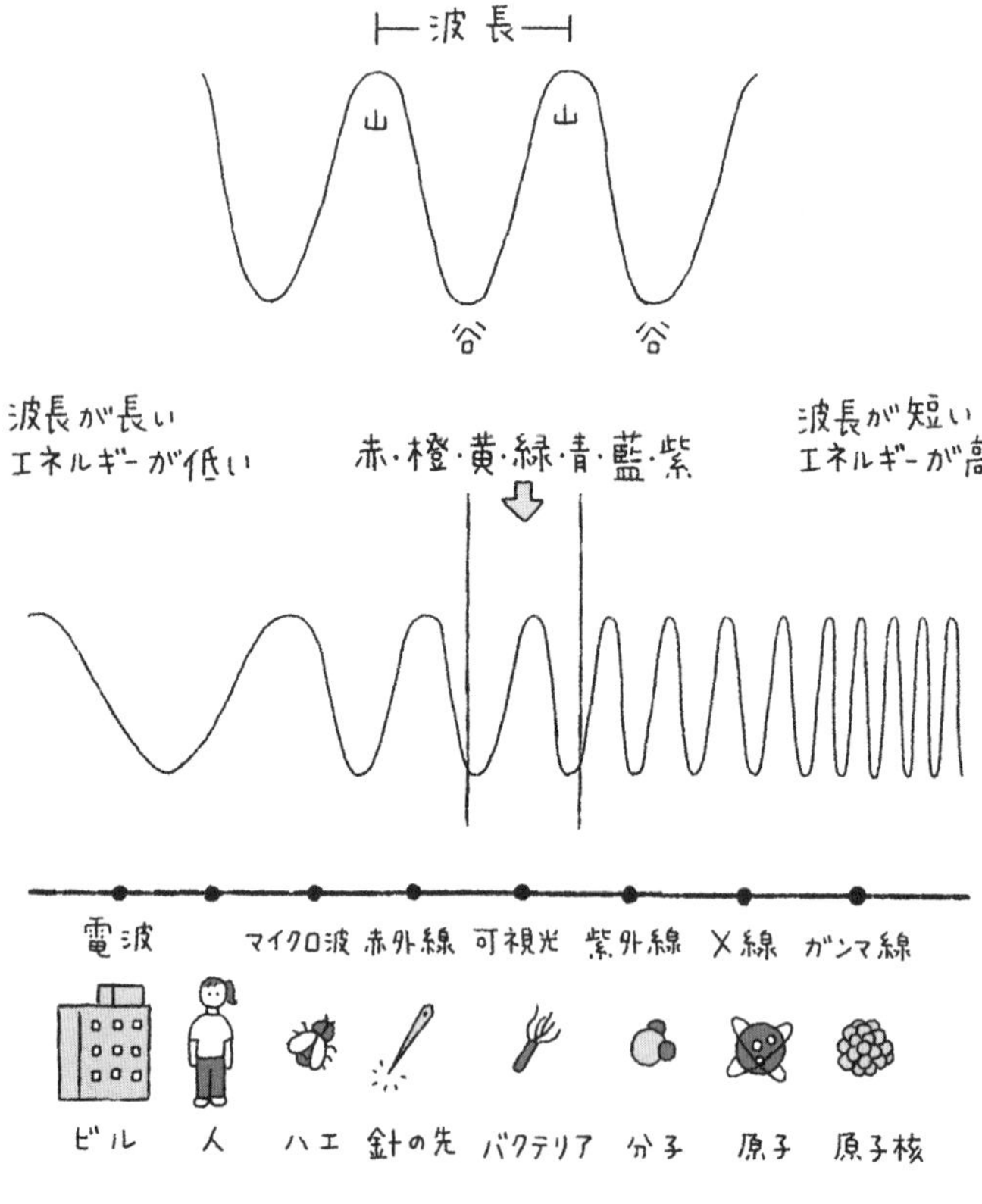
波長
山
山
谷
谷
波長が長い
エネルギーが低い
赤・橙・黄・緑・青・藍・紫
波長が短い
エネルギーが高い
電波
マイクロ波
赤外線
可視光
紫外線
X線
ガンマ線
ビル
人
ハエ
針の先
バクテリア
分子
原子
原子核

います。[*1] ですから、あなたもピカピカに輝いていますし、宇宙そのものも輝いています。また、モノの温度に関係のない、動く電荷も光を発します（非熱放射）。そして、それぞれの原子や分子もそれぞれユニークな光を発します（本章第4節）。宇宙は光、輝きに満ちているのです。

それらの輝きが見えないとしたら視点を変えなければいけません。つまり、見える適切な波長を選ぶ必要があります。もうすでにあなたが見ることができるモノであっても、見る波長をシフトすることで、新しい輝きが見え始めたりもします。ガンマ線、X線、紫外線、可視光、赤外線、電波というそれぞれの光のグループの特徴と、その波長で何が見えるかを考えていくことで、光の輝きを学んでいきましょう。

■ガンマ線

ガンマ線は原子よりも波長が短く、最もエネルギーが高い光です。人間の体を貫通し、細胞やDNAを殺すのでとても危険な光です。原子力発電の廃棄物もガンマ線を放射します（核分裂）。同じくバナナもアボカドも、人体に影響のない程度ですが、ガンマ線を放射します。

さらに、太陽のエネルギー源はもともとガンマ線です。太陽の中心核で4つの水素がヘリウムになる時（核融合）に生まれます。10万年ほどかけて太陽の表面に到達する頃には、エネルギーが減って可視光になるのです。
ガンマ線で観察できる天体といえば、星が爆発する時や合体する時に起こるガンマ線バーストがあります。太陽が一生（100億年）をかけて放射するエネルギーをたった10秒で放射してしまうのがガンマ線バーストです。

■X線

X線の波長は原子サイズ、1ミリの1000万分の1です。ガンマ線の次にエネルギーの高い光ですから、人間にとっては危険です。しかし、地球に自然に存在する程度の量であれば、レントゲンなどで使用しても身体に影響はありません。レントゲンを撮るときには、体にX線を当てて、通り抜けたX線の強弱で体の様子を画像化するという仕組みが使われています。X線は密度の低い皮膚や筋肉は通り抜け、密度の高い骨は通り抜けることはできないから、X線を使うと体内が「見える」のです。

X線で観察することができる天体は、例えば、超新星残骸（爆発の衝撃波によって熱せられたガス）、ブラックホールの降着円盤（ブラックホールに引き寄せられて熱くなったガス）、そして太陽コロナ（太陽の外層ガス）などがあります。どれもガスの温度が100万〜数千万度に熱せられた高エネルギー天体です。

高温高エネルギー天体を観察する時は、宇宙望遠鏡を使います。地球の大気は宇宙から来るX線及びガンマ線を遮断するからです。逆に、遮断してくれなかったら、私たちは死んでしまいます。地球の大気を大切にしましょう。

■紫外線

紫外線の波長は分子サイズからウイルスサイズですから、太陽の紫外線の一部は大気を通り抜けて地上に降り注ぎますが、人間の体は透過せず、皮膚の細胞に吸収されます。紫外線は、ビタミンDを生成するために人間には必要である一方、波長の短い紫外線は皮膚癌を誘発し、波長の長い紫外線でも時をかけて皮膚を退化させます。だから、日焼け止めを塗って肌を守るべきなのです。

私たちは紫外線を見ることはできませんが、蜂は紫外線が見えるそうです。蜂に花粉を運んでほしい花は、紫外線ビジョンを持つ蜂と共に進化してきました。だから、私たち人間には赤や黄色の単色に見える花も、紫外線で見ると花びら一枚一枚に形や柄があり、よって蜂には、花粉のある場所がハイライトされているように見えるようです。

紫外線で観察することができる代表的な天体は、太陽の8倍以上の高質量星です。これら高質量星の表面温度は数万度以上です。

■ 可視光

可視光は人間にとって最も重要な光です。可視光がなければ私たちは何も見えないからです。主に可視光を放射する太陽の光の下で、生命は進化してきた故、私たち人間を含め地球上の生物は可視光ビジョンを持っています。

可視光で最も波長が長い光は人間には赤色に見えます。次に波長の長いものから順に、オレンジ、黄、緑、青、紺、そして最も波長が短い光は紫色に見えます。空にできる七色の虹は、大気中の水蒸気が太陽の可視光を波長ごとに分ける時に現れる現象です。

可視光波長の長さはバクテリアや単細胞生物ぐらいです。

地球に降り注ぐ太陽の光は表面温度が5800Kの太陽の大気（光球）による熱放射です。宇宙には数えきれないほどの星が熱放射により輝いています。温度の高い星は主に紫外線を、太陽のような星は主に可視光を、そして、温度の低い星は次に説明する赤外線を主に放射します。

■ 赤外線

温度のあるあなたは主に赤外線で輝いています。あなたの輝きはおよそ100ワット電球数個分に相当します。赤外線ビジョンで見たら、夜でもあなたはキラキラと輝いているのですよ。もし人間に赤外線ビジョンがあったら大変です。電球や月明かりのない暗闇で、瞼を閉じても、自分が輝いて見えてしまうからです。寝ることができません。

さらに、地球を含め、地球上の全ての物体は主に赤外線領域で熱放射をしています。冷たい氷も、人間と同じく、赤外線を放射をしているのです。

赤外線の波長は1ミリメートルの1000分の1〜10分の1ミリメートルの長さで、例えば針の先の大きさは赤外線の波長に相当します。

赤外線で観察できる天体は、太陽質量半分以下の小さな星々(恒星)、惑星、原始星、そして星間、銀河間に分布するダスト(固体微粒子、有機物など)などです。

■ 電波(マイクロ波を含む)

一番波長が長くエネルギーが低い光を電波と言いますが、波長がミリメートルから数十センチメートルサイズのものをマイクロ波と呼び区別することもあります。電話やWi-Fiなどの通信には必ず電波及びマイクロ波を使います。分子よりも、細胞よりも、塵よりも長い波長を持つ電波とマイクロ波は、分子も細胞も塵も全く無視して通り抜けていけるからです。よって大気も家の壁も通り抜けることができます。堤防を無視して通り抜けていく大きな津波のようなものです。蟻を踏み潰していく人間と同じです。

電波で観察できる天体には、高速で回転する中性子星パルサーや、銀河の円盤を構成する水素ガス（第2章7節）などがありますが、これらの天体が発する電波は熱放射ではなく、前者の場合は磁場で加速する粒子が発する光で、後者の場合は水素内の電子の遷移により発せられる光です。

この波長域で熱放射するのは、例えば宇宙そのものです。宇宙は現在の温度2・7Kに値する熱を発しており、マイクロ波で観察できます。これがビッグバンの残光、宇宙マイクロ波背景放射です（第6章第1節）。

■ 宇宙の輝き、そしてあなたの輝き

光は電磁波で、様々な波長を持っています。よって、モノの輝きを観察するには、適切な波長を選ぶ必要があります。太陽の大気は可視光では観察できるけれど、X線や電波では観察で

きません。太陽の外層、太陽コロナはX線では観察できるけれど、可視光や赤外線では観察できません。宇宙を知るには多波長（多角的）視点で見る必要があります。光は様々な波長を持っています。「何がどう輝いて見えるか?」はどんな望遠鏡を使い、どの波長域でどうやって観察するか、つまり観察者の視点に依存しているのです。そしてあなたの輝きも観察者の視点に依存しています。

宇宙思考

あなたは自分の輝きが見えますか? 自分の輝きが見えないとしたら、見る視点を変える必要があります。また、周りの人々の輝きが見えますか? 例えば、あなたの目には煌《きら》びやかに輝いて見える人が一人だけいたとしたら、それはあなたの見る視点が、ちょうどその人の輝きを観測できる視点であったというだけです。そのあなたの視点では、他の波長域で輝く多くの人々の輝きは見えないでしょう。

人はそれぞれ異なる波長で、様々な波長のパターンで輝いています。それらの輝きが見えないとしたら、あなたの視点が限られているからです。見る側の問題なのです。

視点を変えると、様々な輝きが見え始め、あなた自身の輝きにも気づきます。そしてあなたが輝ける波長はいくつもあることを理解できるはずです。

02

Q

量子って何ですか？

A

量子は、モノを作るミクロの粒であり、塊に見えますが、広がりのある波にも見えます。そして位置がわかると動きがわからず、動きがわかると位置がわからなくなるという不確定さを伴うのが量子です。例えば光や電子などが量子です。

Message

あなたは現実を見ることはできません。あなたの過去は視点を制限し、限られた視点で見る現実は部分的です。しかし部分と部分は補い合い、現実を描写していきます。

■量子は粒で波（二重スリット実験）

２つのスリット（抜け道：以下「二重スリット」と呼びます）に向けてテニスボールを投げると、スリットを通らず跳ね返る場合を除いて、テニスボールは２つのスリットのどちらかを通り抜けて背後の壁にぶつかります。軌跡（ぶつかった場所）を記録すると、背後の壁には２つの帯ができます（次ページ、図７右イラスト）。テニスボールはモノの塊、粒だからです。

今度は二重スリットに、ある一定の波長を持った光を当てます。スリットの幅も、２つのスリットの位置も、その光の波長に比例して小さくしたものです。すると背後に光が強い所と弱い所が現れました（次ページ、図７左イラスト）。光は波、電磁波だからです。波は重なり、互いに強め合ったり、弱め合ったりするのです。これを波の干渉と言います。

今度は、光ではなく、電子を二重スリットに放射したら、電子は壁のどこに観察されると思いますか？　答えは、まるで光を当てた時のように、壁には電子の干渉パターンができます（67ページ、図８右イラスト）。電子を１つずつ放射していっても同じ干渉パターンが現れます。[*2] つまり、電子も波、物質波なのです。そして電子にも波長があり、波長は電子の動きを表しています。激しい動きは波長が短く、穏やかな動きは波長が長くなります（第２章第１節）。

一方、一つひとつの電子がどちらのスリットを通り抜けたかを観察すると、干渉パターンが

図7

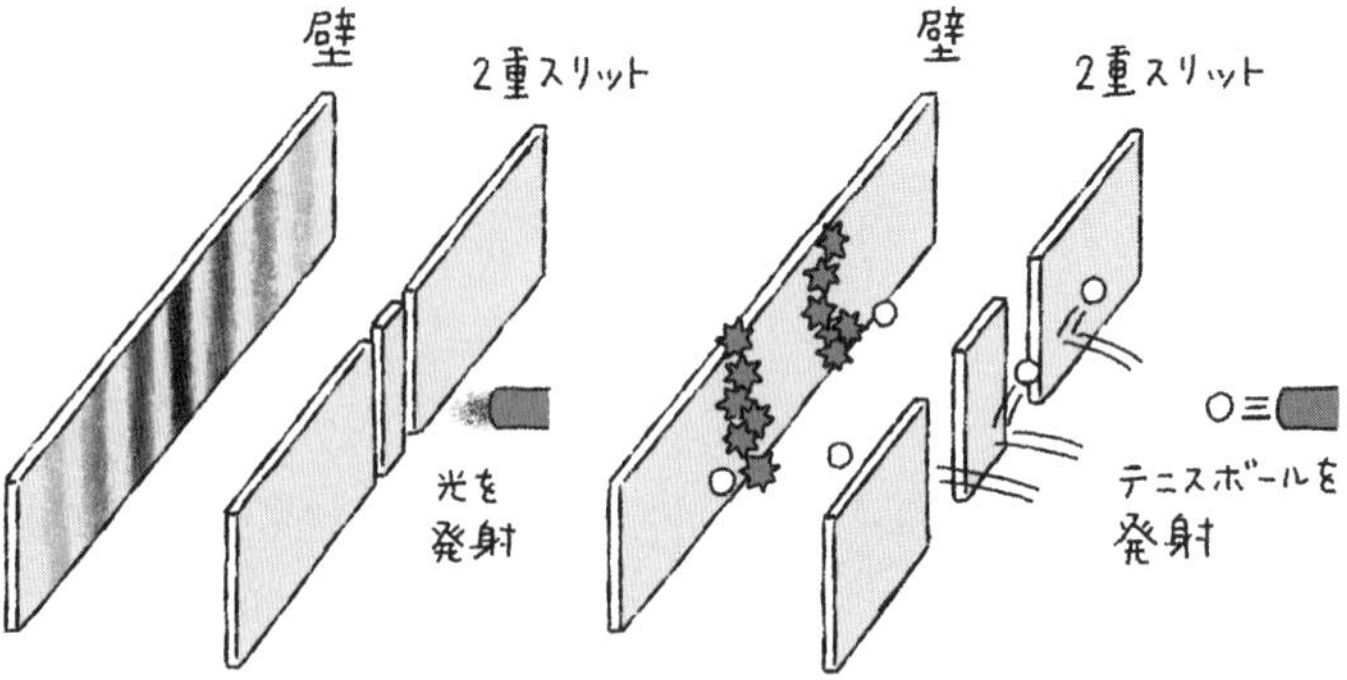

消えて、2つの帯ができます（次ページ、図8左イラスト）。電子は波ではなくなり、テニスボールのような粒になりました。

光でも同じ現象が起こります。光の最小単位、光子を1つずつ二重スリットに放射しても、干渉パターンは現れますが（図7左イラスト）、光子がどちらのスリットを通り抜けたかを観察した途端、干渉は消え、2つの帯を作るようになります（図8左イラスト）。

量子は波であり、粒なのです（波と粒子の二重性）。正確には、見方（視点）によっては波になり、見方によっては粒になるという意味です。

この波と粒の二重性の根底には、位置がわかると動きがわからなくなり、動きがわかると位置がわからなくなるという不確定な量子の世界があります。位置と動きだけでなく、私たちが観察する量、例えば、エネルギーと時間などの間にも、1

図 8

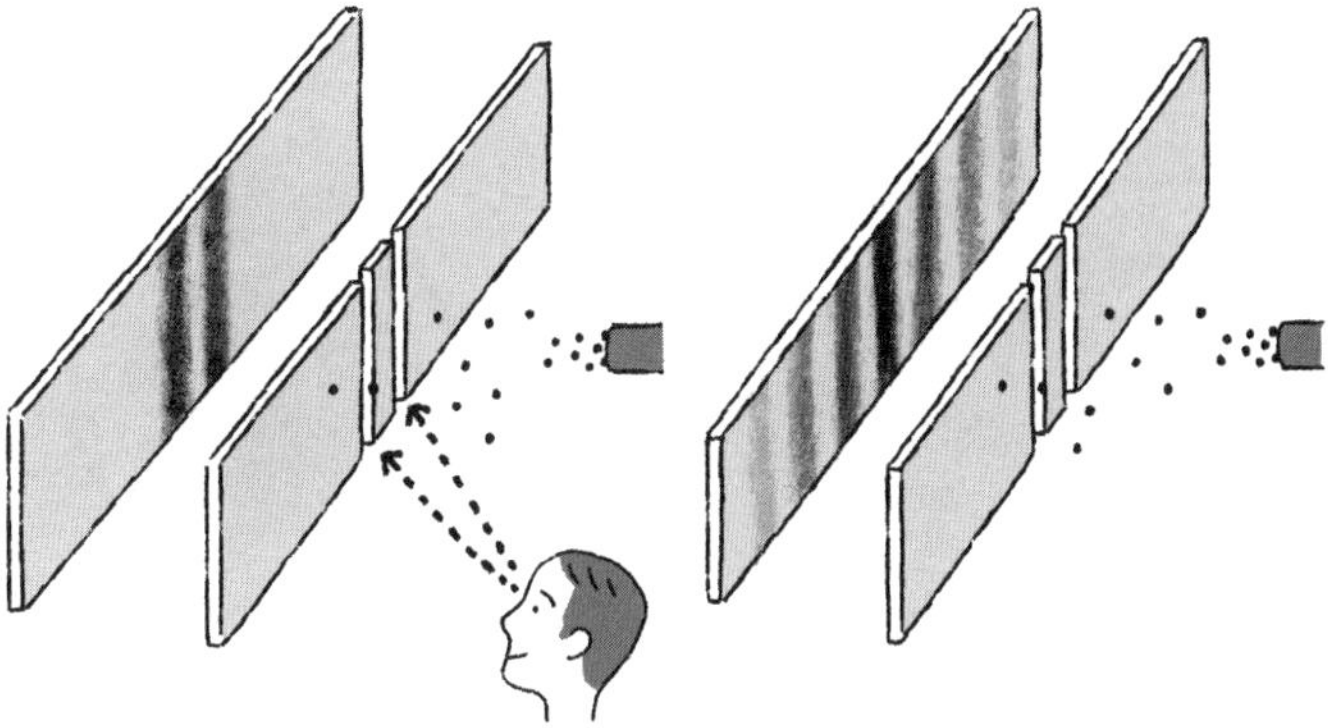

つの量がわかるともうひとつの量がわからなくなるという不確定性があります。

逆に言えば、この不確定さを表すモノが量子です。そしてこの不確定さをヴェルナー・ハイゼンベルクの不確定性原理と言います。

■ 量子怪盗ルパン三世は逮捕できない（不確定性原理）

例えば怪盗ルパンが量子サイズだったら絶対に逮捕できません。量子サイズのルパン（以下、量子ルパン）が強盗を働いている（動き）とわかったら、量子ルパンはどこにいるのか（位置）わからなくなるからです（次ページ、図9）。

量子ルパンの話に入る前にお伝えしておきたいことがあります。波というのは、揺れている（振動している）ので、「動き」を表しています。本章第1節で波のエネルギーは波長に反比例するとい

図9

う話をしましたが、エネルギーと「動き」は関連があるので（本章第6節）、波長は「動き」を表します。例えば、波長が短い波は大きな「動き」を表し、波長が長い波は小さな「動き」を表します。量子が波であるということは、その波長は量子の「動き」を表しているということです。

量子ルパンの話に戻ります。量子ルパンが強盗を働いているとわかった、つまり量子ルパンの「動き」が確定したということは、量子ルパンは一定の波長をもつ波で表すことができます。

一定の波長を持つ波である量子ルパンを紙の上に描いてみてください。波には始まりも終わりもなく、無限に紙が必要になります。無限に広がる波である量子ルパンの位置はどこでしょうか？ 無限です。量子ルパンは無限の空間内のどこにいてもおかしくない、同等の確率で全ての場所に存在する状態なのです（図9）。「動き」が確定すると、「位置」がわからなくなる、つまり量子ルパンは捕まえようがないです。

逆に、量子ルパンの居場所がわかった、つまり、「位置」が確定したということは、量子ルパンは一定の場所に存在する粒、で表すことができます。粒の「動き」、つまり波長は何でしょうか？　粒の「動き」を考えるには、空間のある限られた1点（＝粒）に存在する波を想像しなければなりません。

波には高いところと低いところがあります。２つの波を重ね合わせる時、波の高いところと高いところが重なれば波はより高くなり、波の高いところと低いところが重なれば波は打ち消されます（次ページ、図10）。

この方法であらゆる波長の波をどんどん重ね合わせると、空間の限られた点にのみ高さのある波を作ることができます。粒というのはあらゆる波長の波の重ね合わせなのです。つまり、粒はあらゆる「動き」の集まりです。

量子ルパンは盗んでいるし、ドライブしているし、家で本を読んでいるし、寝ているし、といった具体に、あらゆる動きの可能性が粒の中にある状態です（次ページ、図11）。「位置」が確定すると、「動き」がわからなくなる、よって量子ルパンを現行犯で逮捕するのは不可能なのです。

仮に証拠があっても、量子ルパンを捕まえることはできません。量子ルパンが静止していることはないからです。量子ルパンの「位置」が確定し始めると量子ルパンの「動き」が不確定

図 10

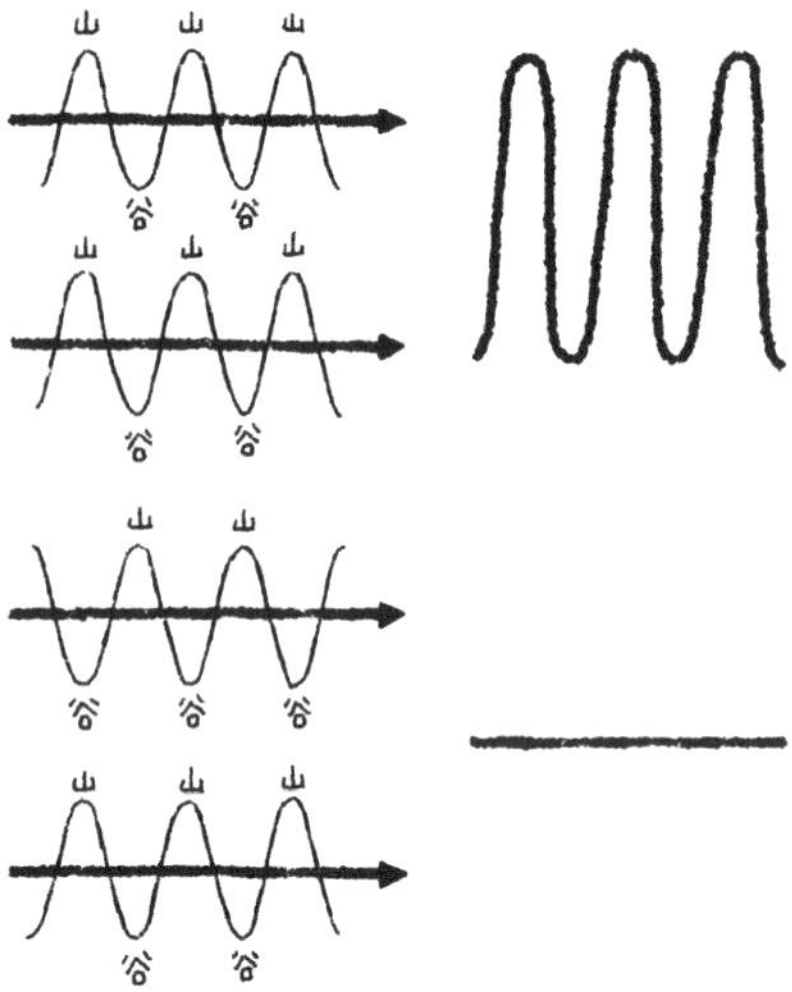

図 11

になりますから、量子ルパンが次の瞬間、どういう「動き」をするのか、どこに行くのかがわからなくなります。量子ルパンがある「位置」辺りにいると予想できた次の瞬間には、もう量子ルパンはそこにはいないのです。

量子の「位置」と「動き」を同時に、正確に測ることはできない、これがハイゼンベルクの不確定性原理です。量子の世界は不確定なのです。銭形警部お手上げ！

■ 猫も人間も粒で、波？

量子の世界は、位置と動きを同時に知ることができない、知ろうと思うと不確定さがついてまわる不思議な世界です。よって量子は、見方によっては粒に見えたり波に見えたりしますが、猫や人間が波に見えることはありません。猫や人間が同時に2つの場所に存在したり、同時に死んで生きている状態であったりする状態を、見たことがある人はいません。私たちが感知できるマクロな世界は、量子の世界とは明らかに異なっているようです。ではどこまでがミクロの量子の世界で、どこからがマクロの世界なのでしょうか？

実は、光や電子だけではなく、量子である電子などから成る原子や分子も、見方によっては粒になり、見方によっては波になることが実験でわかっています。量子である原子や分子からなるテニスボール、猫、そして人間は、どうして量子ではないのでしょうか？　量子でない理由はどこにもありません。

不確定なミクロの世界と不確定さが現れないマクロの世界には区別があるようですが、その明確な境界はありません。ミクロとマクロの区別がある理由については、様々な解釈がありますが、確実な1つの答えはありません（第6章第4節でその解釈の一例を紹介します）。

■視点と相補性

私たちの宇宙、現実の根底には、量子の世界があり、この量子の世界の何が見えるのか、何を知ることができるのかは、私たちがどう見るか、何を知りたいのかという視点によって限られています。位置が知りたい視点で見ると、位置は正確に測定できますが、動きはわからなくなります。一方、動きが知りたい視点で見ると、動きは正確に測定できても、位置がわからなくなるのです。ある1つの視点からは現実の一側面しか正確に見えないということです。

同時に2つのことを、つまり位置と動きを見ることはできない、知ることはできないから、視点を変えて2つのことをそれぞれ見るのです。そして2つのことは互いに相補い、全体を描写します。これを相補性と言います。[*3] 同時に測定はできない量または現象が、互いに補っている様子を表現する言葉が相補性です。

宇宙思考

あなたは現実を見ることができません。あなたが見ること・解釈すること（第1章第3節末）は現実の一側面、部分でしかないからです。量子レベルだけでなく、人間の脳レベルでも同じことが言えます。

❶あなたは過去に見たことのないものは見ることができません。例えば、『ミッケ！』シリーズ（小学館）や『ウォーリーをさがせ！』シリーズ（フレーベル館）のような視覚探索画像の中に隠れた「何か」を探すのは容易ではありません。似通った状況で、似通った経験があなたの脳にインプットされていないため、脳は適切な視点（第1章第3節末）を定められず、あなたはすぐにこの「何か」を見ることができないのです。逆に一度見つけた「何か」は容易に見ることができます。つまり、過去に見たことはすぐ見ることができるし、過去に見たことを見ないことができなくなります

❷あなたは過去に役に立ったことを見ます。あなたは無数の先祖の過去の記憶を受け継いで、蛇を避け（例：毒蛇に咬まれた）、崖の前で足を止めます（例：段差から落ちて怪我をした）。またそれぞれ個人の過去の記憶から、交差点を見渡してから道を渡るようになり（例：衝突しそうになった）、お世辞を言って近づいてくる人を警戒するようになります（例：騙され

た)。あなたの中に、過去に役に立ったことを見る視点はあるのです

❸あなたは過去に役に立ったことを見て、過去のデータをもとに見たものに意味を与えます。「丸とギザギザの2つの形のどちらかに愛という意味を与え、どちらかに憎しみという意味を与えるとしたら、どちらが愛でどちらが憎しみか?」と聞かれると、ほとんどの人は丸が愛で、ギザギザが憎しみだと言うそうです。でも形自体に意味は全くありません。環境から得る情報は光であり、光自体には全く意味はありません。つまりあなたは意味のない情報を解釈し、過去のデータを基に意味を与えるのです

過去は視点を制限するので、あなたが見えるものと解釈できることも限られてきます。過去は個人的なので、人は各々の視点に依存する自分バージョンの現実を見て、解釈しています。ある視点で見る・解釈する現実は部分的です。自分の過去のデータ(仮定、思い込み)に制限され、現実の全容を見ることができません。よって、現実をより正確に見たかったら、脳のデータを増やして多視点を養うという方法しかないように思われます。部分と部分は相補い、全体を描写していくからです。(第3章第1節末に続く)。

参照:Beau Lotto, "The Science of Seeing Differently.London", Weidenfeld & Nicolsons

03

Q 原子って何ですか?

A 原子はあなたを含めまわりのモノを作る基本成分です。原子は原子核と電子でできています。原子核は陽子と中性子から成り、陽子と中性子はクォークとエネルギー($E=mc^2$)でできています。モノの質量は原子核内のエネルギーが作り、モノの形は電子が作ります。

Message

モノも人間も、見えないところにとてつもないエネルギーが隠れています。あなたのそのエネルギーを解放する答えは、遊びにあるかもしれないし、あなたの「好き」にあるかもしれません。

■原子は原子核と電子からできている

私たちは星が作った様々な原子から成る星の子だという話を第1章第4節でしました。例えば水は酸素原子と水素原子が結合した水分子でできています。そして、それぞれの原子は原子核と電子からできています（図12）。原子を理解するために、原子核の周りに電子が1つだけある最もシンプルな水素原子を考えてみましょう。

図12

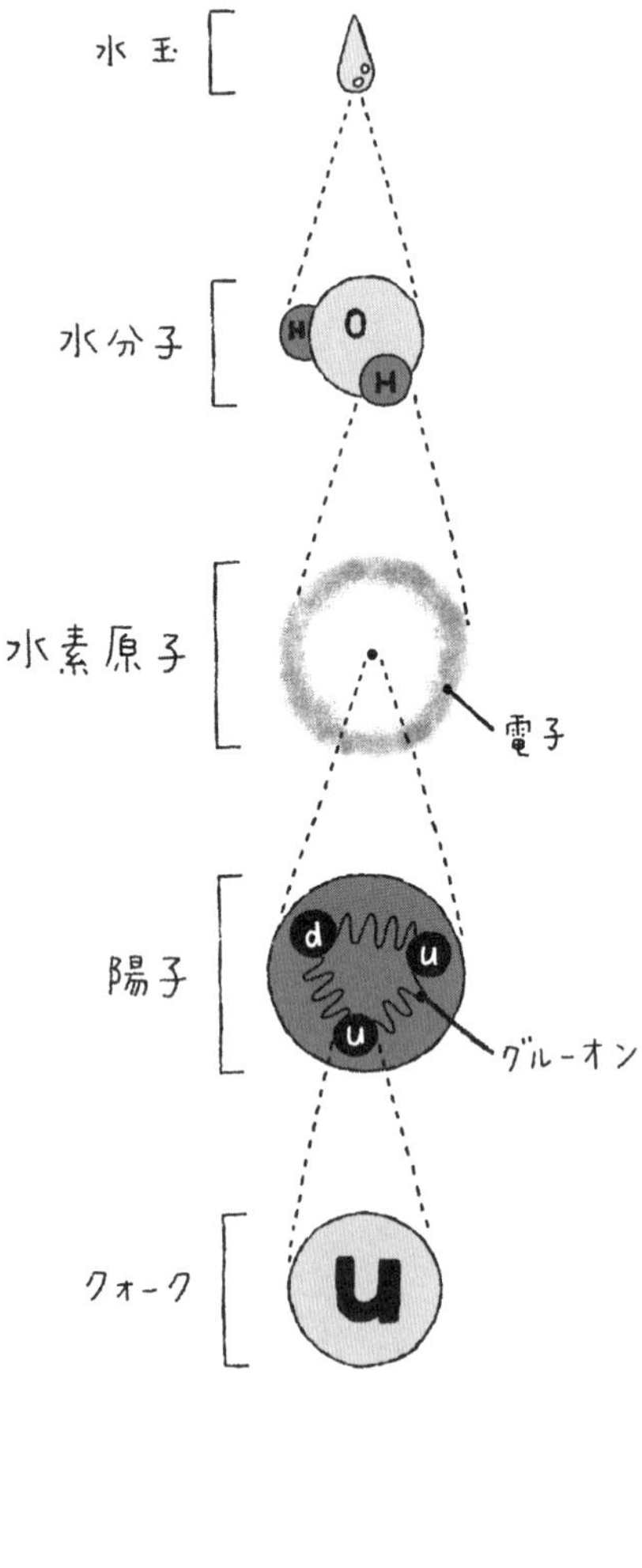

図 13

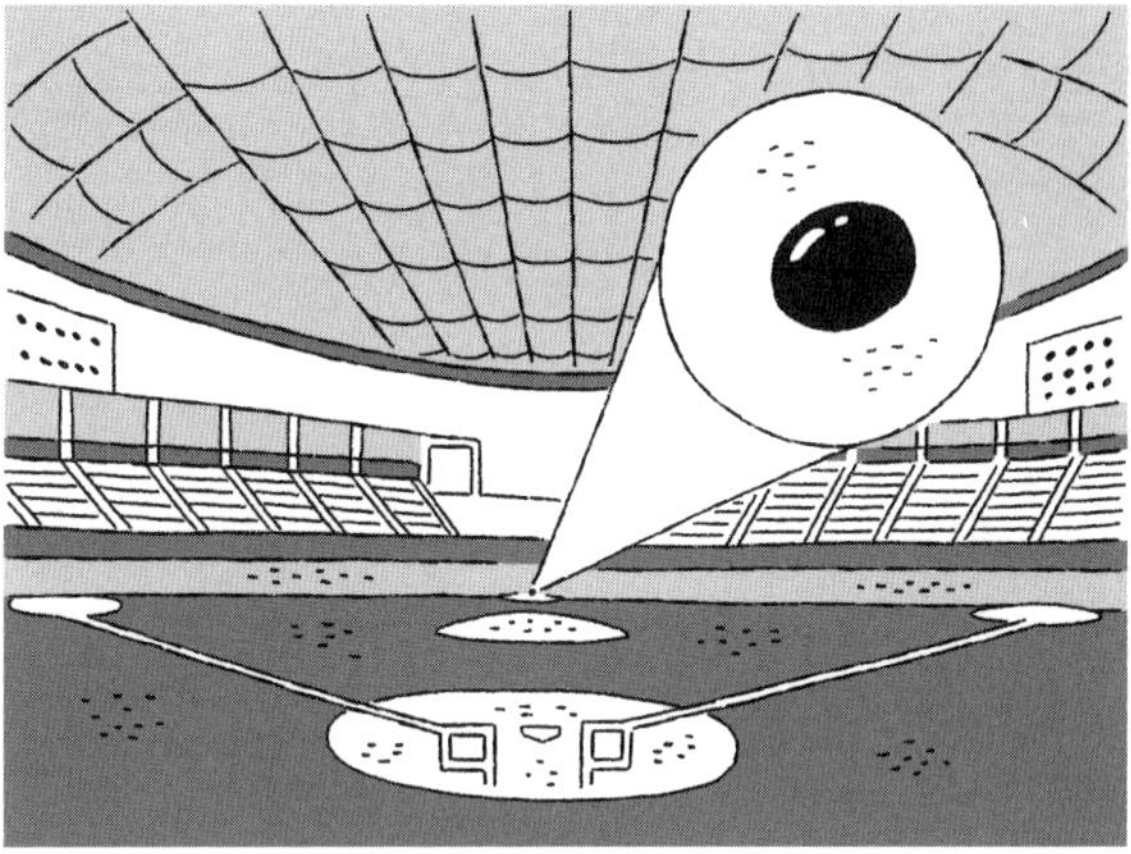

まずは、水素原子を東京ドームに喩えると、原子核はどれくらいの大きさになると思いますか？

答えは、チョコボール。東京ドームの屋根も壁も何もない状態を考え、そのすっからかんの空間にチョコボールがぽつんとあることを想像してみてください（図13）。さらに、この小さなチョコボールが原子の99・9％以上の質量を持っています。密度が水のおよそ100兆倍もある最強のチョコボールです。

一方、電子は原子の0・1％以下の質量しかなく、私たちにはその大きさはわかりません。電子はこれ以上小さくすることはできないモノの最小単位、素粒子です。物理学で素粒子は、点粒子、つまりサイズは0と考えます。現在の技術でその大きさを測ることができないだけという可能性もありますが、10^{18}分の1メートル以下であることは確かなようです。

この大きさのない電子が原子内のどこにいるのかといえば、ドームのそこら中にいるようなのです。電子は位置を測定すると動きが不確定になり、次の瞬間には違う場所に行ってしまいますが（本章第2節）、いくつもの原子内を何度も何度も観測し続け、電子の場所を統計的に解釈すると、電子は東京ドーム中、あらゆる所に現れることがわかります。1つの電子が東京ドーム中に同時に存在する（電子雲がある）とも言えるし、東京ドームが電子の波で満たされている、とも言えます[*4]（図14）。

この東京ドームモデルは、水素原子だけではなく、全ての原子に当てはめることができます。どの原子のドームも一見すっからかんですが、実は電子の波で満たされているのです。

そしてこの電子の波がモノに形を与えています。あなたの体から電子を全部取り除いたら、あなたは髪の毛の太さ以下になってしまうはずです。

■ 原子核は陽子と中性子からできている

次に、原子核の構造を見ていきましょう。原子核は陽子と中性子からできています。まず、原子の中の陽子の数が原子の化学的性質を決めます。基本的に、陽子と同じ数だけ中性子があるのですが、中性子の数が異なるよく似た原子もあります。

陽子は電気を帯びており、その量を電荷と言います。陽子は正の電荷があり、中性子は電荷

図14

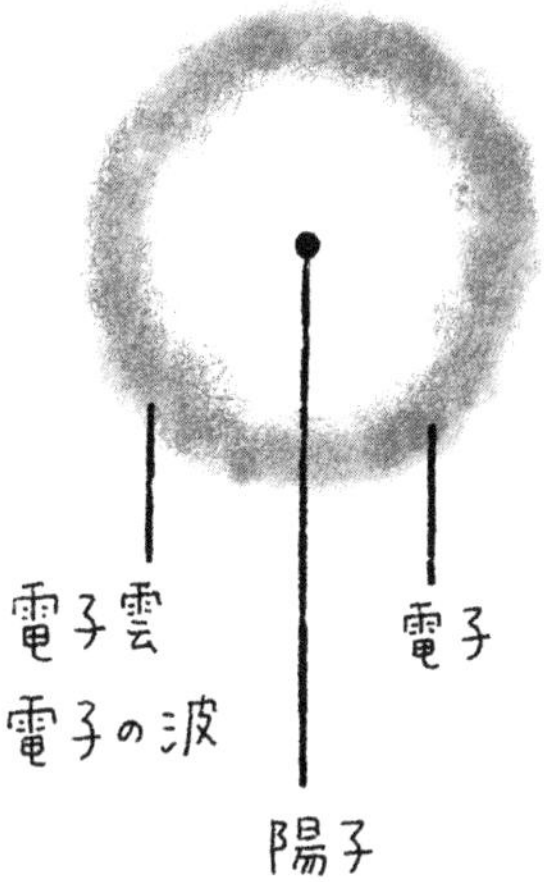

がありません。一方、電子は負の電荷を持っています。陽子の電荷と量は全く同じですが、プラス（正）とマイナス（負）が異なります。原子は全体で中性、つまり電荷がないので、電荷のプラスマイナスはゼロのはずです。つまり陽子の数と同じ数だけの電子があります。そして、正の電荷を帯びた原子核と負の電荷を帯びた電子は、磁石のN極とS極が引き付け合うように、電磁気力という電気と磁気の力によって、原子の中にまとまっているのです。

■陽子と中性子はクォークでできている

陽子と中性子はそれぞれ3つのクォークからできています。クォークは、電子と同じく、これ以上小さい「モノ」に分解することはできません。つまりモノの最小単位であるから、素粒子です。

だから点粒子であり、サイズは0、大きさはありません（もしくは測れないほど小さい）。

クォークには6種類（アップ、ダウン、チャーム、ストレンジ、トップ、ボトム）ありますが、陽子はアップクォーク2つとダウンクォーク1つ（図12）、中性子はアップクォーク1つとダウンクォーク2つからできています。ちなみに、クォークの名称には意味はありません。ただの名前です。

アップクォークとダウンクォークの質量は、それぞれ電子のおよそ4倍と9倍ですから、そんなに重くはありません。でも陽子や中性子は電子の質量の1836倍もあります。3つのクォークを合わせても、陽子および中性子の質量の2％にしかならないのです。つまり、原子核も中身はすっからかんなのです。では、残りの98％は何でできているのでしょうか？

■ 陽子と中性子はエネルギーでできている：$E=mc^2$

陽子の中では3つのクォークが光速に近いスピードで動いています。つまりクォークの動きのエネルギー、運動エネルギーがあります。高スピードで動き回ってもクォークが飛び出して行かない理由は、宇宙最強の力、強い核の力が働いているからです。

クォークはバネ[*5]の先についていて、クォークが逃げないようにバネが引き戻しているのをイメージしてください（図12）。よって、この力が働く陽子の中には、クォークを引き戻すことができる可能性のエネルギー、ポテンシャルエネルギーがあります（エネルギーとは何かは本章第6節で詳しく説明します）。

るのです。

実は、この運動エネルギーとポテンシャルエネルギーの総量が陽子の98％の質量を作っているのです。質量はエネルギーなのです。まさしく$E=mc^2$です。

アルバート・アインシュタインの有名な式、$E=mc^2$を見たことがある人は多いと思います。この式は、質量がエネルギーに変換されることを意味する、といった解釈があるようですが（例えば、原子爆弾の説明で使われる解釈です）、それは間違いです。アインシュタインのオリジナル論文には$m=E/c^2$と書いてありました。エネルギーが質量として現れる＝質量はエネルギーである、ということを意味した関係式です。

そして、陽子の質量も$m=E/c^2$です。陽子の中は一見すっからかんだけどエネルギーに満ち溢れており、そのエネルギーが陽子の質量として現れているのです。中性子も同じです。つまり原子から成る私たちの質量も、エネルギーだということです。[*6]

一見すっからかんの原子の中は電子の波が満たし、電子がモノの形を作っています。一見すっからかんの原子核（陽子や中性子）の中はエネルギーに満ち、エネルギーがモノの質量を作っています。このようにモノには、見えないところに重要な役割が隠れており、膨大なエネルギーが隠れているのです。

あなたはエネルギーの塊です。しかもエネルギーは見えないところにあるので、あなた自身はそのエネルギーの存在にさえ気づいていないかもしれません。いつまでも時を忘れて遊んでいた子どもの頃のように、心の底から楽しめることはありますか？　好きなことは何ですか？　そのような視点で自分と向き合うと、隠れたエネルギーが見えてくるような気がします。

例えば、成熟した動物は普段無駄なエネルギーは使いません。脳というのは、生存のために、生死をかけた大事な瞬間のために、エネルギーを保存しておくよう指示を出すからです。人間も動物ですから本能的には同じです。注　しかし、好奇心に溢れた子どもたちは、人間も動物も、無駄に動いて遊びます。遊びは生存のための練習であり、学びであるだけではなく、遊びは想像であり、探検・発見であり、ただただ楽しいからです。楽しいからこそ、いつまでも、エネルギーが切れるまで（もしくは親に叱られるまで）遊んでいられます。

つまり秘められたエネルギーを解放する鍵は遊びにあるような気がします。ドキドキ興奮して、時を忘れるぐらいのめり込めることがあったら、「そんなエネルギーはどこにあったのだろうか？」と自分でも不思議に思うぐらいに、エネルギーが湧き出てくると思います。ドキドキしながら、好きなことをして生きることができたらいいと思いませんか？

しかし子どもたちは、記憶中心の詰め込み教育の中で課題や宿題に追われ、遊ぶ時間は少なくなっています。遊べない子どもたちは好奇心を失っていき、遊ばなくなります。遊びの中にこそ自分の好きが見つかるのに、好きが見つからないまま、なんとなく大学にいって、なんとなく就職していきます。受験を前提にした学校教育は好奇心を潰すだけです（第3章第5節に続く）。

しかし今からでも全然遅くありません。好奇心を取り戻してください。年齢なんて関係ありません。いつでも、想像と探検、そして発見の世界に旅立つことはできます。そして好きが見つかれば、あなたのエネルギー、可能性が解放されることでしょう。

※注　ものに溢れた現代社会では、食べることと、体を動かすことに関しては、本能に従ってはいけません。非現代人は、いつ食べられるかわからないから、目の前にあるものを全部食べていたのです。逆に、現代人は食べ過ぎで、体を日頃から使っていないので、非現代人や野生動物のように体を動かさず温存するよりも、逆に動かさなければいけません。

04

Q 宇宙にある星や星雲は何でできているのですか？

A 星もガス雲も原子でできています。それぞれの原子がユニークな波長で輝くから、どんな原子でできているかわかるのです。さらに原子の輝きには宇宙の様々な情報が隠れているから色々なことがわかります。

Message

あなたは唯一無二、様々な色で輝けます。しかしそのためにはエネルギーと環境の条件が整っている必要があります。自分を大切にし、環境を選ぶことで、自分本来の輝きを最大限引き出せるのです。

■星は原子からなるガスボール

太陽の光は太陽の熱放射（本章第1節）ですが、その光を波長ごとに分光してみると虹の七色が見えます。さらによーく観察すると、色の中に数多くの黒い線があることがわかります。黒い理由は、太陽の大気に存在するあらゆる原子が、ある一定の波長の光を所々吸収して取ってしまったからです。

波長ごとに吸収された光を吸収線と言いますが、吸収線の波長を調べれば、どの原子が吸収したのかがわかります。そしてそれぞれの原子が、決まった色（波長）だけを吸収する理由は、それぞれの原子のユニークなエネルギー構造にあります。本節で順に説明していきます。

太陽以外の星でも同じように吸収線が観察されます。よってそこには原子があることがわかり、どんな原子が存在しているかまでわかるのです。星は基本、水素とヘリウムでできていますが、様々な原子も含むガスボールなのです。

■星雲は原子からなるガス雲

オリオン星雲は何千もの星を生む星の工場であり、自らが生み出した星々の光を吸収し発光しています。そのオリオン星雲を分光すると、様々な色の光が、波長ごとに飛び飛びで発せられていることがわかります。

このようにある1つの波長で発せられる光を輝線と言いますが、輝線の波長を調べれば、どの原子が発光したのかがわかります。それぞれの原子が、決まった色（波長）だけを発光する理由は、吸収線と同じく、それぞれの原子のユニークなエネルギー構造にあります。輝線が生まれる正反対のプロセスが吸収線です。輝線が生まれるのか、吸収線が生まれるのか、またはどちらも生まれないのかは、星の大気や星雲などを取り巻く環境が決定します。

オリオン星雲以外の星雲も同じように輝線が観察されるので、星雲は基本、水素とヘリウムでできていますが、様々な原子も含むガス雲であることがわかります。

■ 原子のスペクトル

光を波長ごとに分光した結果である光の分布をスペクトルと言いますが、原子のスペクトルはその原子固有のユニークなもので、それぞれの原子のエネルギー構造を反映しています。だから、指紋を見ればどの人間のものかわかるように、スペクトルを見るだけでどの原子のものかがわかるのです。

図15

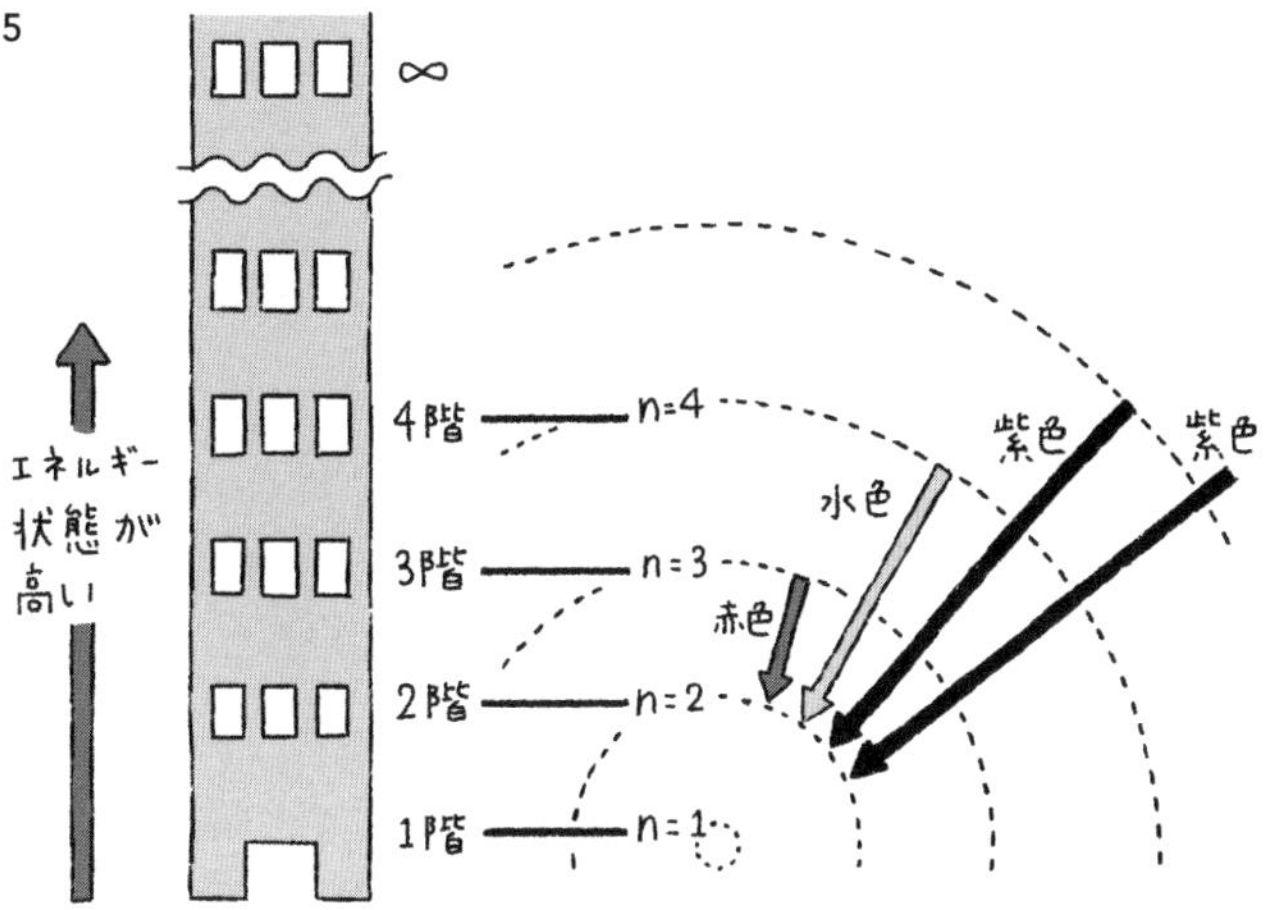

■輝線スペクトル（原子の構造）

本章第3節で原子は原子核とその周りの空間を満たす電子の波でできている、という話をしましたが、ここでは古典的、かつ簡略化した原子模型を使い、輝線や吸収線の仕組みを考えていきます（図15）。そのほうが理解しやすいからです。

例えば、水素原子のエネルギー構造をこの図のように示します。ビルのそれぞれの階が電子のエネルギー状態だと考えます。ビルの1階は最も原子核の近くで安定している殻、つまりエネルギーが最も低い基底状態に相当します。次の階は2階、第1励起状態で、電子がエネルギーのより高い状態にいることができる場所です。次の階は3階、第2励起状態で、電子がさらにエネルギーの高い状態にいることができる場所です。次の階は、と言った具合に、果てしなく屋上（原子の外）まで階があります。

しかしビルに1・5階や3・2階がないように、原子のエネルギー状態にも第1・5励起状態や第3・2励起状態はありません。原子の中の電子は決められたエネルギー状態にしかいることができないのです。よって原子ビルの階は、電子が原子内で存在可能な、飛び飛びのエネルギー状態を表していると考えてください。

さらに基底状態と第1励起状態のエネルギー差は、第1励起状態と第2励起状態のエネルギー差よりも大きく、第1励起状態と第2励起状態のエネルギー差は、第2励起状態と第3励起状態のエネルギー差よりも大きい、といった具合に、隣り合ったエネルギー状態間のエネルギー差は、高励起状態であればあるほど小さくなります。原子ビルにおいては、上階に行けば行くほど天井が低くなっていくようなものです。

輝線が発せられるのは、電子がエネルギーの高い状態から低い状態へ、つまり原子ビルにおいては上階から下階へジャンプする時です。水素原子ビルの場合、電子が3階から2階にジャンプすると赤色の光が、4階から2階にジャンプすると青色の光が発せられます。

1回のジャンプで出てくるのは1個の光子で、電子がジャンプにより必要でなくなったエネルギーを持って出ていきます。出てくる光子はこのエネルギーに相当する波長を持つ電磁波です。つまり3階と2階のエネルギー差に相当する光子が赤色で、その波長は0・00656ミリメートル、4階と2階のエネルギー差に相当する光子が青色で、その波長は

0・000486ミリメートルというわけです。電子が5階から2階と6階から2階にジャンプすると、それぞれ（青）紫色と紫色の光子が発せられます（図15）。大きくジャンプしたほうがエネルギー差は大きいので、より波長の短い光（紫）が発せられるのです。

他の階から他の階へのジャンプも可能ですが、可視光で輝線が発せられるジャンプは、水素原子の場合、3階、4階、5階、6階から2階への4種類のジャンプのみです。例えば2階から1階へは紫外線が、4階から3階へは赤外線の輝線が発せられます。

電子が輝線を発する理由は、電子は最も安定している1階（基底状態）が大好きで、上階にいても必ず1階に戻ってこようとするからです。しかし電子が1階にいる限り、輝線が発せられることはありません。輝線が発せられるためには、電子は外からエネルギーを得て上階（励起状態）にいなければいけません。つまり水素原子であれば、電子を1階から2階以上に励起させるエネルギー、紫外線が必要です。

例えばオリオン星雲の水素ガスが輝線を発する理由は、オリオン星雲の中にある巨大な星々が多くの紫外線を放射しているからです。この紫外線には、電子を水素原子ビルの屋上の外に追い出してしまうエネルギーがあります。これを原子のイオン化と言います。しかし、離れ離れになっても電子と原子核は再び出会えば再結合します。そして再結合した電子は、大好きな1階に戻ってくる過程でビルをトントントンと、下階に降りて行き、様々な波長の光を発していきます。これが輝線の仕組みです。イオン化と再結合が繰り返される星雲は輝線を発し続けます。

このように、輝線は、原子の周りのエネルギー環境が整って初めて発せられるものです。原子のエネルギー構造はそれぞれがユニークですから、それぞれに適した環境下でそれぞれの原子ガスが発光するのです。酸素ガスも、窒素ガスも、環境が整えば輝きます。様々な分子ガスも同じく、環境が整えば輝きます。そして異なる環境ごとに、同じ原子分子でも異なる輝線が発せられるのです。

■吸収線スペクトル（原子の構造）

吸収線は連続的な放射の中に見られます。ある波長ごとにその放射の光が吸収されてしまい、放射がない状態、暗線が吸収線です。そしてそれらの吸収線を生み出すのは様々な原子（分子も）です。

原子ビルの中で電子は下階から上階へジャンプすることもできます。しかし、電子はエネルギーの低い状態からエネルギーの高い状態へ動くので、外からエネルギーを得る必要があります。そればかりでなく、その2つのエネルギー状態の差とちょうど同じ波長を持った光を吸収しなければ移動は成功しません（図16）。

例えば、水素原子の場合、電子が水素原子ビルの2階から3階にジャンプするには、3階

図16

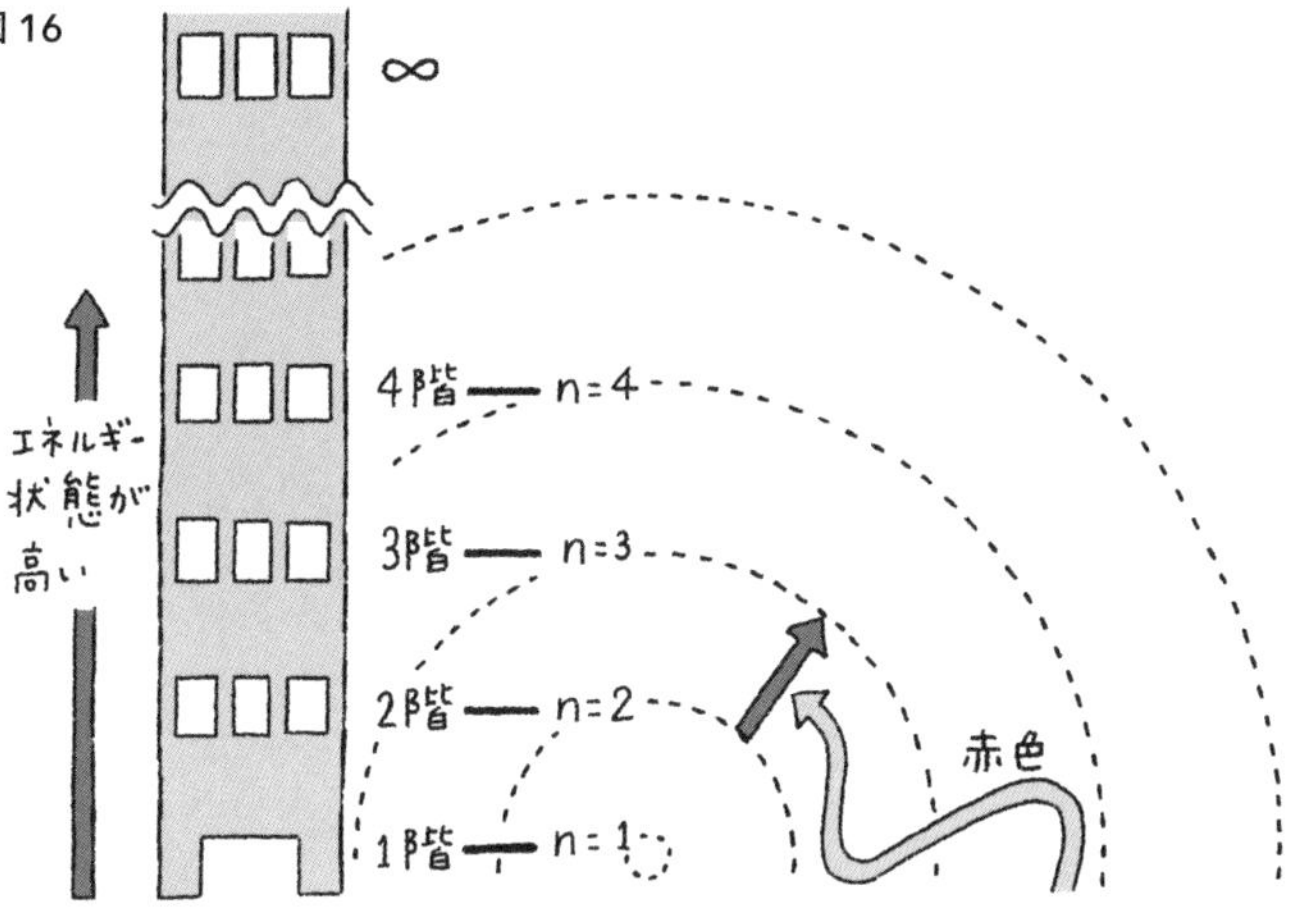

と2階のエネルギー差にちょうど相当する0・00656ミリメートルの波長を持つ赤色の光を吸収する必要があります。それ以外の波長を持つ光では、たった0・0000001ミリメートルずれているだけでも、電子は吸収できません。

例えば太陽の熱放射は、全ての波長において発せられるので、もちろん波長0・000656ミリメートルの赤色の光もあります。よって太陽の大気中の水素原子は、その赤の光のエネルギーを得て2階から3階にジャンプすることができ、その結果、太陽の熱放射スペクトルには赤色の部分に暗線が、吸収線があります。

星の大気で水素原子による赤色の吸収線が生まれるには、赤色の光があることは必須ですが、水素原子のイオン化と再結合のバランスが保たれている必要もあります。例えば、温度が3万度にものぼる巨大星の大気においては、巨大星の発する紫外線により全ての水素原子が効率よくイオン化されてしまい、再結合が追いつきません。よって、この巨大星のスペクトルに水素による吸収線はほぼ見られません。一方、温度が太陽よりも低く数千度しかない矮星の大気においては、水素原子をイオン化する紫外線があまりないので、水素原子中の電子は基底状態から動けません。よって、この矮星のスペクトルに水素による吸収線はほぼ見られないのです。

このように、吸収線も、原子の周りのエネルギー環境が整って初めて生まれるのです。よって、異なる環境ごとに、異なる原子の異なる吸収線が生まれます。

■ 原子は唯一無二

それぞれの原子は唯一無二のエネルギー構造を持っています。原子をビルで表現すると、一つひとつのビルの階の配置と階ごとの天井の高さが複雑に異なり、ひとつとして同じビルがないのと同じです。

例えば、ヘリウムガスは黄色の光を発して、酸素ガスは緑色の光を発しますが、水素ガスは黄色と緑色の光を発しません。水素原子内のどの2つの階（エネルギー状態）間を移動しても、黄色や緑色の光に相当するエネルギー幅が存在しないから、黄色や緑色の光を出せないのです。

■ 原子のスペクトルに宇宙の情報がある

また、輝線と吸収線は人間の目で見える可視光域に限らず、他の電磁波領域でも条件が揃えば現れます。宇宙からの光に、どの原子のどの波長の輝線もしくは吸収線が現れるかは、その原子を含む天体の環境が決定します。環境（条件）が整って初めてそれぞれの輝線と吸収線が生まれるからです。

よって輝線と吸収線を分析することで、宇宙の様々な情報、例えば、天体の温度、化学組成、動き、質量などを知ることができます（第2章第6節&第4章第3節&第5章第1節）。星の光のスペクトルに見られる吸収線を分析すれば、星の大気の温度や化学組成がわかり、星の動きもわかります。星雲のスペクトルに見られる輝線を分析すれば、同じく星雲の温度、化学組成、そして星雲ガスの動きもわかります。

原子の輝きは周りの宇宙の環境を反映します。だから宇宙の情報を運ぶのです。そして私たちは光をあらゆる波長に分光することにより、光に隠れている宇宙の情報を抽出し、宇宙の様子を探究できるのです。

それぞれの原子が唯一無二であるならば、私たち一人ひとりも唯一無二です。人間はおよそ10^{28}個の原子から成り、誰一人として同じ原子の配合ではできていないからです。そして、それぞれの原子がスペシャルな波長で輝くように、あなたにしかないスペシャルな波長であなたも輝けます。しかし、そのためには、原子と同じで、条件（エネルギー、環境）が整っていなければ輝くことはできません。

まず生命の基盤を整えます。あなたは生物ですので、あなたの体も脳もベストコンディションに整えてください。十分な睡眠をとり、身体にいいものを食べ、適度な運動をして、輝くためのエネルギーを養うのです。適切なエネルギーがなければ輝くものも輝けません。

そして環境ですね。まずは、周りの人を選んでください。あなたの個性を受け入れない、あなたのエネルギーを無駄に消耗する組織や人々からは離れたほうがいいです。逆に、あなたがインスピレーションを受けることのできる、学べる環境を選び、自分もこう輝きたいと思う波長で輝いている人々に近づいていって、そのエネルギーを吸収しましょう。

自分らしく輝くために最も重要なことは、自分を大切にすることであり、自分の環境を選ぶことです。

05

Q

太陽は何を燃やして赤く輝いているのですか？

A

太陽は何も燃やしていないし、まずもって赤くありません。白色です。太陽は量子トンネル効果による核融合で輝いています。

Message

当たり前、常識、慣習を疑ってください。それらは間違っているだけでなく、あなたの成長及び社会の成長をも妨げる可能性があります。

■ 常識の中の太陽

「燃える太陽は何色だ？」

「赤！」

日本の小学校の運動会で子どもたちが歌う紅組応援コールの一部です。[*7] しかし、この中には大きな嘘が2つあります。

太陽は赤色ではありません。

太陽は燃えていません。

■ 太陽の色は白

晴れの日、太陽が空の一番高いところにあるお昼時に、太陽をチラッと見てみてください。ただし、太陽光を直接見ると眼が傷つくので、チラッと見るだけにしてくださいね。太陽は白いはずです。

本章第1節で、温度があるモノは熱放射をする話をしましたが、私たちが見る太陽の光も熱放射です。温度5800Kの太陽の大気から生まれる熱放射は、輝線や吸収線とは異なり、全ての波長において連続的に放射されます。

太陽の光を波長ごとに分けて（分光して）見ると、全ての色、赤、橙、黄、緑、青、藍、紫色が見えますが、この7つの色が全部重なって私たちの目の中に入ってくると、私たちの目には白く見えるのです。その理由は私たちの眼の構造にあります。

私たちの眼の奥には、光の三原色に相当する、赤色、緑色、青色に対する3つのセンサーがあり、脳はこの3つのセンサーに入ってくる光の量を合わせて色を判断するのです。太陽の光には、赤寄りの光と緑っぽい光、そして青寄りの光がほぼ同量存在するので、3つの色が均等に重なり、私たちの眼には白く見えるのです。

■ 朝日や夕日は赤っぽい

ではなぜ太陽は赤いとか、黄色いといったような勘違いが生ずるのでしょうか？　確かに、太陽の位置が地平線に近くなればなるほど、太陽は赤みを帯びていきます。それは大気中の分子が光を、その光の波長が短ければ短いほどより多く、あらゆる方向に散らしてしまう（散乱）からです。朝日や夕日の光は、地平線近くのより厚い大気を通り抜けてこなければいけないので、その間に青寄りの光も緑っぽい光も散らされてしまい、赤っぽい色だけが私たちの目に到達するため、赤く見えるのです。[*8]

■ 太陽は燃えていない

太陽のエネルギー放射量は4×10^{26}ワットです。数が大きすぎて想像もできないかもしれませんが、強いて言えば、地上最強の水素爆弾が毎秒20億個爆発しているのと同じエネルギー放出量です。

太陽が燃えていたら、つまり、燃えるということは酸素を使って化学反応を起こしエネルギーを発することですから、太陽にある原子は、数万年、よくて数十万年以内に全て燃え尽きてしまいます。地球上の人類の歴史でさえも数百万年に遡るのに、生命そのものを産んだ太陽のほうが若いなんてことはあり得ません。だから、太陽は燃えていません！

■ 太陽は核融合で輝く

燃やすよりも効率のいいエネルギー生産方法は核融合です。軽い元素がくっついて重い元素を作る過程を核融合と言いますが、太陽は水素4つをヘリウムに融合することでエネルギーを生産しています。

1回の融合で生産されるエネルギーは人間が階段を1段上るのに必要なエネルギーのたった100兆分の1程度でとても小さいのですが、太陽ではこの核融合が毎秒10^{38}回行われるので、莫大なエネルギーが放射されます。毎秒およそ6億トンの水素がヘリウムに融合されているのです。

太陽の中心[*9]の温度はおよそ1500万度ですから、全ての原子はイオン化されており（本章第4節）、原子核と電子に分かれた状態にあります。よって、厳密には水素原子核である陽子が4つ融合することで、ヘリウム核が作られています（2つの陽子は中性子になります）。しかし、陽子はプラスの電荷を帯びています。プラスの電荷を帯びている陽子と陽子は、磁石のN極とN極のようなものですから、反発しあうはずです。反発するのになぜくっつくのでしょうか？

■太陽は量子トンネル効果で輝く

陽子と陽子が反発にも負けずくっつくことができる理由は、陽子も、光や電子のように、波だからです（本章第2節）。波であるから位置に広がりがあり、例えば普通では乗り越えられない壁（プラスの電荷同士が反発する壁）があっても、その壁の近辺に来ることさえできれば、壁を越える可能性が出てくるのです。その可能性は微小ではありますが、可能性がある限り、稀に、

図 17

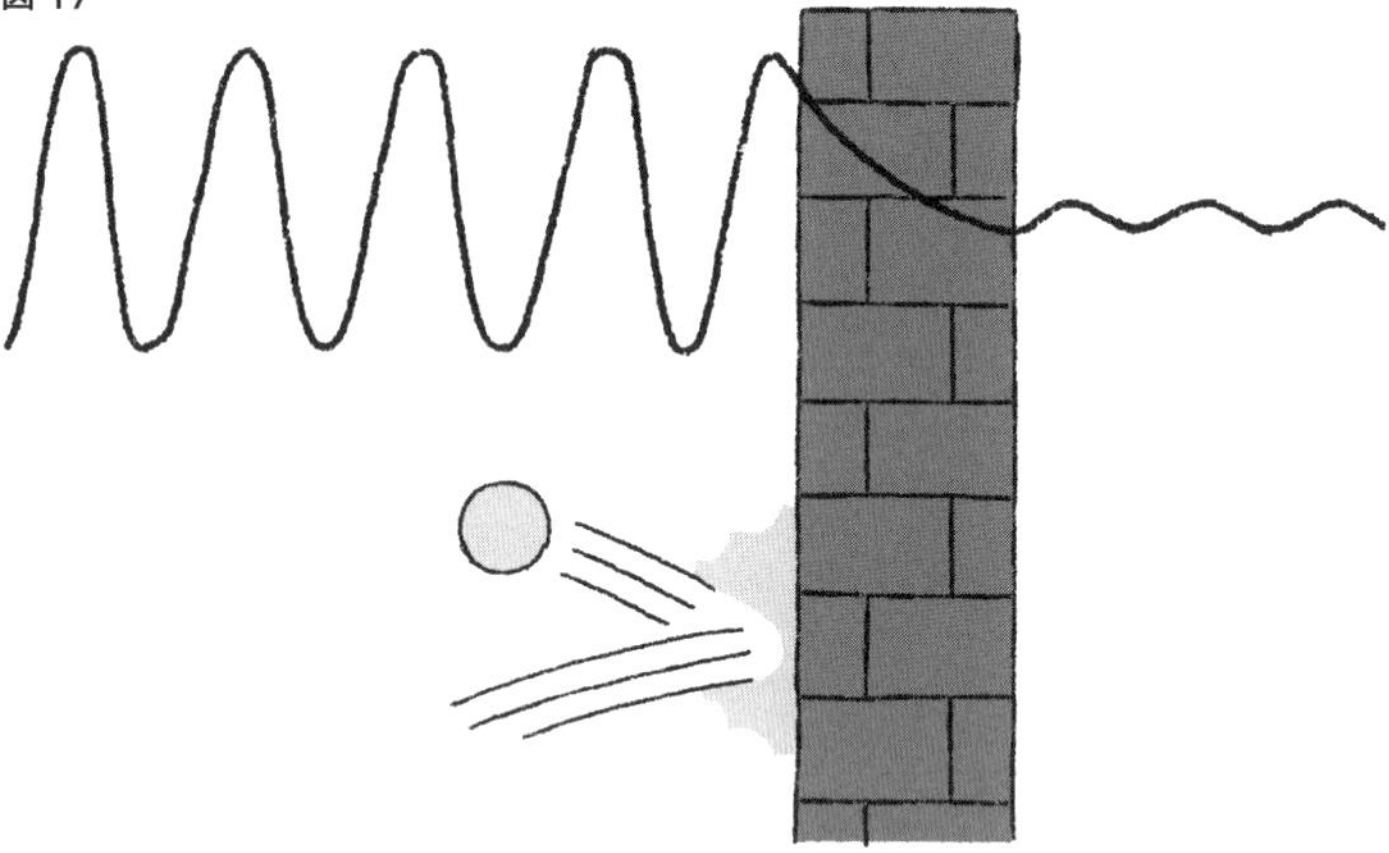

壁を通り抜けることができるのです。これが量子トンネル効果です（図17）。

この量子トンネル効果の成功確率はおよそ10^{28}分の1、つまり、太陽核の陽子が10^{28}回トライすると、たった1回、量子トンネル効果が成功し、もうひとつの陽子とくっつくことができます。非常に低い成功確率ですが、太陽にはとてつもない数、10^{57}個の陽子があるので、こんな稀なこともかなり頻繁に起っているわけです。

結果として毎秒10^{38}回核融合が起こっている、これがレベチの太陽です。

■太陽は輝いた分軽くなる：$E=mc^2$

核融合では、自由に動き回っていた陽子たちが合体しヘリウム核に落ち着くことで、余分なエネルギーを放出します。この余分なエネルギーをアインシュタインの$m=E/c^2$（$E=mc^2$：本章第3節）で質量に変換すると、ちょうど、ヘリウム核1つの質量から、元の陽子4つの質量を引いた質量差になります。

核融合で生まれるエネルギーはガンマ線ですが[*10]、高密度の太陽の中を電子や陽子にぶつかりエネルギーを失いながら、10万年ほどかけて表面に到達する頃には、可視光になっています。それが太陽の白い光です。私たち地球の生命を生み、生命を育むエネルギーです。

宇宙思考

太陽は赤く燃えている、という嘘が学校教育レベルで一般常識化しています。当たり前、常識、慣習とされていることは、論理的根拠及び科学的根拠もない偽りである可能性が高いことばかりですから、当たり前、常識、慣習は、まずは疑うべきです。何かのきっかけで、とある概念や社会制度がメインストリーム化してしまうと、人びとはそれらを疑うことなく受け入れてしまう傾向があります。社会の一員としてある程度の協調と妥協が必要な時もありますが、思考停止と同調圧力に流されるのは危険です。

例えば、およそ80年前、天皇のために敵艦に特攻して命を捧げるのは当たり前でした。およそ30年前、学校の先生、大人、そして親が、子供に体罰を加えるのは当たり前でした。現在、1年も年齢（学年）が変わらない先輩に対して態度や話し方を変えること（場所によっては頭を下げること）が当たり前です。また、「自主自律」という言葉を学校の方針として掲げながら、この髪型はダメ、化粧はダメと生徒の自主自律を規制するのも当たり前です。

当たり前は、論理をつき詰めると間違っている可能性が大いにあります。そのような当たり前はとても不合理で、あなたの成長のみならず、社会全体（経済も科学も）の成長をも妨げます。

宇宙や科学の探究の基盤には、疑う心と批判的思考がありますが、あなたがあなたらしく輝くために、そしてみんながそれぞれの波長で輝ける社会を創るためには、この科学精神、疑う心と批判的思考が不可欠です（第4章第4節に続く）。

06

Q エネルギーって何ですか？

A エネルギーとは、形は色々変わるけれど必ず保存される量のことです。宇宙のエネルギーは保存されます。しかし使えるエネルギーは保存されません。

Message

あなたの使えるエネルギーは有限だから、闘いは選ぶ、同じ土俵に乗らない、When they go low, we go high.

■エネルギーの定義

エネルギーは、物を持ち上げる、車を動かす、電球を灯す……など、何か事を起こす能力だと言えばわかりやすいでしょう。しかし、事を起こすことができないエネルギーもあるので、この定義は間違っています。例えば、物を持ち上げるときに出る汗、車から出る排ガス、冷蔵庫の後ろから出る熱などは全く使えませんが、エネルギーです。

エネルギーとは、色々形は変わるけれど、全体として必ず保存される量、と物理学では定義します。厳密には、自然を司るモノと力のルールが、時間によって変わらない場合、つまりいつ実験を行っても、全ての条件が同じであれば、全く同じ結果が出る場合に、保存される量がエネルギーです。[*11]

エネルギーには大きく分けて2種類あります。動きのエネルギーである運動エネルギーと、秘められた可能性のエネルギーであるポテンシャルエネルギーです。

■動きのエネルギー＝運動エネルギー

例えば、ある車があなたに時速5キロメートルでぶつかってきても、あなたが死ぬことはないでしょう。一方、同じ車があなたに時速100キロメートルでぶつかってきたら、あなたはおそらく即死です。スピードが大きい、動きが大きいほうにより大きな破壊能力（事を成す能力）があります。よって、動くモノには運動エネルギーがあるといいます。

回転や振動も動きですから、回転や振動するモノには運動エネルギーがあります。モノを作る原子や分子にも、動いているから運動エネルギーがあります。これをモノの熱エネルギーと言います。[*12] 光にも運動エネルギーがあります。光は電磁波で波長があり、波長は動きを表す量だからです（本章第2節）。波長の短い光ほどエネルギーが大きくなります。

■可能性のエネルギー＝ポテンシャルエネルギー

今度は、ビルの3階にいる私、筆者BossBを考えてみましょう（次ページ、図18）。BossBが3階から飛び降りると（ここでのBossBはスーパーヒーローだと仮定します、決して真似しないように）地上最速スプリンター、ウサイン・ボルトよりも速く動くことができます。飛び降りるだけで運動エネルギーを得ることができるのです。つまり、ビルの3階にいたBossBにはウサイン・ボルトよりも早く動くことのできる可能性のエネルギー、ポテンシャルエネルギーがあったということです。地球の重力がBossBを引く結果なので、重力ポテンシャルエネルギーと言います。

図18

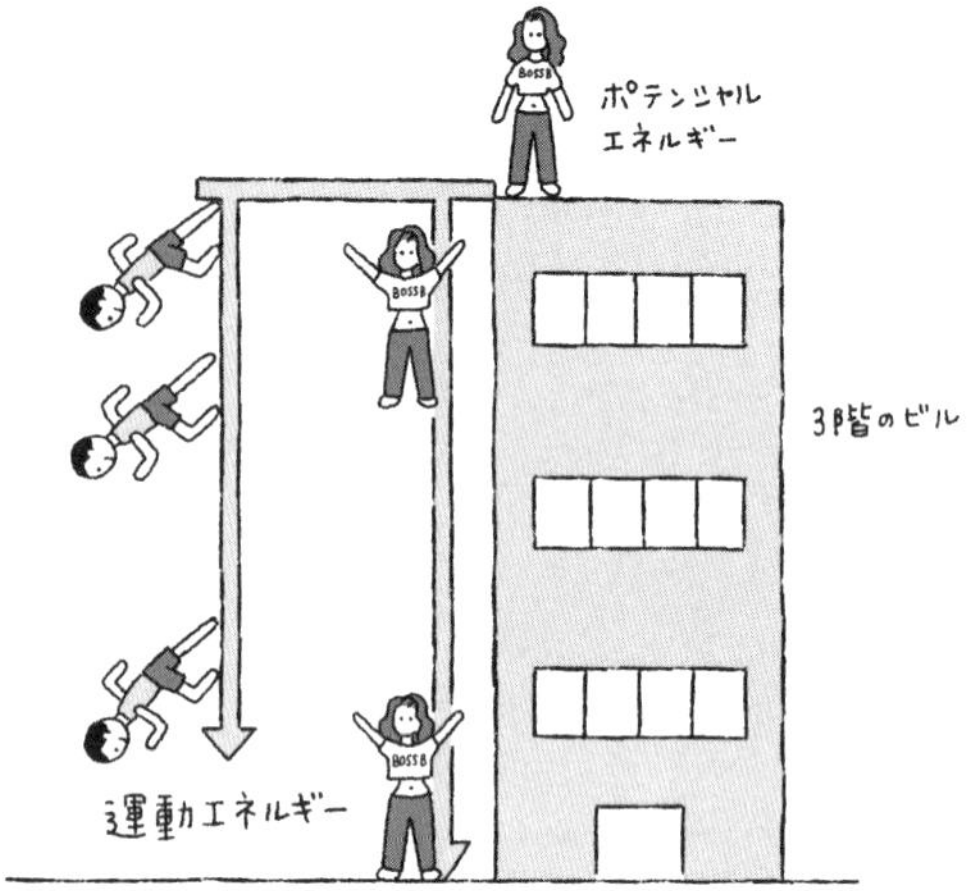

伸ばしたゴムや縮めたバネには（弾性）ポテンシャルエネルギーがあります。伸ばしたゴムも縮めたバネも動きに変わるからです。食べ物、乾電池、ガソリンには化学反応により事を成すことができる化学ポテンシャルエネルギーがあります。食べ物は体を作り動かし、乾電池は懐中電灯に光を灯し、ガソリンは車を動かすことができます。原子核にもポテンシャルエネルギーがあります。大きな原子核は分裂することで（原子力発電）、小さな原子核は融合することで（太陽）、エネルギーを生み出します。質量も$E=mc^2$で運動エネルギーとポテンシャルエネルギーの総量です（本章第3節）。

■エネルギーは保存される

エネルギーは様々な形に変わるけれど、その変化の先を、漏れることなく追跡していけば、最初も最後もどの時点でも、全てを足した合計量は同じです。ビルの3階にいるBossBの重力ポテンシャルエネルギーが、BossBが飛び降りることでBossBの運動エネルギーとBossBと接触する周りの空気の運動エネルギーに変わり、BossBが無事着地すると、BossBの運動エネルギーはゼロになると共に、BossBの体、地面と空気の運動エネルギー（熱や音）に変わるのです。

全てのプロセスがエネルギーの出入りのない、閉じた、大きな箱の中で行われたとすると、この箱の中からエネルギーは一切失われていません。エネルギーはなくなることもなければ、エネルギーのないところからエネルギーを作り出すこともできません。エネルギーの定義が保存される量だからです。[*13]

■ 使えるエネルギーは有限

しかし、事を成すことができる、使えるエネルギーは有限です。使えるエネルギーはどんどん使えないエネルギー、熱になっていくからです。熱とはランダムに乱雑に動くミクロレベルの原子や分子の運動エネルギーです（第3章第4節）。エネルギーを大切にしよう、というスローガンを聞くかと思いますが、厳密には、使えるエネルギーを大切にしなければいけないのです。

あなたが使えるエネルギーは有限です。

「闘いは選ぶ by my friend」

学校で、会社で、社会の至る所で、不正・不平等が蔓延《はびこ》っていますが、全てに対して闘いを挑むことは不可能です。そんなことをしていたら、心身がすり減り、あなたが機能しなくなってしまいます。あなたにとって最も大切なものは何ですか？　私にとって最も大切なものは愛です。大切なものを守るために、あなたのエネルギーを保存しなければいけません。

また、攻撃に対して正面からぶつかってはいけません。正面衝突すればあなたも破壊されます。全てが熱、使えないエネルギーになってしまうだけです。怒り、妬み、恨みに駆られて、いじめる、バカにする、仲間はずれにする、SNSに書き込む、など、これらの攻撃を受けたら、そんな人たちと同じ土俵に乗ってはいけません、相手の低いレベルにあわせてはいけません。

「同じ土俵に乗らない by 筆者BossBの地元の警察官」

「When they go low, we go high. by ミシェル・オバマ」

自分は高台に行って攻撃を避けます。自分の使えるエネルギーを守り、高台でさらにエネルギーを蓄えながら、相手の使えるエネルギーを消耗させるのです。相手の使えるエネルギーが激減するまで待つのです。もし行動が必要ならば、この時があなたの動く時です。

07

Q

結局、宇宙は何でできているのですか？

A

宇宙の5％は原子などのノーマルマター、27％はダークマター、そして68％はダークエネルギーでできています。

Message

モノや人は容易に本質を見せません。そして容易に見えるものではありません。

■宇宙の95％は何でできているのかわからない

これまでお話ししてきた宇宙を作る「モノ」は、生活において、もしくは実験において、私たちがその存在を確認できるものです。これらのモノをノーマルマター（普通の物質）と呼びます。例えば、原子を作る陽子や電子はノーマルマターです。私たち人間も、地球も、太陽も、ノーマルマターです。質量はなくてもエネルギーを持つ光もノーマルマターです。

しかし、宇宙には「普通でない」モノやエネルギーがあります。それらがダークマター（暗黒物質）であり、ダークエネルギー（暗黒エネルギー）です。私たちにとって「普通でない」からダークなのです。私たちには正体がわからないから、理解ができないからダークなのです。宇宙にとっては「普通」です。さらに、宇宙の95％はこのダークマターとダークエネルギーでできているのです（図19）。

図19

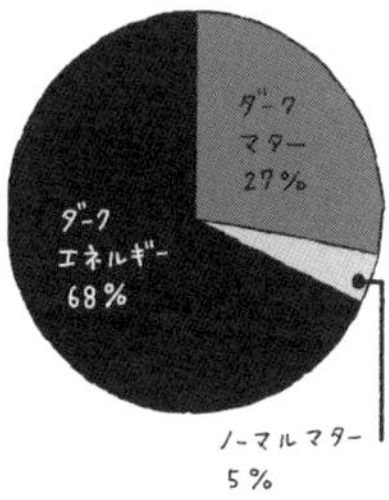

■ダークマターがある

ダークなのに、どうしてダークマターがあることがわかるのでしょうか？　重力があると星や銀河は動きます。ニュートンの万有引力の法則によると、重力は質量のあるモノとモノの間に働く力です。重力を生むのは質量（とエネルギー）なので、星や銀河の動きを調べれば、目に見えなくても「重力を生み出す何か」があることがわかるのです。

例えば、太陽系の惑星は、その軌道内にある質量の重力（万有引力）によって引かれ、回転しています（公転と言われる動きです）。水星は秒速47キロメートル、地球は秒速30キロメートル、太陽から最も遠くにある惑星、海王星は秒速5キロメートルで回転しており、惑星の回転速度は太陽から遠くにあればあるほどどんどん小さくなっていきます（図20左）。

中心からの距離ごとに回転速度をグラフ化したものを回転曲線と言いますが、太陽系の回転曲線は、質量の99・8％が中心の太陽にあるという質量分布を反映したものです。逆にいえば、回転曲線の形から、それぞれの天体の軌道内の質量分布がわかります。

では、天の川銀河の質量分布を知るために、天の川銀河の回転曲線を見てみましょう（図20右）。天の川銀河は円盤状に星が分布し、中心が最も星の光が多く、中心から離れると星もガス雲も少なくなっていきます。よって、回転速度は中心付近では右肩上がりに増えていき、中

図 20

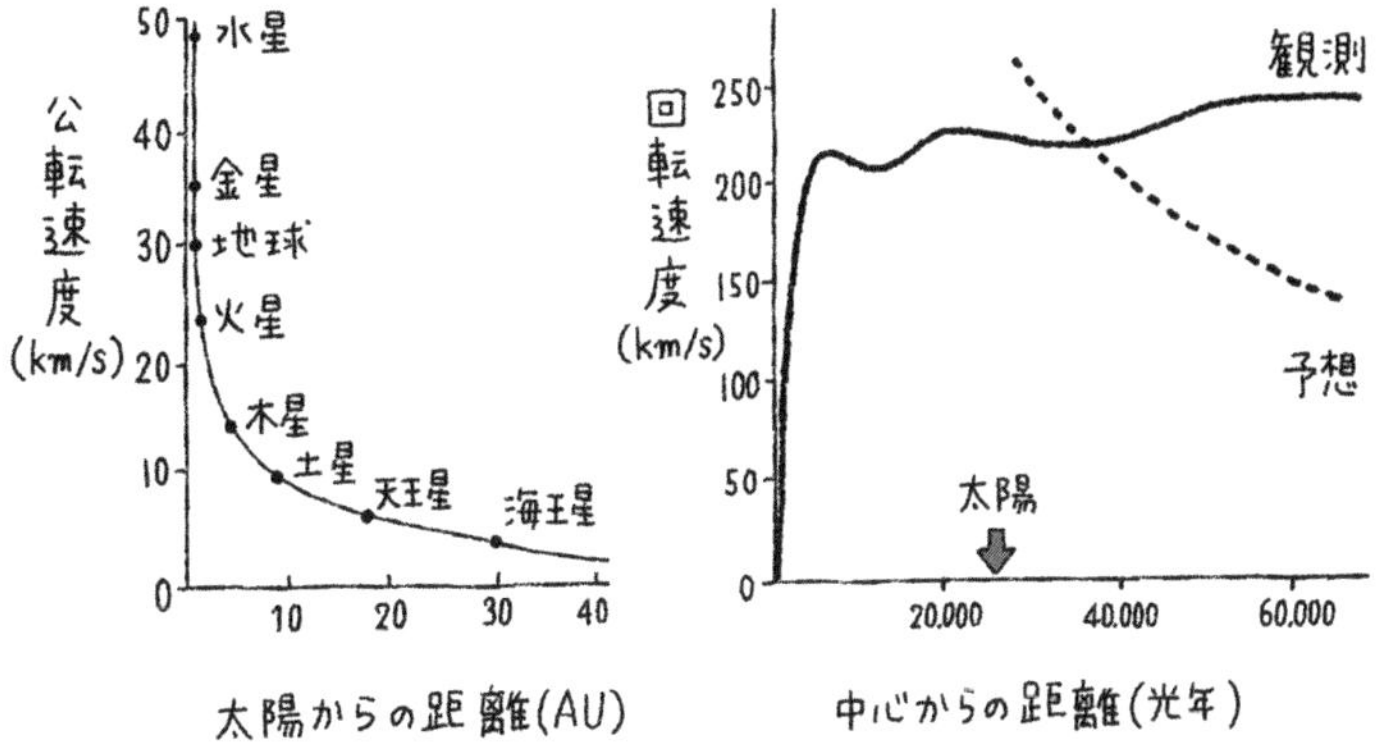

出典：Jeffrey Bennett, Megan Donahue, Nicholas Schneider, Mark Voit,"The Essential Cosmic Perspective", Pearson. を参照し、作成

心から離れると右肩下がりに回転速度が減っていくことが予想されます（図20右：点線）。

しかし実際に観察される回転曲線は、中心から離れても回転速度は減るどころか、ほぼ一定速度を保っています（図20右：黒線）。天の川銀河の中心から2万6000光年離れた場所にある太陽系の回転速度は秒速220キロメートルですが、さらに中心から離れた5万光年先の、もう星やガス雲でさえもほとんどない場所の星やガス雲の回転速度も、太陽系とほぼ同じなのです。[*14]

例えば、太陽系の海王星が地球と同じ回転速度で動き始めたら、海王星は太陽系から飛び出していくはずです。そんなに速く動く海王星を太陽系に収めておくだけの質量（重力）が太陽系内にないからです。つまり、天の川銀河の星やガス雲が飛んでいかないよう、重力で引っ張っている見えない何かがあるはずだ、と推測できるのです。

この重力源を私たちはダークマターと呼びます。光を発しないから何なのかわかりませんが、天の川銀河の質量のおよそ90%はダークマターです。他の銀河も同じくほとんどがダークマターでできており、光を発して輝くのは銀河のほんの一部です。

■ダークマターの正体?

ダークマターを粒子と仮定した場合、その検出が難しい理由は、ダークマターはノーマルマターを無視してほとんど交流、つまり相互作用しないからです。ダークマター同士でもほとんど相互作用しないようです。一体、どんな粒子なのでしょうか?

これまでの最有力候補はWIMPs(ウィンプ:Weakly Interacting Massive Particles)と呼ばれる、電荷を持たず、重力と弱い力(第6章第1節)にしか反応しない重い仮想の粒子です。例えば、WIMPsが崩壊する時に発せられるガンマ線を間接的に観測できないか、または、キセノン原子核との散乱による発光を実験施設で直接的に検出できないか? など、様々な理論に基づき、様々な観察及び実験が行われています。しかし、ダークマターの存在が示唆されてから100年以上の時が経った今もなお、ダークマターの正体はわからないままです。

アクシオンという名を持つ、とても軽い仮想粒子も候補に挙がっています。もしかしたら宇宙初期にできた原始ブラックホールである可能性もあります(第4章第4節)。もしかしたらマター（粒子）ではなく、重力そのものを量子レベルで考え直すべきなのかもしれません。

■ダークマターがなかったら

ダークマターがなかったら、おそらく地球も生命も存在していません。原子などのノーマルマターは、ダークマターの重力に誘導されるから、星や銀河を効率よく作ることができるのです。また、星が生産したあらゆる重元素（炭素や鉄）も、ダークマターの重力のおかげで、宇宙空間に逃げていくことなく、星間でリサイクルされます。だから惑星が生まれ、生命が生まれるのです（第1章4節）。

■ダークエネルギーがある

宇宙を、ノーマルマターとダークマターによる重力が働く方向と逆の方向に押し続けるエネルギーを、ダークエネルギーと言います。空間を満たす真空エネルギーのようなものであると予想はされていますが、観察と理論は全然一致しないので、ダークなままです。ダークなのに、どうしてダークエネルギーがあることがわかるのでしょうか？

それは宇宙が加速膨張しているからです。ダークエネルギーの説明はこれ以上この章ではできません。宇宙が膨張している話をしていないし、加速膨張の話ももちろんしていないので、ダークエネルギーに関する詳しい説明は第5章第2節まで待ってください。第4章第3節（ホーキング放射）で真空エネルギーについて学んでから、第5章に進むとわかりやすいと思います。ここでは宇宙を作る大半、68％が正体不明のダークエネルギーであることを知ってください。

■ 宇宙のほとんどはわからない

宇宙の5％はノーマルマター、27％はダークマター、そして68％はダークエネルギーです。光として見える宇宙はほんの一部なのです。宇宙を成す95％は、少しずつ理解に近づいているとはいえ、いまだ正体不明です。さらに私たちは残りの5％、ノーマルマターでさえも、全てを理解しているわけではないのです。宇宙はあらゆる波長で輝いているけれど、輝きの奥の見えないところに、本質が潜んでいるようです。

宇宙思考

人間は食べ物がなくても水がなくても何日かは生きていけますが、空気がなかったら数分で死にます。あなたにとって最も大切な空気は、あなたの目には見えません。空気を見るには異なる視点、分子レベルで解釈できる視点が必要です。その視点から空気を見て初めて、酸素という生命の本質が見え始めるのです。

笑顔で楽しそうに見える人が、本当は何を考えているのか、どんな悩みを抱えているのかわかるでしょうか？　人の本質は容易に見えません。見えたと思っても部分的にしか見えていないものなのです。

あなたの目に入ってくる情報は、あなたの視点で見ることができる、そして解釈できるものに過ぎない故、自分中心のバイアスがかかります。つまり、あなたの目に見えること・解釈できることで、モノや人を判断することは、原則、できないのです。あなたの視点は限られているからです。

しかし、自分は全てを見ていない、自分の解釈は間違っているかもしれないという謙虚（知的謙虚）[注]な態度で、見えないものを見ようとする努力はできます。見えないものの重要さ、素晴らしさに気づけたら、モノの本質及び人の本質が少しずつ理解できるようになると思います（第3章第1節に続く）。

※注　ここで使う知的謙虚は、オープンマインドで、違いを尊重し、柔軟であることを意味するので、日本社会で定義される「謙虚」とは本質が異なります。

第3章

空間、時間、時空、重力

01

Q

次元って何ですか？

A

次元とは、動ける方向の数、あなたの場所を表すのに必要な最低数です。

Message

見ることができない現実を、より正確に見るためには、探検し、違いに触れ、より多くの多様な視点を養うべきです。

■私たちは3次元人

前後、左右、上下、3方向に動けるあなたは3次元空間にいます。動ける方向の数が、あなたの存在する空間の次元数です。または、あなたの居場所を表すのに必要な最低数が次元数とも言えます。例えば、あなたの地球上の場所はどこですか？

❶日本
❷東京都
❸渋谷区
❹代々木
❺4丁目……

ちょっと待ってください、そんなに沢山の情報は必要ありません。あなたの場所を特定するのに必要な情報はたった3つで済みます。

まずは緯度と経度。例えば緯度は35度40分51秒、経度は139度41分27秒（1度＝60分＝3600秒）、この2つの測定値で、地球上のどこにいるかを正確に示すことができます。

もうひとつ必要な情報があります。それが高さです。あなたがいるマンションの部屋が10階にあるならば、緯度と経度だけ与えられてもあなたを見つけることはできません。10階までの高さ30メートルに、厳密には、そこの土地の標高、例えば29メートル[*1]を足して、高さ59メートルと教えてあげましょう。

場所を特定するのに必要な最低限の測定値の数が、あなたの存在する空間の次元です。だから私たちは3次元人です。

■0次元空間

場所を特定するのにひとつも測定値が必要でない空間は0次元です。

例えば、点は0次元です[*2]。サイズはゼロ、サイズゼロの中にいる0次元人は全く動けません。0次元人のサイズもありません。点の中の場所を示すのにひとつも測定値は必要ではありません。0。

■1次元空間

場所を特定するのに必要な最低限の測定値が1つ、の空間は1次元です。

例えば、線は1次元です。[*2] 線に定規のように目盛り、数字をつけてください。線上のどの場所も1つの数字で表すことができます。

1次元人は動けます。しかし、もうひとりの1次元人にぶつかったら、それ以上その方向に動くことはできません。両側から他の1次元人に挟まれたら一生挟まれたままです。

■ 2次元空間

場所を特定するのに必要な最低限の測定値が2つ、の空間は2次元です。

例えば、紙の上は2次元です。[*2] 1次元の2本の線を垂直に交わるように引いてください（例えば緯度と経度も垂直に交わっています）。線に目盛りを付ければ、その紙の上の全ての場所を2つの線上の測定値、2つの数で表すことができます（次ページ、図21）。

2次元人は前後、左右2方向に動き回れます。口もあって物を食べることもできますが、うんちは口から出てきます（次ページ、図22左）。入口と出口が別だったら真っ二つに分かれてしまうからです（図22右）。口、食道から、腸を通して肛門に繋がる道は、山を貫くトンネルのようなものです。紙を2次元の生き物だと仮定して（厚みは無視します）、紙のどの端からどの端でもいいのでトンネルを描いてみてください。そしてそのトンネルをハサミで切れば、紙は必ず2つに分かれてしまうことでしょう。

図 21

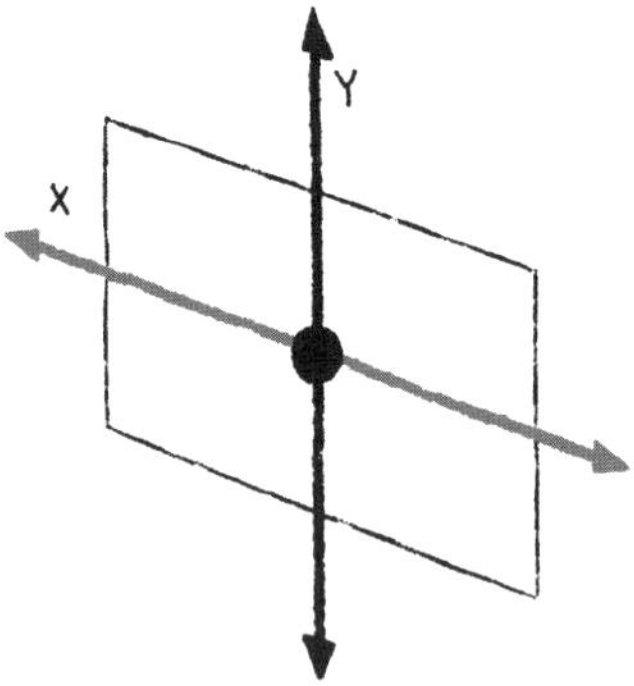

図 22

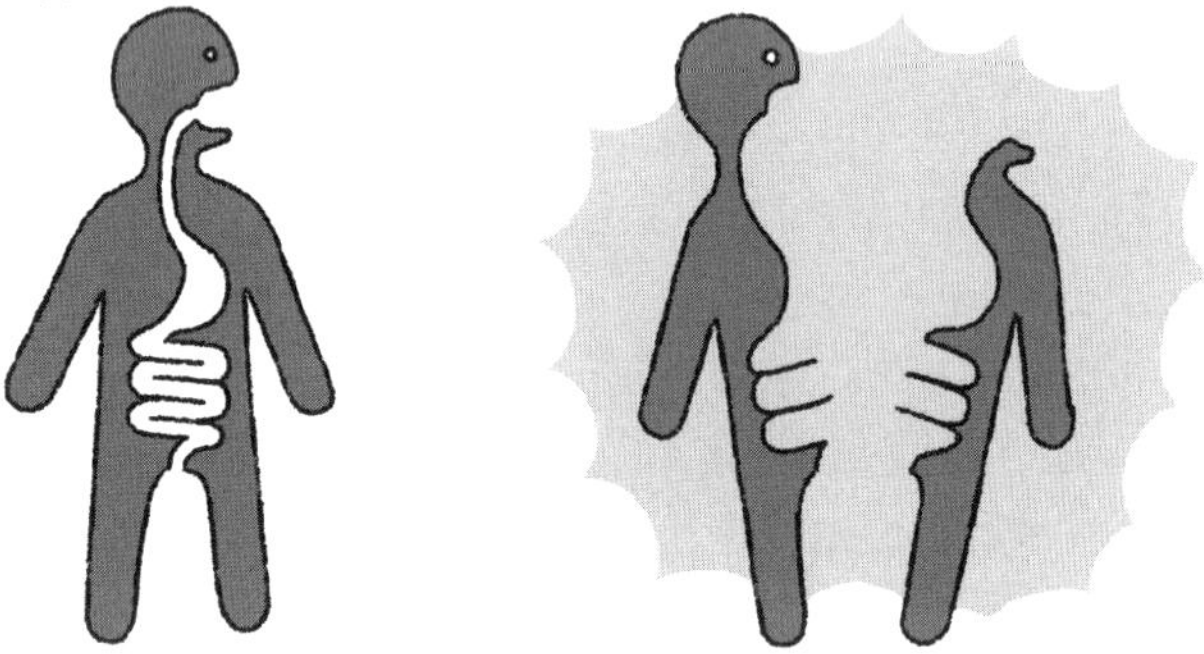

図 23

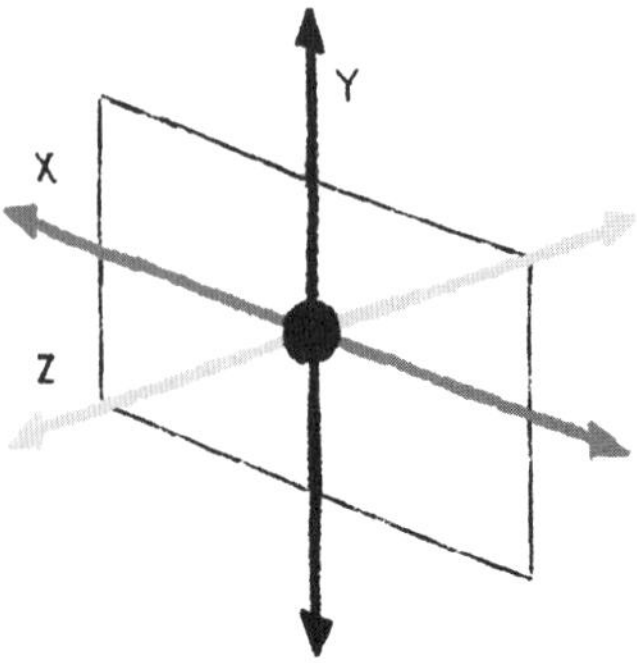

■ 3次元空間

場所を特定するのに必要な最低限の測定値が3つ、の空間は3次元です。

例えば、私たちの空間は3次元です。2次元の紙の上に引いた垂直に交わる2本の線に対して、さらに垂直に線を引いてください。空間上の全ての場所を3つの線上の測定値、3つの数字で表すことができます（図23）。

私たち3次元人はさらに自由です。前後、左右に加えて、上下にも動けるのですから。さらに口（入口）と肛門（出口）が異なっていても体は繋がっています。1つ次元が増えただけで、複雑な構造が可能になりました。

■ 4次元空間

場所を特定するのに必要な最低限の測定値が4つ、の空間は4次元空間です。

4次元空間はどんな空間でしょうか？　3次元空間を表す垂直に交わる3本の線に対して、さらに垂直に線を引いてください。想像できますか？　そして4次元空間の場所は4つの数字で表せるはずです。3次元人の私たちに4次元空間を可視化することは不可能ですが、想像し

図24

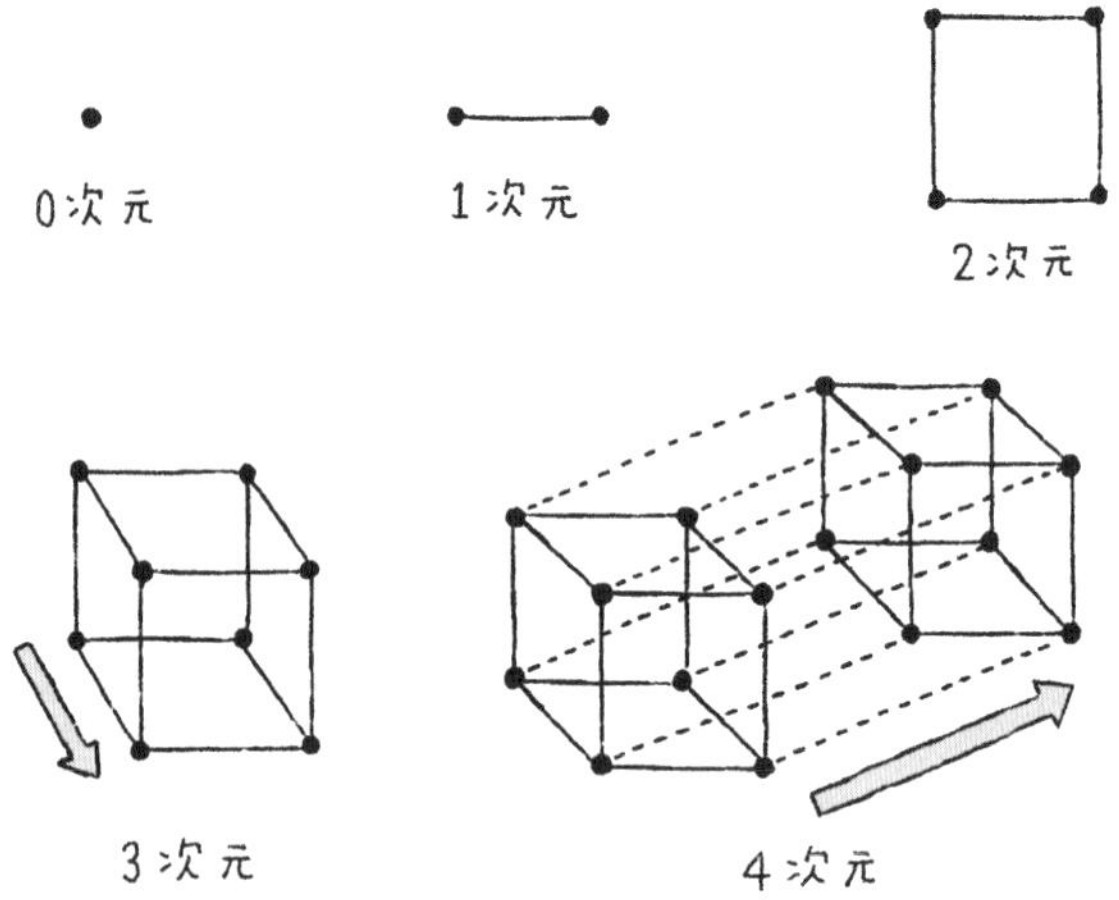

てみましょう。

点（0次元）と点を重ね合わせ、ゴムで繋げて引っ張ると、線（1次元）ができます。線と線を重ね合わせ、両端をゴムで繋ぎ、線と垂直の方向に、線と同じ長さだけ引っ張ると、正方形（2次元）ができます。正方形と正方形を重ね合わせ、4つの端同士をゴムで繋ぎ、正方形の面と垂直の方向に、辺と同じ長さだけ引っ張ると、立方体（3次元）ができます。そして立方体と立方体が重なっていることを想像してください。全ての角同士を同じようにゴムで繋ぎ、立方体の全ての辺に対して垂直の方向に、辺と同じ長さだけ引っ張ると、4次元超立方体ことテセラクト（正八胞体）ができます（図24）。

どんな形か想像できますか？　3次元人である私たちには無理です。誰にも想像はできません。しかし、1次元から2次元へ、2次元から3次元へと次元が増えるごとに、どうパターンや数が変わっていくかを理解すれば、4次元を数学で表すことができます。

線は2つの点で囲まれています。正方形は4本の線に囲まれています。立方体は6つの正方形からできています。テセラクトは、2、4、6の次にくる数、そうです、8つの立方体で囲まれているはずです。

そして、4次元人がいるとしたら……。[*3] 4次元人の形を想像することはできませんが、4次元人の断面なら見ることができるはずです。私たちが2次元世界を訪れたら、2次元人には私たちの2次元断面の形が見えるのと同じです。[*4] 2次元世界での私たちは、基本1つか複数の楕円に近い形に見えることでしょう。どのように見えるかは、どの断面、例えば、頭？　腹と手？　足？　であるかによります。同じく、4次元人の断面は、3次元のはずです。

さらに、4次元人がいるとしたら、4次元人は私たちの体の中全て（心臓、骨、大腸など）を見ることができるでしょう。私たちが2次元人の体の中を全部見ることができるのと同じです（図22）。ということは、4次元空間に行くことができれば、私たちの皮膚を切って開けることなくあらゆる手術が可能になります。4次元空間に行くことができれば、銀行や店の中に入らずに何でも盗むこともできます。ドラえもんが4次元ポケットから色々なものを引き出すことができるのも、次元が1つ余分にあるからだと思います。

私たちは3次元空間に生まれ、3次元の原子でできていて（第2章第3節）、3次元空間で進化してきた3次元人ですから、3方向に大きさのあるものしか見ることはできません。点も線も紙も実は3次元物体ですし、4次元以上の世界を数学で描写することはできても、可視化するのは不可能です。しかし、想像を広げることで新しい発見があります。

例えば、時間も次元のひとつです（本章第2節）。私たちは時間の方向に動けるからです。さらに、3次元空間は曲がります（本章第5節）。3次元空間が曲がるのに4次元目の空間は必要ありません。3次元空間そのものが曲がります。しかし、高次元が存在するかもしれないし、見えないスケールに高次元が隠れているかもしれません（第4章第4節）。そして、時間だって曲がります（本章第5節）。

宇宙思考

あなたの限られた視点で見ることができる現実は部分的で、解釈できる現実も部分的です。あなたの視点を制限するのは、あなたの限られた過去のデータですから、つまり、データを増やせば、視点も増えて、より多くの現実の部分を見れるようになり、部分と部分が相補い、全体が見え始めるということです。そのために個人でできることはまず、自分の視点、理解は限られているということを認識し（第1章第3節&第2章第2節）、そして違いを歓迎して、未知を探究しながら様々な視点を養っていくことです。

具体的には、年齢、ジェンダー、性的指向、政治的主張、国籍が違う人々、様々な障がいを抱えている人々、経済状況や教育環境の異なる人々などと積極的に交流し、対話しましょう。そうすれば、自分にない視点に出会い、自分の思い込みやバイアス（脳の仮定）に気づけます。そして自分の中に新しい視点を増やしていくことができます。

また、オープンマインドで自分の殻を破る様々な探検、経験をしてください。例えばボランティア活動でもいいですし、海外体験でもいいです。日本で育った若者が海外留学すると、必ずと言っていいほど、見違えるほどハキハキと、自分の主張ができるようになって帰ってくるのをご存知ですか？　この子たちは脳を進化させて帰ってくるからです。

あらゆる意味での違いに出会い、未知を経験することで、視点は増えていきます。視点が増えると、多角的視点で現実を見ることができるようになり、現実がより明らかに見え始めるのです。

02

Q

4次元時空って何ですか？

A

4次元時空とは、3次元空間にもうひとつの次元である時間を合わせたものです。

Message

「いつ」「どこで」は切っても切れない、一つひとつがユニークな人生の座標です。全ての座標を大切にしてください。

■時間も次元のひとつ

「一緒にご飯食べに行かない？　待ち合わせをしよう」

「どこで？」

「渋谷のハチ公前にしよう」

「いつ？」

「夜の7時」


あなたの場所を表すのに必要な最低数が、あなたが属する次元だという話を本章第1節でしましたが、あなたの場所を特定するには、「ハチ公前」だけでは足りないようです。渋谷のハチ公を知らない人にハチ公前を正確に伝えるには最低3つの数字、緯度、経度、標高が必要ですから、ハチ公前は3つの数字で表す3次元空間の場所です。しかし、あなたは昨日も今日も明日も、四六時中ハチ公前にいるわけではありません。

あなたの存在を表すには、時間を伝える必要があります。つまり合計4つの数字が必要なのです。私たちは4次元時空（間）にいます。時間も次元のひとつなのです。時空を理解するために、まず、ニュートン[*5]の考えた絶対的な宇宙空間と、時間から考えていきましょう。

■ニュートンの絶対的時間と空間

ニュートンは、宇宙をパラパラ漫画のようなものだと考えました。3次元空間の宇宙全てが漫画の一枚一枚であり、漫画一枚一枚に描かれているものの場所は時間ごとに異なります。漫画一枚一枚が時間の進みそのものだからです。時間の基本単位はなんでもいいのですが、仮に1秒とするのなら、パラパラ漫画の一枚一枚が、一秒一秒という考えです。例えば映画は一枚一枚の時間幅が24分の1秒のパラパラ写真です。

ニュートンの考える宇宙には、3次元空間の3方向に目盛りがあり、全ての場所に同じ時間を示し、同じように進む（同期化した）時計が置かれています。例えば今何時ですか？ 地球が午前11時15分ならば、4光年離れたプロキシマ・ケンタウリ星でも午前11時15分です。誰がどこにいようが、何をしていようが、宇宙全ての場所で、全てのモノの時間の進み方は全く同じで、よって全ての場所の時計、体や原子の時計も含め、全てが同じ時間を示しているのがニュートンの宇宙です。

地球上の時差は別問題です。太陽の動きに合わせて、それぞれの場所の時間を変更しただけだからです。例えば、実験として、精巧なクォーツ腕時計を2つ用意します。時差を自動調整しない昭和な腕時計です。その2つの腕時計を東京で同期化し、1つをニューヨークに持っていきます。東京の腕時計が午前11時15分を示しているのならば、太陽が沈んでいる夜のニューヨークの腕時計も午前11時15分を示していることでしょう。

これがニュートンの考えた絶対的な時間です。そして時間は一秒一秒、未来という1方向に向かって進みます。

空間も絶対的です。空間のメモリは不変ですから、あなたの身長が166センチメートルならば、地球にいても、プロキシマ・ケンタウリ星の惑星プロキシマ・ケンタウリbにいても、166センチメートルです。空間は時間と異なり、前後、左右、上下といった具合に1次元内で2方向に動くことができます。

■ 空間と時間を合わせたアインシュタインの4次元時空

3次元空間ではそれぞれの次元を2方向に動くことができます。一方、時間は1方向にしか動けません。しかし空間も時間も動ける方向という意味では次元です。[*6]

また、空間と時間は切っても切れない存在です。例えば、時間のない空間では、ものは一切動かず、変化がないので、星も人間も存在しません。モノが少しでも変化したら時間を作ってしまいますよね。一方、空間のない時間では、大きさのないモノしか存在できず、星も人間も存在しません。モノが少しでも動いたら空間を作ってしまいます。このように空間と時間は互いに依存しているのです。

そして空間と時間を合わせて時空とするのは、次節で話す不変の光速です。3次元空間と1次元時間を合わせたアインシュタインの4次元時空です。

宇宙思考

時空を生きる私たちの「どこで」何をしたかは「いつ」に依存します。例えば、数十年の時を超えて変わらない神社があるとします。その神社を10代の時に訪れるか、大人になってから訪れるか、または年老いてから訪れるかでは、その神社から感じるものも、学べるものも様々に異なるでしょう。

同じく私たちが「いつ」何をしたかは「どこで」に依存します。例えば、高校卒業後、コンビニでアルバイトをしながら自分の人生の方向を考えるとします。その時自分の生まれ育った街で働くのか、他県または他国の街で働くのかでは経験も学びも大きく異なるでしょう。

時空におけるあなたの「いつ」と「どこで」からなる座標は常に動いており、それぞれの座標がユニークで、二度と同じ座標に戻ってくることはありません。だから、全ての「いつ」を大切にし、あらゆる「どこで」を探検してください。

03

Q 光速って何ですか？

A 光速は宇宙のスピードリミットです。光速を超えて空間を動くことはできませんが、私たちは常に光速で時空を動いています。その結果、空間方向に動くと、時間方向に動けなくなり、時間がゆっくり進みます。時間は個人的なものであり、あなたの「今」は他人の過去かもしれないし、未来かもしれません。

Message

あなたの判断は今の判断ではなく、過去の判断です。
だから自分の脳の判断を疑いましょう。

■ 不変の光速

光速（光の速さ）＝空間÷時間

この計算式を見ると、時間に光速をかけたら空間になり、空間を光速で割ったら時間になるというように、性質の異なる空間と時間を密接に繋げ、4次元時空（空間3次元と時間1次元）の性質を定義するのが光速です。

光速は不変です。地球の自転の方向に測っても、反対方向に測っても、動く電車の中で測っても、真空における光速[*7]は2億9979万2458メートル毎秒（およそ秒速30万キロメートル）で一定です。どんな速さで動いているモノから見ても光速は一定なのです。つまり、光速は視点に依存しないのです。モノの動きは視点に依存する、つまり「どこから見て？」という視点によって動きは変わるという、第1章第3節での話を思い出してください。例えば、時速60キロメートルで動く電車の中で誰かがキャッチボールをしているとしましょう。時速100キロメートルで投げられたそのボールは、電車の中にいる人から見たら時速100キロメートルで動きますが、電車の外にいる人から見たら、ボールが電車の進行方向に動く時は60＋100、つまり時速160キロメートルで進行方向に、ボールが電車の進行とは反対方向に動く時は60

－100、つまり時速40キロメートルで反対方向に動きます。

このように、地上で私たちが経験する動きの速さは足したり引いたりできるのですが、光速は足したり引いたりできません。光は、電車の中にいる人にとっても、電車の外にいる人にとっても、電車の進行に対してどちらの方向に動いていようが、一定のスピード、つまり光速で動くのです。

■不変の光速とアインシュタインの４次元時空

どんな動きをしている人にとっても、光速が不変であるとは、どういうことなのでしょうか？　アインシュタインは、光速が不変である時空では、モノとモノの相対的な動きによって、それぞれが経験する時間の経過や空間の距離が変わるということに気づきました。時間と空間はニュートンが考えたように絶対的なものではなく、動く個々の視点に依存する相対的なものなのです。これがアインシュタインの特殊相対性理論です。個々の動きの違いから、それぞれの視点から見て、時間は遅れたり、空間は縮んだりします。そして動きが光速に近づけば近づくほど、時間や空間はより歪みます。

しかし、人間が経験できるスピードによる時間の遅れや空間の縮みは微々たるもので、実感できるものではありませんから、アインシュタインの特殊相対性理論を理解するのはとても難しいです。例えば、秒速およそ8キロメートルで動く国際宇宙ステーションで1年過ごしても、0・01秒しか時間のずれは起こらないのですから。

一方、地球の大気の上層部、地上からおよそ10キロメートル上空で、高エネルギー粒子から生成されるミュー粒子は、光速の99・4％で動く故、静止している私たちから見て寿命が10倍以上に延びます。ミュー粒子の平均寿命はおよそ50万分の1秒、よって、およそ600メートル動く間に大半は消滅するはずなのですが、多くのミュー粒子が10キロメートル動いて地上の観測機器で検出される、これはまさしく、ミュー粒子の時間が、私たちに比べて、相対的にゆっくり進んでいる結果です。ミュー粒子の寿命が私たちに対して10倍以上に延びたとも言えるし、ミュー粒子から見て地球（私たち）が10分の1以下に縮んだとも解釈できます。このように、時間と空間は個人的なものなのです。その理由は光速はどの視点から見ても不変で、秒速30万キロメートルだからです。では、まず最初に、光速の何が特別なのか、から考えてみましょう。

■光速は時空の制限速度

私たちの時空では、不変の光速が絶対的ルールであるようですが、別に光自体が特別なわけではありません。時空には、モノやエネルギーが動くことのできる制限速度があり、光のように質量のない粒子はこの最高スピード（速さ）で空間を動けるというだけです。これはある場所からある場所へ情報が伝わる最高速度です。

この制限速度がなかったら、つまり、情報が瞬時に伝わるのならば、私がボールを投げると同時に窓が割れたり、アンドロメダ銀河の宇宙人が瞬時に地球を爆発させたりすることが可能になります。あらゆるものが同時に起こり、過去も未来も今もなくなってしまいます。

歴史的に光速の計測が先であったという理由から、私たちは「何も、光よりは早く動けない」という表現を使いますが、私を含め物理学者が光速という言葉を使うときは、光のスピードという意味ではなく、時空の制限速度を意味しているということを覚えておいてください。

■私たちは光速では空間を動けない

質量のあるモノは私たちを含め、時空の制限速度、光速で空間内を動くことはできません。光速に近づこうと加速すればするほど、より多くのエネルギーが必要になり、結果として無限大のエネルギーが必要になるからです。

■私たちは光速で時空を動くから、空間を動くと時間が遅れる

しかし、私たちを含め全てのモノは常に、時空内の最高スピード＝光速で時空を動いています。椅子に座ってこの本を読んでいるあなたは空間を全く動いていませんが、常に時間は経過しています。つまり時間の方向に、時空の最高スピード、光速で動いているということです。

光速は時空の速度制限ですから、光速以上のスピードで時間方向に動くことはできません。

次に、あなたが本を閉じ椅子から立ち上がり、散歩をしようと思ったとしましょう。時間方向にすでに時空の速度制限で動いているあなたは、それ以上のスピードで時空を動くことはできません。空間を動いて散歩するためには、時間方向に動くスピードを下げて、その代わりに空間方向に動くしか方法はありません。逆に言えば、空間を動いた分だけ、時間の方向には動けなくなる、つまり時間方向をゆっくり進むことになるのです。

結果として、空間を動けば動くほど、時間方向に動けなくなる、つまりあなたの時間の進み方は、動いていない人に比べて遅くなるというわけです。よって、光速で空間を動く光は時間方向には一切動けません。[*8]

■ 時間や空間は相対的、あなたの視点に依存している

動きは単純に足し引きできたニュートンの時空は全てに共通する時間と空間があり、絶対的です。一方、時空の制限速度があり、動きは単純に足し引きできないアインシュタインの時空は、時間と空間の尺度は個人的で、相対的です。

私たち一人ひとりの時間は異なります。あなたの時計、プロキシマ・ケンタウリ星の時計、アンドロメダ銀河の時計、全て、異なります。時間とは個人的なもので、宇宙全体に適用できる絶対的な時間というものはないのです。同じく絶対的な空間もありません。動くことによって、動いている方向の空間が縮みます。

ここで、再度、第1章第3節の、モノの「動き」はどこから見て？　という視点によって変わるという話を思い出してください。アインシュタインは、動きだけでなく、時間と空間も「どこ(何)から見て？」という視点によって変わることを発見しました。時間も空間も、動きと同様、それぞれが相対的で、個人的なものです。

■今、今を知ることはできない

光速が不変、つまり、情報が伝わるスピードが有限であるということは、「今」は未来にしかやってこないことを意味します。私たちは「今」を見ることはできないのです。

スマホを見ているあなたは、およそ1000億分の1秒前のスマホを見ています。スマホから発せられた光は数十センチメートル動いてあなたの眼に到達しているからです。「今」ではなく、過去を受信しているのです。[*9]

同じく、空に輝く太陽は、8分前の太陽です。太陽の表面から発せられた光は、およそ秒速30万キロメートルのスピードで、1億5000万キロメートル動いて地球に到達するからです。8分かかります。だから「今」の太陽は、8分後にしかわかりません。

夜空に輝くシリウスは8・6年前のシリウス、ベテルギウスは643年前のベテルギウスです。シリウスとベテルギウスからの光が地球に到達するまでに、それぞれ8・6年と643年かかるからです。例えば、ベテルギウスは赤色超巨星で超新星爆発寸前だと予測されますが、もしかしたら「今」のベテルギウスはもう爆発して粉々になっているのかもしれません。しかし「今」のベテルギウスは、643年後にしかわかりません。643年後に初めて、過去の「今」を知ることができるのです。

図25

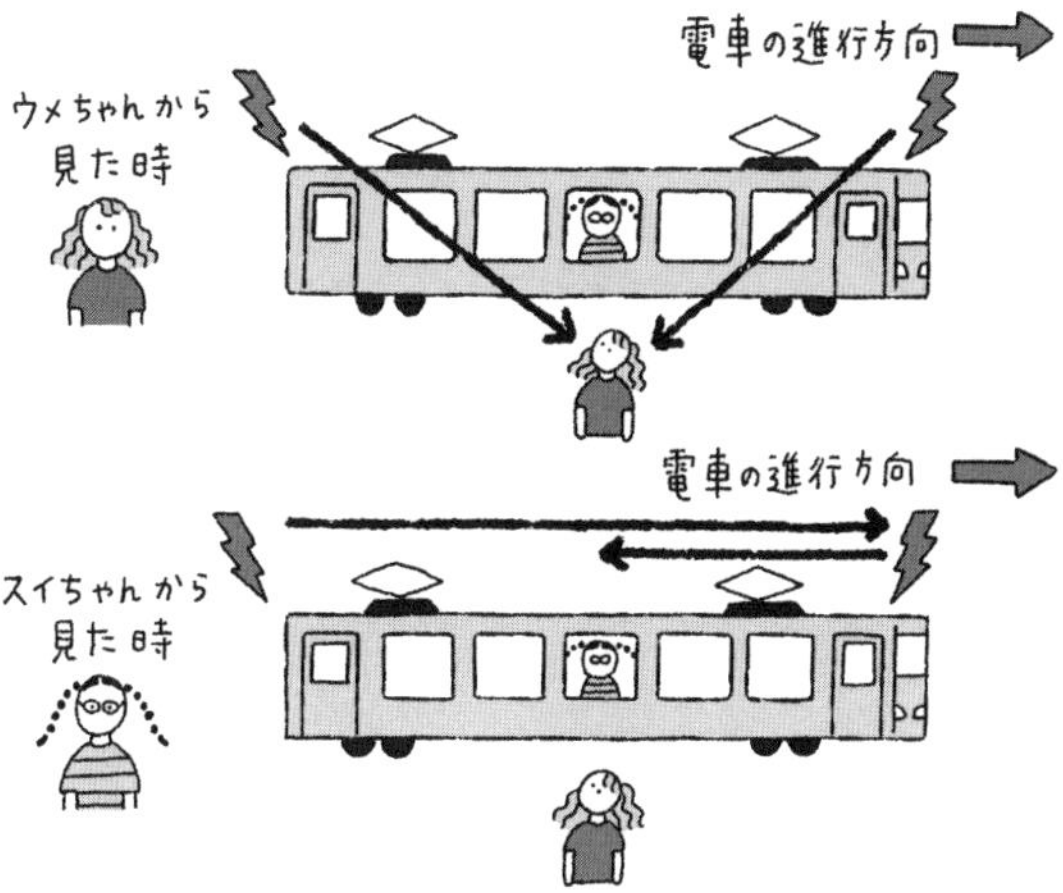

■今は個人的、同時ではない

あなたの「今」は、誰かの過去で、誰かの未来です。時間は相対的だからです。

例えば、動いている電車の中心に座っているスイちゃんと、電車が通り過ぎるのをプラットフォームで見ているウメちゃんがいるとします(図25)。

そして電車の中心がウメちゃんを通り過ぎるその瞬間、電車の両端に雷が落ちると仮定します。雷の光は、光速で、同じ距離（＝電車半分の長さ）だけ進んでウメちゃんの眼に入ることでしょう。だから、ウメちゃんにとって、雷は同時に落ちたということになります。

しかし、電車の中でも雷の光は光速で動きます。電車と共に動くスイちゃんは、前方からくる雷の光に向かって動いていくので、スイちゃんにとっては、前方からの雷の光が最初に目に入ります。その後に、後方の雷が目に入る、つまり、スイちゃんは前方に雷が落ちてから後方に雷が落ちたと結論づけることでしょう。

ウメちゃんにとって同時であることがスイちゃんにとっては同時ではない、どちらが正しいと思いますか？　実はウメちゃんもスイちゃんもどちらも正しいのです。時間は個人的なものだから、「誰にとっての？」という視点によって変わるからです。ウメちゃんの「今」はスイちゃんの未来だったり過去だったりするし、違う状況では、スイちゃんの「今」がウメちゃんの未来だったり過去だったりするのです。

この「今」の違いは相対的な動きによって生まれます。本を読んでいるあなたの「今」と散歩している友達の「今」は違います。地上スケールでこの「今」の違いは小さすぎてわかりませんが、宇宙スケールでは、小さな動きによる「今」の違いが大きな過去と未来の違いに膨れ上がります。

■ 未来も過去も今も平等に存在する

宇宙スケールの、例えば、長さ100億光年の電車の両端に雷が落ちることを考えてみてください。この電車は地上の電車と同じ速度で動いていても、光がウメちゃんとスイちゃんに到達する時間は電車の長さに比例して長くなるので、地上の電車では微小だった「今」の違いが増幅し、数百年単位の「今」の違いが生まれることでしょう。

例えば、地球と100億光年先の相対的動きの違いから、100億光年先の「今」が、私たちの115年前、アインシュタインが時空について考えていた時になったり、私たちの115年後、あなたのひひ曾孫（来孫）が生まれる瞬間になったりするのです。

しかし、100億光年先の「今」、地球の115年前や115年後が見えるわけではありません。それは私たちにとって「今」、「今」のベテルギウスが見えないのと同じです。100億光年先の「今」の情報は100億光年先の未来に届くので、未来から逆算して初めて、過去の「今」がわかるのです。

「今」が個人的だということは、あなたのどの過去も、どの未来も全て、宇宙のどこかの「今」であり得るので、時間は全て、過去も未来も平等に現実で、もう存在しているということになります。これがアインシュタインのブロック宇宙です。固まったブロックのように、宇宙の全てが過去から未来まで存在しているという意味です。そしてあなたの過去も今も未来も全て、このブロック宇宙にある、ということになります。

「自分の未来はもう存在しているのか！」と絶望している方へ、ご心配なく。あなたにとっての未来は決まっていません。ある人にとってあなたの未来が「今」であっても、またはある人が空間を動くことであなたの未来に行くことができても、あなたにその「今」が到来する前に、その人があなたにこの「今」を伝えることはできません。それは、情報が伝わる制限速度（光速）があるからです。あなたにとっては、あなたの時計で一秒一秒やってくる未来です。あなたにとっては「未」知で、これからやって「来」るから「未来」なのです（さらにこの一秒一秒に量子の世界の確率があるという話を第6章第4節でします）。

宇宙思考

脳の実験を紹介しましょう。あなたは、いつボタンを押してもいい、と言われているのに、あなたが「ボタンを押そうかな？」と思った0・3秒前にもうすでに、無意識の脳がボタンを押すという選択をしているようです。右のボタンを押すか左のボタンを押すか選択できる実験、また、2つの数字が与えられて、それらを足すか引くか選択する実験など様々な実験がありますが、同じ結果が出ています。[注1、注2] 自分が選択したと意識するおよそ0・3秒前に、勝手に脳が動き始めて、選択をしており、人間はその選択に従っているようだ、ということです。

しかし私たちの脳は仮定と思い込みのネットワークですので、自分中心のバイアスがかかった（視点に限られた）判断を下してしまいます。よって、ボタンを押すとか、簡単な計算をするといったシンプルな選択ならば、大きな影響はありませんが、対象が複雑であればあるほど、また、自分にとって未知であればあるほど、現実から逸脱した歪んだ解釈をしてしまう可能性が大きくなります。

この自分の脳の限界（バイアス）から解放されたければ、つまり現実をより正確に見たいのであれば、自分の脳の指令を疑うべきです。容易に人やモノゴトを解釈するべきではありません。そして、脳の指令に全く従わない、という選択もできます。もちろん、トラックや象がいきなり暴走してきた時のように、無意識の脳の判断に瞬時に従うべき時もあります。しかし判断する前に一度立ち止まれる状況であれば、立ち止まってみてください。そして自分の脳の指令を疑い、自分の解釈、判断を疑ってみてください。

そうすれば、脳の指令に従わず、新しい世界へ飛び込んでいくこともできます。そこにあなたの自由な選択があるのかもしれません。[注3]

※注1 “Time of conscious intention to act in relation to onset of cerebral activity (readiness-potential). The unconscious initiation of a freely voluntary act” Libet et al. (1983) Brain 106: 623- 642

※注2 “Unconscious determinants of free decisions in the human brain” Soon et al. (2008) Nature Neuroscience v11, 543-545

※注3 Beau Lotto , “The Science of Seeing Differently.London”, Weidenfeld & Nicolsons

04

Q なぜ時間は未来の方向にだけ進むのですか？

A 時間が未来の方向にのみ進むのは、宇宙の始まりがロー（低）エントロピーだったからと考えられます。エントロピーは乱雑さ、無知、隠れた情報であり、あなたの皺が増えるように、宇宙のエントロピーは増えていきます。そしてその方向を私たちは未来と呼び、その方向に時間が進んでいると私たちは思うのです。

Message

未来に対して私たちは自由です。自分がどう思うか、何をするかで、自分の未来を創れます。

■時間の矢

卵は割れるし、木は朽ちていくし、人間も皺が増え、骨、筋肉、臓器がどんどん弱くなっていきます。この方向を私たちは未来と言います。割れた卵も朽ちた木も元に戻らないし、人間も若くなっていくことはありません。この戻らない方向を私たちは過去といいます。生命、そして地球上の全てのモノには時間の方向があり、それは過去から未来への方向です。これを時間の矢と言います。

宇宙にも同じ時間の矢があります。超新星爆発後、飛び散った残骸が元の星に戻ることはないし、星が光を吸収して元の大きな原始ガス雲に戻ることもありません。

■宇宙のルールに時間の矢はない

ボールが床にバウンドしながら動いている様子（次ページ、図26上）を見てください。ボールは右に動いていますか？　左に動いていますか？　どちらが過去でどちらが未来の方向かわかりますか？

ボールと床と空気の間に摩擦や音が全くない場合、動いているボールはずっと同じ動きを続

図 26

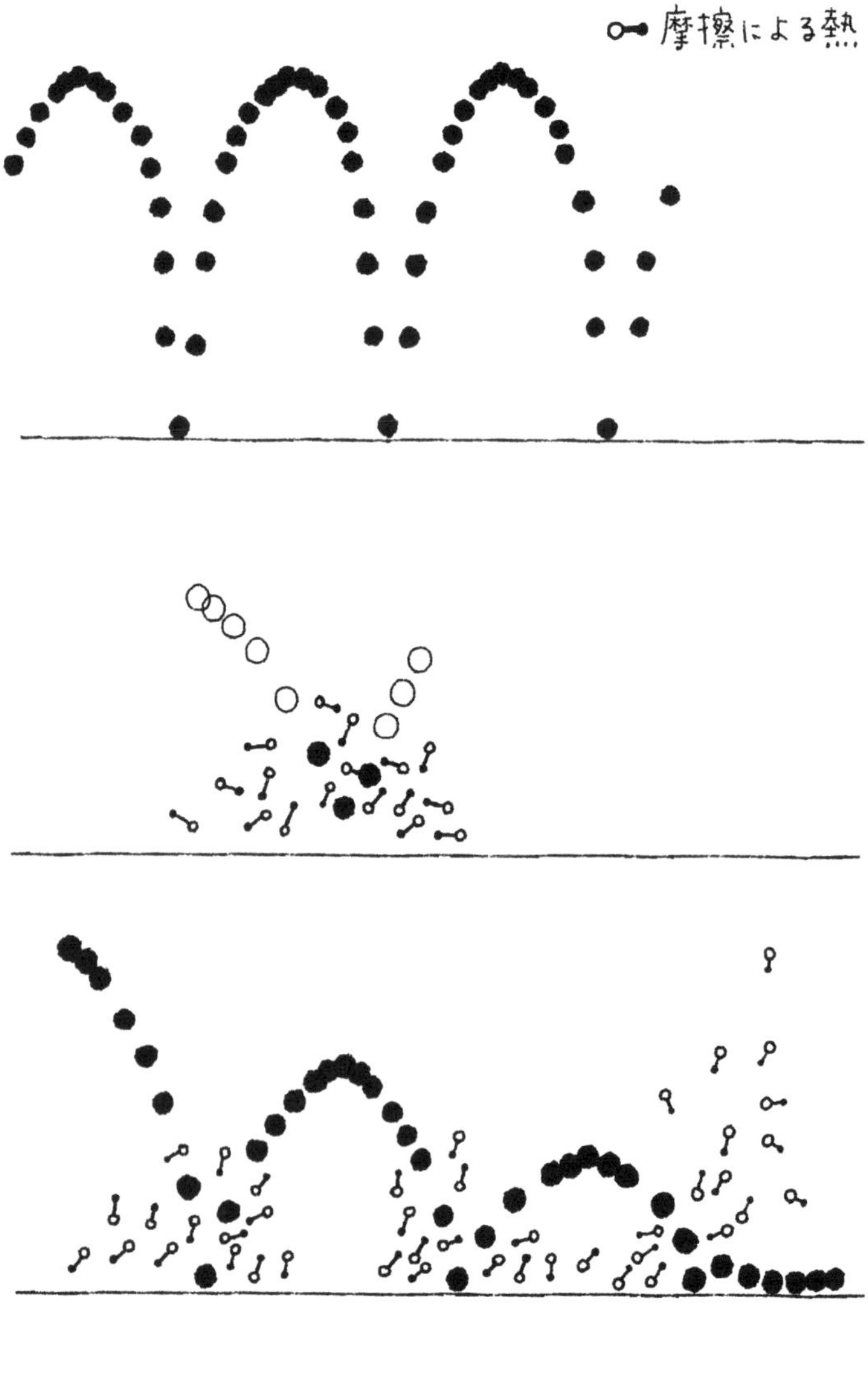

けるので、始まりも終わりも、過去も未来もありません。このように、宇宙の全てのモノの動きには、基本、時間の矢はないのです。未来も過去もないのです。

■エントロピーが増える方向が未来

しかし現実の世界では実際ボールは自然に止まります（図26下）。そして私たちは時間と共にボールが止まることを確信を持って予想できますし、その方向が未来だと考えています。

何がボールを止めるかと言えば、ボールと床と空気との間の摩擦、つまりミクロな分子レベルの振動であり、動きです（図26中）。この分子（粒子）の動きを熱と呼びます。そして動く分子と分子はぶつかり、これらの分子の動き（熱）はランダムな方向にどんどん広がっていきます（熱が広がる）。この熱に見られるミクロスケールの乱雑さがエントロピーです。

そしてエントロピーは、モノやエネルギーの出入りのない閉じた空間内において、必ず増えていきます。エントロピーは一定であっても、決して減ることはありません。これは宇宙のルールのひとつで、エントロピー増大の法則と言います。

宇宙の基盤にあるルール、例えばニュートンの運動法則、アインシュタインの重力と相対性理論（本章第5節）、電磁気学、量子力学（第2章第2節&第6章第4節）などのルールには一切時間の矢はありませんが、唯一時間の矢がある宇宙のルールがこのエントロピー増大の法則です。

そして私たち人間は、エントロピーの増える方向を未来だと思っています。

■エントロピーは乱雑さ

必ず増えるこのエントロピーという量を「乱雑さ」という言葉で表現するのが一般的ですが、エントロピーを乱雑さとするのは妥当であっても完全ではありません。確かに熱は乱雑さが増す（より多くの分子にシェアされる）方向に広がります。

つまり熱は熱いものから冷たいものへ広がります。また、卵は割れて乱雑になり、顔は皺が増えて乱雑になり、それらの過程で熱も発生しているから、「エントロピーは乱雑さ」と言われれば納得がいきます。

しかし、このエントロピーとしての乱雑さは原子や分子などのミクロスケールの乱雑さであり、私たちに「乱雑さ」として見えるものではありません。

私たちに見える、感知できるのは、ミクロの集合が全体としてつくるマクロな状態、例えば空気の温度や卵の形などです。マクロな乱雑さは必ずしもミクロの乱雑さに比例するとは限りません。ブラックコーヒーにミルクを入れて混ぜる途中の白黒複雑な状態は、混ぜきった後の茶色一色のコーヒーよりも、一見乱雑なように見えますが、ミクロスケールの乱雑さ＝エントロピーは後者のほうが大きいのです。見かけで判断はできません。よって、エントロピーとは何か、を理解するには、ミクロスケールで考える必要があります。

■エントロピーは無知の度合い・隠れた情報

部屋の中に一様な温度、例えば摂氏25度の空気があることを想像してください。部屋の中にはおよそ10^{26}個の空気分子があるのですが、それら無数の分子が互いの場所を入れ替わっても、私たちには何が変わったのかはわからない、つまり空気は空気にしか見えません。摂氏25度の空気というマクロな状態の中には、ミクロスケールで私たちが知ることのない、一つひとつの分子の位置やエネルギーが隠れた情報としてあります。

この隠れた情報の量が、私たちが知ることのない、つまり「無知」の度合いであり、エントロピーです。このエントロピーを、さらに詳しくミクロスケールで考えていきましょう。

例えば、窓もドアも完全に閉めきった部屋を中央で半分に仕切り、左側に部屋の空気を全て押し込め、右側には何もない状態にします。部屋の仕切りをとるとどうなると思いますか？左側の空気が右側に動き、いずれ空気は部屋中を一様に満たすであろう、と予想したことと思います。左側の部屋にしか空気がない状態に比べ、両方の部屋に空気が一様に広がる状態は乱雑で、エントロピーが高いです。私たちの脳はエントロピーが増える方向が未来の方向であることを、理屈ではなく生活・生存レベルで理解しているのです。

図 27

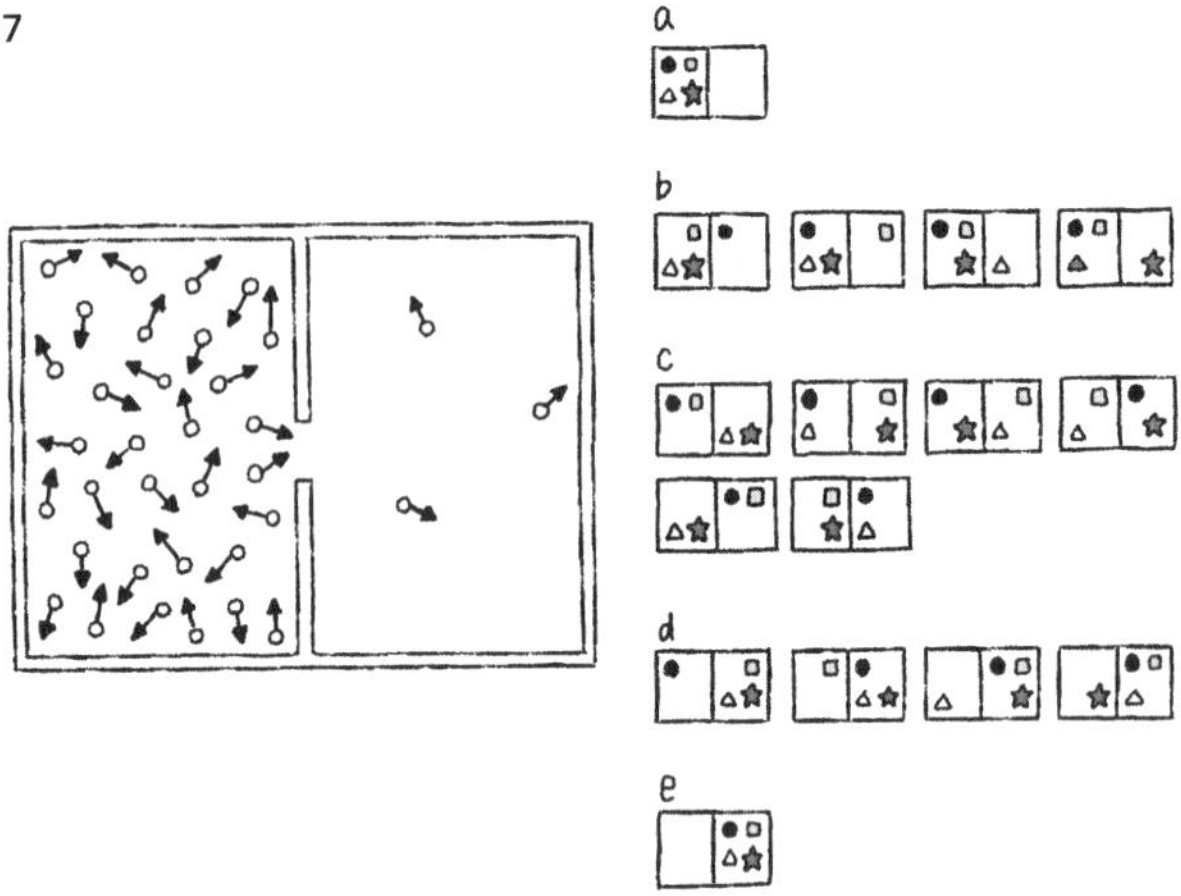

では、この部屋の空気の動きをミクロスケールで分析してみましょう。左側にはn個の空気分子があり、右側には0個の空気分子があると仮定します。nは現実には10^{26}個以上あるのですが、ひとまず、4個の空気分子だけある場合を考え（n＝4）、一つひとつに形の違いをつけてわかりやすくします。そして、部屋の仕切りをとると、4つの分子がどちらの部屋にいるかという可能性を組み合わせで考えていきます（図27）。

4個の分子が左側か右側の部屋にある組み合わせは、$2^n=2^4=16$種類あります。全ての空気分子が左もしくは右の部屋にある組み合わせは1通りずつ（aとe）。一方、空気分子が2個ずつ、それぞれの部屋にある状態の組み合わせは6通りずつあります（c）。現実の空気分子には形の違いはありませんから、どの2つがペアでもマクロな状態は全く同じです。つまり私たちには同じに見えるという意味です。よってこの組み合わせの数、6は私たちがミクロの詳細に関してどれだけわからないのかを測る数、つまり無知の度合いを表す数と言えます。私たちから隠れている情報とも言えます。

そしてこの無知の度合い、または隠れた情報がエントロピーです。(a)や(e)である状態よりも、(c)である状態のほうがエントロピーが高いのです。

■エントロピーが増えるのはそうなる確率が高いから

私たちには同じに見える、あるマクロ状態を構成するミクロの粒子の組み合わせ数が多いほど、そのマクロ状態である確率が高くなります。ミクロの粒子の組み合わせを数値化したのがエントロピーですから、エントロピーが増える方向に状態が動いていく理由は、単純にそうなる確率が高いからです。

例えば図27の中で、(a)もしくは(e)の状態である確率はそれぞれ16分の1ずつ、(c)の状態である確率は16分の6(8分の3)です。分子数を4つで考えているので、大きな差はありませんが、全ての分子が片方の部屋にある確率より、空気が両側に一様(平等)に広がる確率のほうが高いことはわかりますよね。

次に空気分子が100個あったらどうなるでしょうか? 100個の分子が2つの部屋にあ

る組み合わせは2^{100}、およそ10^{30}通りあります。分子が左の部屋に全てある組み合わせは１通り、1個の分子だけ右の部屋にある組み合わせは１００通り、2個の分子だけ右の部屋にある組み合わせは４９５０通りで、一方、49個の分子が右の部屋にある組み合わせはおよそ０・９８９$\times 10^{29}$通り、左と右の部屋に50個ずつ分子がある組み合わせはおよそ１・００８９１$\times 10^{29}$通りです。

均等に分子が分布されているマクロな状態ほど、ミクロの組み合わせ数、つまりエントロピーが圧倒的に大きいことがわかります。そしてエントロピーが大きい（高い）状態はそうなる確率が高い状態であることもわかると思います。

空気分子がほぼ均等に分布する方向に動くのは、その方向がエントロピーの増える方向であり、確率が高い方向だからです。そしていずれ、空気分子の分布はエントロピーが最大の状態近辺で落ち着くのです。

分子１００個でもここまで大きな差が現れるのに、現実には1立方メートルに空気分子が10^{25}個ほどあることを考えると、マクロな状態は必然的にエントロピーが増える方向に動くということが納得できますよね。エントロピー増大の法則は、純粋に統計的な確率の結果なのです。そしてエントロピーが増える方向、つまり私たちが詳細に関してより無知である方向を、私たちは未来だと思うのです。

■エントロピーが高いのが未来で、エントロピーが低いのが過去

エントロピーが増える方向を私たちが未来としているのならば、今日よりも昨日、昨日よりもおとといのエントロピーは低くなければいけません。過去に行けば行くほどエントロピーは低いはずです。つまり、宇宙の始まりのエントロピーが最も低かったと予想されます。

私たちが観測する初期宇宙のエントロピーは、観測可能な宇宙内で、およそ10^{88}です。一方、現在の宇宙のエントロピーは10^{103}ですから、100兆倍に増えています。10をエントロピーの数だけかけた数が、実際のミクロの組み合わせ数ですから、観測可能な宇宙のミクロレベルでの組み合わせ数は$10^{10^{88}}$から、$10^{10^{103}}$に増えたことになります。

宇宙の始まりのエントロピーが低かったから私たちの宇宙には時間の矢があり、私たちは時間の1方向（未来）にしか動いていないようです。

仮に、宇宙の始まりのエントロピーが高かったら、確率的にエントロピーが低い状態になったり、高い状態になったり、つまり状態が揺らぐので、明確な時間の矢はなくなり、過去と未来の区別はできなくなります。

■ エントロピーが増えるから未来を創っていける

私たちの宇宙のエントロピーは現在10^{103}であるのに対して、最大10^{122}ですから（第4章第3節）、まだまだ宇宙は始まったばかりです。宇宙はコーヒーとミルクが白黒複雑に混ざり合っている状態です。地球は太陽の低エントロピーの光（エネルギー）を得て、複雑な生態系を生み出しています。そして太陽の光よりも高エントロピーの熱を宇宙に返して、生態系を維持しています。[*10]

そして宇宙は最もエントロピーの低い状態から始まり、[*11]果てしない時間をかけて、エントロピー最大の状態に向かって動いていくと予想できます（第5章第4節：ヒートデス）。最大エントロピーに達すると時間の矢はなくなり、過去も未来もなくなるでしょう。

なぜ、宇宙の始まりのエントロピーが低かったのかはわかりませんが、そんな宇宙に生まれたおかげで、私たちには過去と未来の違いがあるようです。この宇宙は、過去には戻らないから（第7章第2節）、私たちには過去の記憶があります。そして宇宙の未来は私たちが無知である方向だから、私たちは未来の選択ができるのです。自分の選択が結果を生むし、自分の選択でなりたい自分になれるのです。

宇宙思考

あなたは昨日の夕飯に何を食べたかを覚えていますが、明日の夕飯に何を食べるかは覚えていません。記憶に残すことができるのが過去（低エントロピー）であり、記憶に残すことができないのが未来（高エントロピー）です。

一方、昨日の夕飯に何を食べるかは選べませんが、明日の夕飯に何を食べるかは選べます。過去の選択はできませんが、未来の選択はできるのです。過去は可能性の幅が狭く、予測可能だから、記憶として信用ができ、よって選択の余地はありません。未来は可能性の幅が広く、予測困難であるから、記憶として信用はできず、だからこそ選択の余地があるのです。

過去も今も未来も平等に存在する宇宙で、私たちが選択して未来を創っていけるのは私たちが無知であるおかげです。時間の矢のないミクロ（原子）の世界と、時間の矢のあるマクロ（人間）の世界は同時に存在し、相補って宇宙を描写します。マクロの世界にはミクロの世界にはない選択（自由意志）があるのです。

参照：『この宇宙の片隅に――宇宙の始まりから意味を考える50章』（青土社）

05

Q 重力って何ですか？

A 重力は時空の歪みです。

Message

「なぜ？」という疑問が、新しい発見を生み、よりよい社会を作っていきます。学校教育や社会にあなたの「なぜ？」を潰されないようにしましょう。

■ニュートンの重力

重力を発見したのはニュートンです。ニュートンによると、重力は、「質量を持つモノとモノの間に働く力」と定義され、日本では引力という表現も使われます。

この万有引力の法則によると、りんごは、りんごと地球の間に働く重力に引っ張られて落ちます。同じく、月も、月と地球の間に働く重力に引っ張られて、落ちます。月は、地球にぶつからないように弧を描きながら落ち続けるから地球を回るのです（次ページ、図28）[*12]。地球も、地球と太陽の間に働く重力に引っ張られて落ち続け、太陽を回っている、とニュートンは解釈しました。

■アインシュタインの重力

それから250年後、アインシュタインは重力の本質を発見しました。重力は、『力』ではなく、「時空の歪み」なのです。時空の歪みとは、時間の歪みと空間の歪みです。

空間の歪みですが、3次元の空間の歪みを可視化するのは不可能ですから（第3章第1節）、例えば2次元空間である球の表面をイメージしてください。同じ2次元空間でも、紙の上の平ら

図28

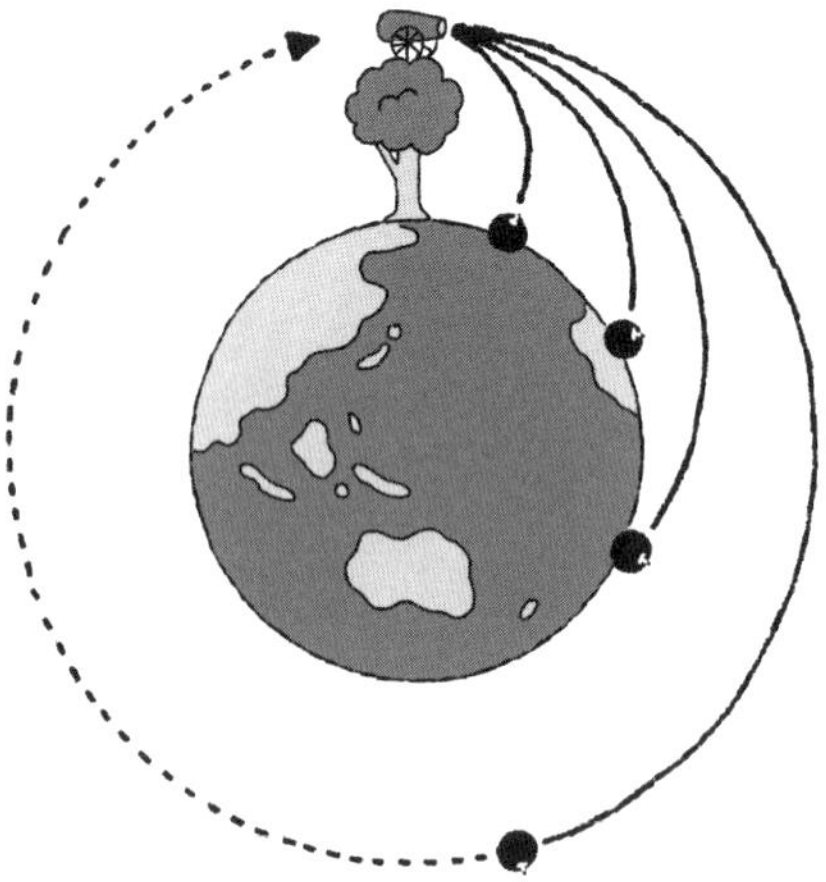

な表面とは異なり、球の表面は歪んで（曲がって）いますよね？　これが空間の歪みです（第6章第2節）。

一方、時間の歪みは可視化できないので、場所による時間の進み方の違いと考えてください。どの場所でも時間の進み方が同じなのが、歪んでいない時空です。

アインシュタインによると、モノ（質量とエネルギー）が時空を歪め、歪んだ時空は周りのモノを動かします。この歪んだ時空が重力そのものなのです。

りんごが下に落ちる理由は、地球がりんごを引っ張っているからではなく、りんごが地球によって歪んだ時空に、抵抗することなく、身を任せているからです。例えば、歪んだ時空を川に喩えると、このりんごが川の流れに逆らうことなく一緒に流れているのと同じです。これが落ちるという意味です。そして、りんごに力は一切働いていません。

一方、静止している私たちはこの川の流れに逆らい、静止状態を保っています。時空の歪みに抵抗しているからこそ動かないのです。つまり、静止している私たちには地面から力が働いているということです。

ところで、アインシュタインはどうやって重力が時空の歪みだと気づいたのでしょうか？

■重力をなくす：アインシュタインの人生で最もハッピーなひらめき

重力の本質を考えるきっかけになった、アインシュタインが人生で最もハッピーなひらめきと呼んだ考えは、「屋根から落ちれば重力はなくなる！」というものでした。

例えば、窓のないエレベーターの中にいると想像してください（次ページ、図29）。そして、このエレベーターをつなぐケーブルが切られ、エレベーターが落ちると仮定します（図29左）。この状態を自由落下と言いますが、エレベーターに窓がない限り、あなたは地球上の自由落下するエレベーターの中にいるのか、宇宙のどこか、他のモノからの重力が全く存在しない無重力の場所にいるのか（図29右）、区別はできないはずです。

国際宇宙ステーションの中は一般に「無重力」と言われていますが、実際に重力がないわけではありません。地球の重力に対して抵抗せず落ち続けているから「無重力」状態と区別がつ

図 29

図 30

かない、という意味です。つまり、重力に抵抗せず、自由落下することで、重力の効果がなくなります。

■重力を作る

アインシュタインは、重力をなくすことができるのであれば、重力を作ることもできると考えました。

今度あなたは、宇宙のどこか、無重力場で、１秒ごとに秒速9・8メートルずつ加速するロケットの中にいることを想像してください（図30右）。

例えば、車が前進方向に加速すると、その逆向きに、つまりシートに体が押されるような気がしますよね？　実は何も体を逆向きに押してはいません。車の加速に対して加速前の状態にいようとする体を[*13]、シートがどんどん前へ押しているだけです。

同じく、窓がない加速するロケットの床は、加速前の状態にいようとするあなたをどんどん上に押していきます。

無重力場＝自由落下状態でふわふわしていたのに、ロケットが加速することで床に立つことができるようになりました。

これで、重力ができました。ロケットには窓がないので、無重力場で加速するロケットの中

図 31

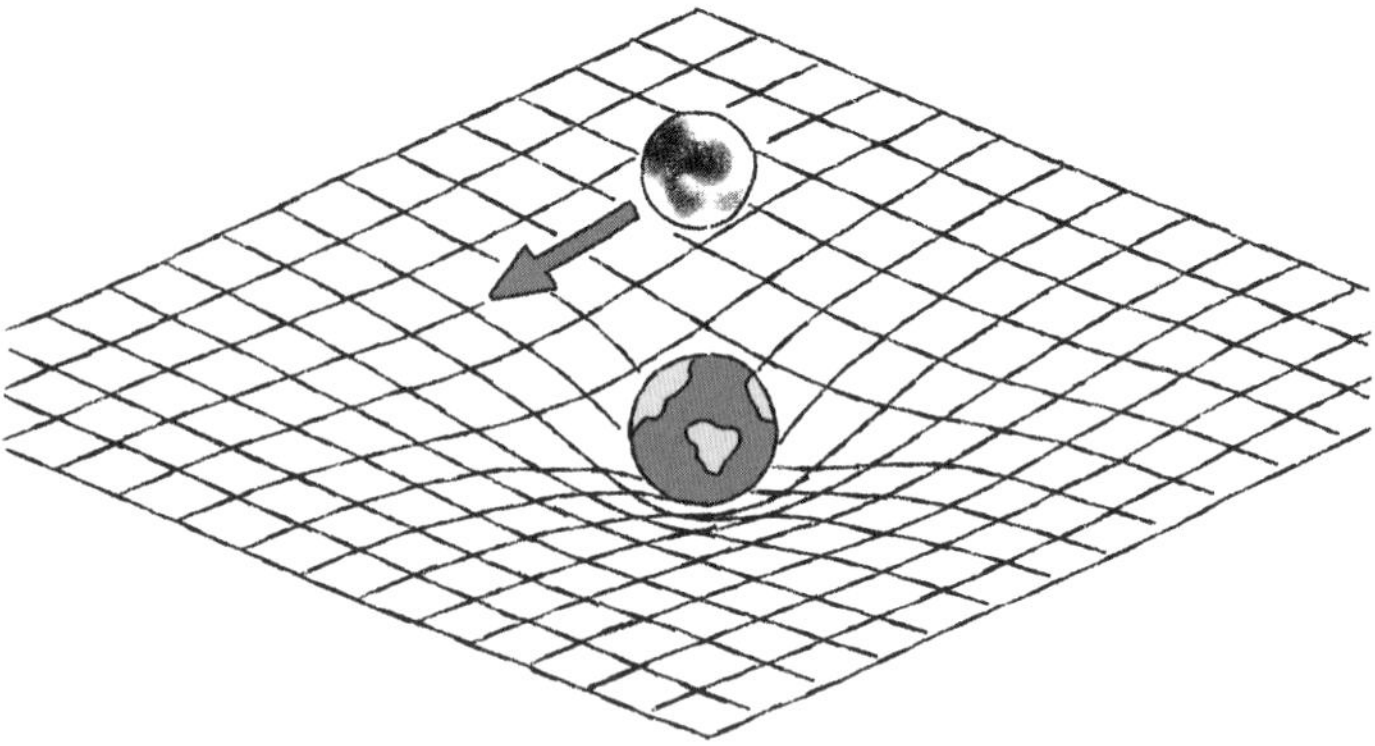

にいるのか、地上に置かれたロケットの中にいるのか（図30左）、全く区別はできません。りんごを手から離せば、どちらの状態でも、りんごは同じ加速度、1秒に秒速9・8メートルずつ増えながらで床に向かって落ちていきます。[*14]

■重力は時空の歪み

重力をなくすこともできるし、作ることもできることから、重力の効果と加速の効果は区別できないことがわかります。これがアインシュタインの等価原理であり、重力の本質を暴く鍵を握っています。

動きによって時間は伸び、空間は縮むことを思い出してください（本章第3節）。加速すると、毎秒スピードも方向も変わるので、その変化と共に4次元時空は伸び縮みします。重力と加速度による動きは等価であると考えたアインシュタインは、この時空の伸び縮み、歪みそのものが重力の本質であることに気づいたのです。

地球の重力の形を見たかったら、外でボールを投げてみてください。ボールの描く弧が、時空の歪みです。月の軌道も地球による重力の形です（図31）。ボールも、月も、歪んだ時空を抵抗せずに真っ直ぐ動いているだけなのです。木から落ちるりんご（図28）も時空の歪みに沿って真っ直ぐ動いています。逆に落ちていかない私たちこそが、時空の歪みに抵抗して加速しているのです。

そして、この時空を歪めているのは地球の質量です。モノの質量（m）とエネルギー（$E=mc^2$）が時空を歪めているのです（図31）。モノがモノを引っ張るのが重力ではなく、モノが時空を歪め、歪んだ時空がモノを動かす、よって、その歪んだ時空そのものが重力なのです。そして時空は重力の舞台、重力場であり、モノとエネルギーに応じて、ダイナミックに常に変化しています。重力の本質を理解したアインシュタインは、10年の時をかけて、高度な数学を駆使して、時空と重力を統合しました。これが一般相対性理論です。

■重力の解釈も視点による

しかし、ニュートンの重力の解釈が間違っているわけではありません。例えば、私たちが地上で生活するうえでは、重力をモノとモノの間に働く力とするニュートン視点の解釈で十分です。ニュートン視点で、火星に探査機を送り込むことさえできるのです。しかし、ニュートン視点では説明できない、様々な宇宙の現象もあり、そんな時、時空の歪みを重力とする、アインシュタイン視点の重力の解釈が必要になるのです。

■重力は時空の歪みである証拠Ⅰ　光が曲がる

重力が「質量のあるモノの間に働く力」なら、質量のない光は重力に全く影響されないでしょう。一方、重力が「時空の歪み」なら、光も歪みに沿って動くはずです。アインシュタインによると、地球は太陽が歪めた時空をただまっすぐに動いているから、太陽の周りを回っているように見えます。だから、太陽の周りを通ってくる光も回ったり、曲がったりして見えるはずです。

1919年、一般相対性理論が発表されたおよそ数年後の皆既日食の際、天文学者アーサー・エディントンは、太陽の背後にあったヒアデス星団の光を観察し、太陽が手前にある時(昼)とない時(夜)を比べ、ヒアデス星団の光が曲がることを示しました。[*15] この曲がりは、太陽による時空の歪みによるもので、アインシュタインの一般相対性理論が予測する値と正確に一致したのです。

このように、時空の歪みが光を曲げ、時には虫眼鏡のように光を集めてより明るくする現象を、重力レンズ効果と言います。光の行程にある巨大銀河団による重力レンズ効果で、遠くにある宇宙（初期宇宙）の光が虫眼鏡効果で非常に明るくなり、普通では見えない初期天体が見えることもあります。例えば、2022年7月、ジェームズ・ウェッブ望遠鏡により発見された巨大銀河団、SMACS 0723のデータの中には、生まれたばかりのベイビー銀河候補が87個もあるようです。*16

■重力は時空の歪みである証拠2　時間が伸びる

背が高い人のほうが歳をとっているって知っていますか？　米国国立標準技術研究所（NIST）が最近行った実験によると、33センチメートルの背の高さの違いは、79年間に、900億分の1秒の年齢（時間）差を生みます。これはアインシュタインの一般相対性理論の予測と正確に一致します。

重力は時空の歪みであるということは、時間も歪んでおり、時間の歪みとは時間の進み方の違いである、と本節の冒頭で説明しました。より歪んでいる＝重力の強い場所では、時間がより伸びている、つまり時間は相対的にゆっくり進んでいるのです。地球の表面に近ければ近いほど、時間はゆっくり進むのです。

しかし、地上における時間差は小さすぎて、人間が実感できるレベルではありません。生活にもほとんど影響を与えることはありませんが、一方、GPS衛星の位置サービスに依存するスマホの地図アプリやUberEatsは、時間の歪みの補正なしには機能しません。

GPS衛星は高度2万キロメートルの軌道上を時速1万4000キロメートルで動いています。まずは、動くと時間がゆっくり進むので（本章第3節）、GPS衛星の時計は地上の時計に比べて、1日7マイクロ秒（1マイクロ秒＝100万分の1秒）ずつ遅れていきます。一方、地球の中心から離れて重力が弱くなると、時間が早く進むので、GPS衛星の時計は1日に45マイクロ秒ずつ先に進みます。よって1日合計38マイクロ秒ずつ時計が進むことになり、この時間のずれを補正しなければ、1日およそ11キロメートルの位置の誤差が生まれてしまいます。スマホの地図アプリを使って迷子にならなかったのであれば、アインシュタインの一般相対性理論が正しかったのでしょう。

もっと重力の強い、もっと時空の歪んだ場所に行けば、さらに時間差は顕著になります。例えば、ブラックホールの入口は時間さえも止まって見えます（時間は相対的であることを忘れないようにに）。第4章第2節で詳しく考えてみましょう。

■ 重力は時空の歪みである証拠3　時空にさざ波が立つ

アインシュタインが重力と時空を統合し、重力の変化は時空のさざ波を生む、と予言してからちょうど100年後、このさざ波＝重力波が観測されました。[*17] 13億光年先にあった2つのブラックホール（それぞれ太陽の約30倍の質量）が合体した瞬間に、太陽3個分の質量に相当するエネルギーが放出されて時空を揺らし、13億年の時を超えて2015年9月14日、地球に届いたのです。

時空の歪みの情報は時空の制限速度、光速で進むので、重力波も光速で伝わります。重力波が通り過ぎると、地球の時空は伸び縮みします。あなたの体の空間も細長く伸びて、太く短く縮みます。ただし、その伸び縮みは、陽子の大きさの1万分の1程度なので、人間が感知できるわけがないのですが、こんな小さな空間の伸び縮みを観測できる人間はすごいと思います。そして、時空の伸び縮みを予想したアインシュタインもすごい！[*18]

もちろんLIGO（ライゴ）による重力波の初検出に貢献した物理学者たちは2017年、ノーベル賞を受賞しています。重力波天文学の幕開けです。2015年以来、数多くのブラックホールまたは中性子星の衝突による重力波が検出されています。

2034年には宇宙重力波望遠鏡（LISA）の打ち上げが計画されており、[*19] 初期宇宙のブラックホールを含め、超巨大ブラックホール（第4章第4節）の衝突が観測できるようになるでしょうし、宇宙が生まれた瞬間（第6章第3節）からの重力波も検出できるかもしれません。正確な周期で光を放つパルサーを使った銀河スケールの検出方法（PTA）も試みられています。

最後に、あなたも質量（エネルギー）があり時空を歪めているので、あなたの毎日の複雑な動きは時空を動かしているのですよ。

宇宙思考

子供が感じるような「なぜ？」から、とてもシンプルな思考実験でとんでもないことを発見してしまうのがアインシュタインの得意技です。屋根から飛び降りたら重力がなくなる？鏡を持って光速で動いたら鏡に何が見える？というような「なぜ？」です。「なぜ？」は好奇心から生まれます。そして「なぜ？」が新しい発見を生み、よりよい社会を創っていきます。

しかし、これまでの日本の学校教育は「なぜ？」を奨励しません。学校では「正しい」答えを教えられ、詰め込まれ、さらには答え方まで正しくなければ評価されないから、「なぜ？」を失っていくのです。アインシュタインは、「学校教育を受けて好奇心が潰されないほうが奇跡だ」と言い、当時の学校教育を批判していましたが、いまだに、学校教育の原型は変わっていません（あらゆる国でこのような批判が上がっていますが、国々で違いがあることを考慮し、ここでは日本の学校教育に限ります）。

現在の学校教育の原型は、機械のなかった、コンピュータのなかった、インターネットのなかった時代のものです。当時は、答えを正しく記憶し、先生や上司の一言一言、言う通りに行動し、物事をこなすことができる人間が必要でした。現代社会では、それは機械でありコンピュータです。人間を機械やコンピュータとして大量生産する必要は全くなくなったのに、教育方法は変わっていません。

日本では、厳格な高校受験、大学受験を前提に学校教育が成り立っているので、中学校や高校は受験勉強の場になっています。学校外では塾が一大産業として成り立っており、学校の先生が生徒に塾へ行くよう勧めているのが現状です。学校のテストや入学試験は、どれだけ記憶したか、どれだけ同じような問題を解いて解き方のパターンを覚えたかで成功するものです。しかし現代はインターネットに全て解答があり、すぐ検索できます。

アインシュタインは「調べれば出てくることは記憶する必要はない」と言いましたが、学校では子供たちを受験ロボットに育成し続けています。日本の子供たちは、文部科学省と受験産業の利権の絡みの犠牲者のような気がします。

「正しい」答えを覚えること以上に、答えのない世界に対して「なぜ？」と思えること、そしてその「なぜ？」に対して適切な視点で問題提起ができること、さらにその問題解決に向かって思考及び行動ができることが大切なのではないでしょうか？

学校は対話を通じて答えを模索する場であり、違いにチャレンジする場であり、未知を探究する場であるべきです。子供たちの好奇心を維持してさらに伸ばす場であり、想像力を育み、創造につなげる場であるべきです。私は受験制度が日本の学校教育の弊害であり、日本の体制に合った一部の子どもたちを除いた大半の子供たちの「天の才」を潰していると思います。

想像は知識よりも大切だ。知識は私たちがもうすでに知っていることであり、限られている。しかし、想像はこれから知る、理解することができるであろうことを含み、全て（既知＋未知）の世界を奨励する。by アインシュタイン

第4章

ブラックホールは怖くない

01

Q

ブラックホールに吸い込まれるのが怖いです。助けてください。

A

ブラックホールは吸い込みません。ブラックホールのイベントホライゾンに近づかなければよいのです。

Message

人は見えないもの、理解できないものを恐れます。つまり見る努力をして理解ができるようになれば、自分と異なる人や考えたことがない概念も怖くなるということです。

■ブラックホールは吸い込まない

ブラックホールは吸い込みません。太陽は決してブラックホールになることはないのですが、もし太陽がブラックホールになったら、という思考実験をして見ようと思います。そして、ブラックホールになった太陽と、恒星である現在の太陽を比べてみます。

まず、太陽がブラックホールになっても、太陽系の全ての惑星の軌道は1ミリメートルも変わりません。[*1] 太陽もこの太陽ブラックホールも同じ質量を持っていますので、太陽系の天体に及ぼす重力は全く変わらないからです。太陽がブラックホールになることで太陽の光がなくなることのほうが緊急事態ですが、[*2] この問題は無視します。太陽系の天体にとって、太陽と太陽ブラックホールの唯一の違いは、太陽は大きくて、太陽ブラックホールはとても小さいということだけです。

■太陽のほうが吸い込む

ブラックホールよりも太陽のほうがモノを吸い込みます。太陽の半径は約70万キロメートルで、大気は5800Kのプラズマです。NASAが2018年に打ち上げたパーカー・ソーラー・プローブという宇宙探査機は、2025年までには太陽の中心から太陽半径の9倍程度の距離、およそ600万キロメートルまで近づき太陽を観察する予定ですが[*3]、現在のテクノロジーではこれが限界です。それ以上太陽の表面に近づけば、隕石でも彗星でも、宇宙探査機でも、プラズマに破壊されます。そして、さらに表面近くでは太陽の一部になります。言いかえると、太陽に食べられ、吸い込まれるということです。

■ ブラックホールには近づける

一方、太陽ブラックホールの半径は太陽半径の0・0004%、たったの3キロメートルです。太陽のプラズマがなくなり、太陽が発する危険な放射線と宇宙線もなくなるので、私たち人間でも、酸素とスペーススーツさえあれば、中心から7000キロメートル（太陽半径の1%）まで近づくことができるようになります。

太陽ブラックホールの場合、どれだけ近づいても、必ず全ての質量が目の前にあるので、近づけば近づくほど重力は大きくなっていきますが[*4]、重力の大きさ自体は全く問題ではありません。重力に抵抗せず自由落下すればいいのです（第3章第5節）。そうすれば、人間や月が地球の周りに安定した軌道を描いて回れるように、太陽ブラックホールの周りに安定した軌道を描いて回ることができます。絶対に吸い込まれることはありません。

図32

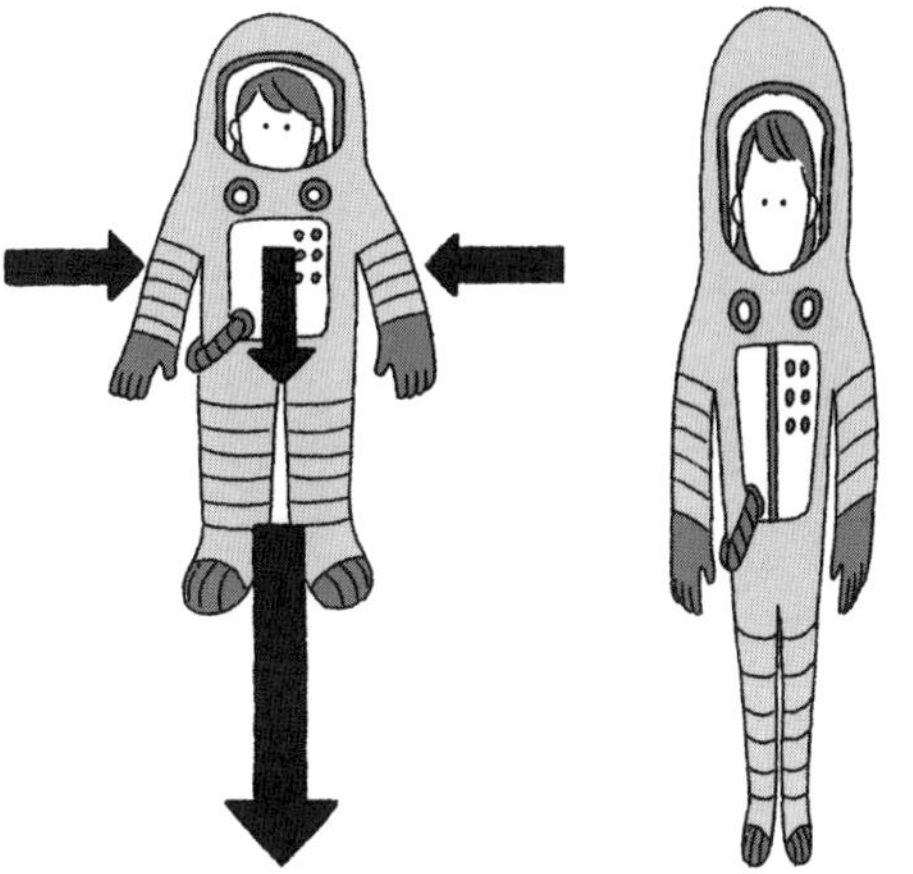

もっと中心に近づいても吸い込まれませんよ。ただし、ブラックホールの周りに軌道を作りながら、慎重に近づいていってください。

中心に近づけば近づくほど、時空の歪みがより大きくなるので重力も急激に増加していきます。すると、あなたの体の最もブラックホールに近い場所、例えば足がある場所の重力と、最も離れた場所、例えば頭がある場所の重力に大きな差が生まれます。体が引っ張られる感じがするでしょう。

実は、地上であなたが立っている時も、あなたの足がある場所と頭がある場所の重力は異なるのですが、地上におけるこの重力差（潮汐力）[*5]はとても小さい故、あなたがこの重力差を感じることはありません。しかし、ブラックホールに近づいていく時はこの重力差がどんどん大きくなっていきます。そして体はどんどん引き伸ばされていきます（図32）。

そして太陽ブラックホールにおよそ1800キロメートル（太陽半径の0・3％）まで近づくと、重力差で血液が流れなくなり、あなたは酸欠で死にます。それでももっと近づいていったとしたら？

太陽ブラックホールにおよそ1200キロメートル（太陽半径の0・2％）まで近づくと、あなたは重力差で真っ二つに引き裂かれます。つまりあなたは、太陽ブラックホールの入口、3キロメートル地点に到達する前に、死んでしまうのです。それでも吸い込まれません！（安定軌道で自由落下している仮定しています）。

ブラックホールには、何も、光さえも脱出できない事象の境界線＝イベントホライゾンがあります。これが太陽ブラックホールの入口です。太陽ブラックホールのイベントホライゾンの大きさ（半径）は3キロメートルです。どのブラックホールの周りにも、そのイベントホライゾンの数倍の距離辺りまでは安定軌道を描くことができるので、それ以上ブラックホールに近づきさえしなければ、決して吸い込まれることはないのです[*6]（しかし生命は保証できません）。

宇宙思考

ブラックホールの姿は容易に見えないし、地上の常識ではその性質を理解できない、正体がわからないから、あなたはブラックホールが怖いのです。実は太陽のほうがブラックホールよりも吸い込むし、現実に様々な危険（宇宙線、放射線など）を及ぼす可能性を持っています。しかし、太陽は人間の目に見えるので、私たちはブラックホールのようには太陽を恐れません。つまり、ブラックホールは「吸い込むから怖い」のではなく、「よくわからないから怖い」だけなのです。

深林や深海が怖い、外国人が怖い、皆と違う考え方をする人、皆と同じことをしない人、違う容姿で生まれた人などが怖い……と思ってしまう理由は、あなたが見たことがないから、容易に理解ができないからなのです。あなたの脳の思い込みが拒否反応を起こしているのです。

そういう時は一度、脳の指示に従わずに、反対のことをしてみてはどうでしょうか？　怖いのはおそらくは思い込みだから、近寄ってみる、知ろうと努力してみてはどうでしょうか？ただ、思い込みではなく本当に危険を伴うかもしれないので、まずは慎重に近寄ればいいと思います。そうすれば、あなたが怖いと思っていたことが、本当に恐るべきことなのかどうか、正確に判断することができると思います。

02

Q ブラックホールって何ですか？

A ブラックホールは外から閉ざされた、ブラックな、時空の穴です。その入口がイベントホライゾンで、そこを越えると、時空が光のスピードを超えて流れはじめ、時間が空間的になり、空間が時間的になります。

Message

それぞれ個人の視点は限られていても、多様な人々が集まれば視点は増えます。そして違いと未知、多様との対話が新しい視点、多角的視点を生み、創造に繋がります。

■超巨大ブラックホールへの旅

ブラックホールを知りたければ、ブラックホールの中を旅するのが一番です。しかし生きて帰ってくることはできません。本章第1節で、あなたは勇敢にも太陽ブラックホールに向かってどんどん近づいていきましたが、ブラックホールの入口であるイベントホライゾンに到達する前に死んでしまいました。しかし、ブラックホールの中に、生きて入る方法があります。超巨大ブラックホールを選べばいいのです。

ブラックホールは大きければ大きいほど、時空の歪みが穏やかです。私たち人間が地球の上に立っても、地球の歪み、つまり地球が丸いことを感じないのと同じです。私たちの体のサイズに対して地球はとてつもなく大きいからです。一方、私たちがバスケットボールの上に立つと、バスケットボールの歪み（＝球の丸み）がよくわかります。立つのは困難でおそらく転んでしまうでしょう。

同じく、小さいブラックホールのイベントホライゾン周辺は時空の歪みが急な故、あなたはその歪み＝重力差によって引き裂かれてしまいます。だから、ブラックホールの中を探検するためには、穏やかで安全な入口を持つ、巨大なブラックホールを選ぶべきなのです。

現在観測されている最も大きなブラックホール、TON618の質量は太陽質量の660億倍、この超巨大ブラックホールを旅行先として選びましょう。回転も電荷もない最もシンプルなシュワルツシルト[*7]・ブラックホールで、周りには他の天体などがない、単独で存在するブラックホールです。これだけ大きければ、10日ぐらいはブラックホール内を探索できることでしょう。ブラックホールを旅してみたい人はいますか？　好奇心旺盛なアリス[*8]の手が挙がりました！

■ イベントホライゾン

ブラックホールの入口がイベントホライゾン（事象の境界線）です。イベントホライゾンを超えたら、何も、光さえも後戻りしてイベントホライゾンの外に出ることはできません。この超巨大ブラックホールのイベントホライゾンの大きさ（半径）は、およそ２０００億キロメートル、太陽から地球までの距離の１０００倍以上、太陽系で最も遠くにある惑星、海王星までの距離の40倍以上です。イベントホライゾンはブラックホールの質量に比例して大きくなります。

■ブラックホールの中へ旅に出たアリスと、遠くから観察するボブ

アリスは、ブラックホールのイベントホライゾンを越えたら二度と、後戻りはできないことをよく理解しています。だから、友達のボブに一部始終を観測してもらい、ブラックホールの貴重な情報を後世に残す決心をしました。アリスとボブはそれぞれが光で自分を照らし、マルチ波長望遠鏡を持って互いが互いを観察できるようにします。

アリスは高エネルギー放射から身を守る最強スペーススーツを着て、無制限で供給される酸素＋栄養タンクとジェットエンジンを背中に背負い、ブラックホールに向かって真っすぐに自由落下します。人類史上初の大冒険に出発です。

■ブラックホールは何もない時空の滝

まずアリスが最初に気づくことは、ブラックホールの周りには何もないということです。いつ自分がイベントホライゾンを通り越したのかさえもわかりません。イベントホライゾンの外にも、中にも、何もないからです。それはブラックホールが「モノ」ではなく、ただの時空だからです。

ブラックホールは流れる時空の滝です。イベントホライゾンにおける滝の速さは光速で、イベントホライゾンを越えると、滝が光速を超えて流れていきます。しかし時空の中を、光速を超えて動くことはできません（第3章第3節）。例えば、滝の流れの速さよりも速く泳げなければ、魚は滝に流されていきます。同じように、イベントホライゾンを越えると、全てが、光さえも流されていきます。光速を超える流れとは逆の方向に動くことはできません。

ブラックホールには何もないのですが、元々は、質量を持った「モノ」がブラックホールを作ったはずですから（本章第4節）、その「モノ」の質量はブラックホールの時空の歪みに刻み込まれています。しかしその「モノ」はどこに行ったのかはわかりません。アリスがイベントホライゾンの中に入った後、アリスの質量もそのブラックホールの時空の歪みに刻み込まれます。そしてアリスもどこに行ったのかわからなくなります。

■ボブから見ると、アリスはブラックホールには入れない

アリスは確実に、しかも快適にイベントホライゾンを越えたのですが、ボブにはそうは見えません。ボブは、「アリスはイベントホライゾン直前で死んでしまった」という結論を出します。ボブの観察はこうです。

アリスはイベントホライゾンに近づけば近づくほど、動きが遅くなります。同時にアリスに

反射する光がどんどん赤くなります。波長が伸びて赤外線になって電波になりどんどん見えなくなります。そしてアリスの心臓の動きさえも遅くなり、どんどん止まっていくように見えます。つまり、ボブから見てアリスの時間は、イベントホライゾン直前で止まってしまうのです。

第3章第5節で話した、地上におけるあなたの頭と足の年齢の違いや、GPSの時間の話を思い出してください。時空の歪み（重力）が大きな場所の時間は、時空の歪みが小さな場所の時間に比べてゆっくり進みます。だから、時空が究極に歪んだ結果の時空の穴の入口では、外から見ると時間が止まって見えるのです。時間は個人的なもので相対的だからです。また、この時間の違いにより、重力が大きい場所から重力が小さい場所へ発せられる光の波長も伸びます（重力レッドシフト）[*9]。よって、時間の流れが遅くなっていくと同時に、アリスの姿は見えなくなります。

アリスはブラックホールの中を知ることができても、ボブは知ることができない、ボブにはアリスが中に入ったことさえもわからないのです。時空の歪みにより、イベントホライゾン内の世界が、外からはアクセス不可能になる、これがブラックホールです。

図33

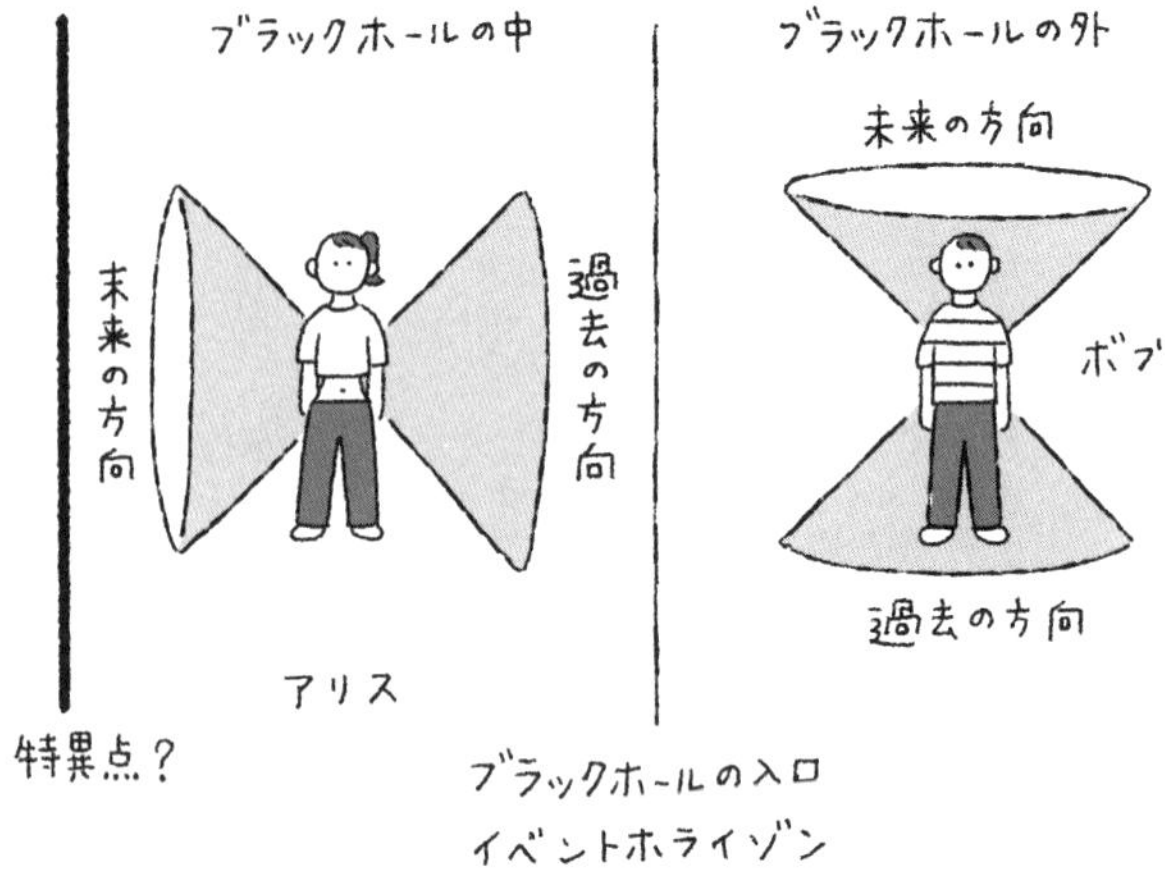

■ブラックホールの中ではアリスの未来と過去が傾く

ブラックホールの中では、アリスの未来と過去の方向が時空の歪みと共に傾き、ブラックホールの空間の方向になります（図33）。

例えば、外にいるボブにとってイベントホライゾンは、行きたければ行くことができる場所であり、避けることができる場所ですが、中にいるアリスにとってイベントホライゾンは過去の方向にあります。あなたが過去に行くことができないように、アリスも過去に行くことはできない、よって、イベントホライゾンを越えたら後戻り不可能です。

一方、外にいるボブにとってブラックホールの中心は、全ての「モノ」が限りなく小さな空間に存在し、密度が無限である3次元空間の限界、

「特異点」[*10]という場所に見えます。よってボブは「特異点」を避けることができます。

しかし中にいるアリスにとって「特異点」は未来の方向にあります。よってアリスは「特異点」を避けることはできません。アリスはアリスの時計で一秒一秒「特異点」に向かって進んでいきます。抵抗して動けば動くほど早く特異点に到達してしまいますから（第7章第1節）、抵抗せず、ただ時空の滝に流されていくのがベストです。

アリスは「特異点」に向かって流れていく間、過去（イベントホライゾン）から来るボブの光や銀河の光を、時空の歪みで変形していますが、見ることができます。しかし、未来（特異点）から光は来ません。ブラックホールの中は真っ暗で何も見えないのです。よって残念ながら、命をかけてブラックホールに飛び込んだアリスでさえも、ブラックホールの秘密、「特異点」を知ることはできないのです。

もしかしたら、「特異点」はなく、有限の空間に「モノ」＝エネルギーがあるのかもしれません。もしかしたら、別の宇宙に繋がっているのかもしれないし、新しい宇宙が生まれるビッグバンなのかもしれません。残念ながら現時点でその答えはありません。

■ブラックホールの中では「スパゲティ」になって死ぬ

アリスはブラックホールの「特異点」に到達するおよそ0・1秒前に、スパゲティのように引き伸ばされて死にます。本章第1節の太陽ブラックホールの話を思い出してください。小さい太陽ブラックホールは時空の歪みが急なので、あなたはイベントホライゾンに到達する前に、重力の大きさの違い（潮汐力）で体が引き裂かれてしまいました。

一方、超巨大ブラックホール周辺の時空の歪みは穏やかで、アリスはイベントホライゾンを越え、さらにおよそ10日間、中を遊泳することができましたが、時空の歪みの急増を避けることはできません。これはアリスの未来ですから絶対に避けられません。アリスの体が感じる重力の大きさの違いがどんどん大きくなっていきます（図32）。

そしてイベントホライゾン突入からおよそ10日後、アリスの体が少し引っ張られ始めた瞬間に、アリスの体は真っ二つに引き裂かれ、ほぼ同時にさらにぶつぶつとそれぞれのパーツに引き裂かれ、分子も原子も引き裂かれ、アリスは粒子のスパゲティになってしまいます。

なんと凄絶な死に方でしょうか！　体に異変が起こりつつあることを考える時間も与えられず、瞬時にスパゲティ化するのです！　一切苦しみはありません。ブラックホールに飛び込むことは、最高の安楽死の手段であるかもしれません。

■ブラックホールの解釈も視点に依存するのか？

ボブは、アリスがブラックホールの中で見たことも、アリスの凄絶な死も、何も知ることはできません。ボブが見たアリスはイベントホライゾン手前で死んでしまったのですから。一方、アリスから見たアリス自身は普通にイベントホライゾンを越えました。しかし後戻りすることができないので、ブラックホールの一部になり死にました。同じブラックホールでも、外から見るか、中から見るか、視点によって知ることができることは限られているようです。[*11]

宇宙思考

ブラックホールも、量子の世界のように、「ある視点から見ることができるのは現実の側面であり、全ての現実は見ることができない」（第２章第２節）ことを示唆しています。現実をより正確に「見る」ためには、多角的視点が必要なことがわかります。宇宙思考は多角的視点で思い、考えることなのです。

多様な集団は、多様な視点、多角的視点を持っています。それぞれ個人の視点は限られているけれど、複数の人が集まれば、集団として視点が増えるからです。つまり、一人でできることは限られていても、集団だと、共に解釈できること、解決できること、解明できることの可能性の幅が広がるということです。

多様性とは、集団を成す個人個人のお互いの違いのことです。例えば、違いは世代であったり、経済背景、教育背景であったり、ジェンダー、文化、国であったりします。集団に属する人々の違いが豊富であればあるほど、個人個人が現実を見る視点が異なるので、集団としての問題解決力や創造力は上がります。

だからこそ、社会で、会社で、集団で、多様性が必要なのです。新しいものや考えを生み出す、つまり創造の原動力が多角的視点、多様性なのです。個人の創造力を発揮する際も、環境及び周りの人々の多様性が、個人の視点を増やし、豊かにすることにより、原動力になります。

人は、自分と似通った集団に属するのを好む傾向にありますが、それは自分の脳の指令に従っていれば、衝突も矛盾も疑念も生まれず、楽で心地がいいからです。しかし衝突や矛盾、疑念がなければ、新しいことも創造も生まれません。一方、多様（違い、未知）との交流や対話は、あなたの脳を活性化し、豊かなものにリフォームしてくれます。

宇宙思考をあなたの生き方に活かしてください。

宇宙思考で、皆がそれぞれの色で輝くことのできる社会を創っていきましょう。

03

Q

ブラックホールの中に入ったものはどこにあるのですか？

A

ブラックホールの中に入った情報は全てイベントホライゾンの表面にあるようです。しかしブラックホールがゆっくり蒸発していくので、ブラックホールと共にその情報も消えてしまうことが懸念されます。情報が消えては困ります。

Message

情報が保存される限り、過去は消せないし、消えません。あなたの過去の喜びも悲しみも、成功も失敗も全て、そしてこの世を去っていったあなたの愛する家族や友達の生きた証も全て、宇宙のどこかに残っています。

■ブラックホールはツルツル？

ブラックホールの中にパンダを入れるとどうなるでしょうか？　パンダ分、ブラックホールは重くなります。では、同じブラックホールに、パンダを入れる代わりにパンダと同じ100キログラムのイルカを入れたらどうなるでしょうか？　2つのブラックホールは全く見分けがつきません。

アインシュタインの一般相対性理論によると、ブラックホールに何を入れようが、ブラックホールはツルツルの時空になってしまうだけなので、ブラックホールは質量、スピン（回転）、そして電荷という3つの特徴で完全に描写できてしまいます。シンプルで、ツルツルで、整然としたブラックホールのエントロピー（第3章第4節）はゼロです。

■ブラックホールの隠れた情報、エントロピー

モノのエントロピーとは、同じマクロな状態を表すミクロの組み合わせ数を表現した概念であることを思い出してください（第3章第4節）。ミクロの状態は私たちから隠れていて知ることができませんから、エントロピーのことを私たちの無知の度合いと言ったり、私たちから隠れ

た情報とも言います。

ブラックホールがツルツルで、エントロピーがゼロならば、ブラックホールを作ったモノが持っていたエントロピー(ミクロの情報)はこの宇宙から消えてしまったことになります。宇宙全体のエントロピーは減ってしまう、つまり、エントロピーは必ず増大するという物理のルール(第3章第4節)に反します。そこでブラックホールのエントロピーの計算に挑んだのがヤコブ・ベッケンシュタインです。

ベッケンシュタインは、「ブラックホールにたった1つの情報を持つ光子を入れたらその情報はどうなるか?」を考えました。そのためにはイベントホライゾンと一致する波長を持つ光子を選び、その光子が正確にどこから入ったのかをわからなくすることで(不確定性原理:第2章第2節)、光子の場所という情報を省きます。そうすれば、その光子はたった1つの情報、つまり1つの波長=エネルギー量しか持っていないことになるからです。

その光子をブラックホールに入れると、$E=mc^2$より、ブラックホールは少しだけ質量が増えます。そして同時にブラックホールも少しだけ大きくなります。しかも、イベントホライゾンを半径とする球の表面積が、空間を表す最小面積分だけ増えるのです。この最小面積はプランク面積と言って、空間の最小単位、プランク長[*12]を辺とする正方形の面積です。なんとブラックホールに入れた光子が持つ1つの情報が、1プランク面積に相当することがわかったのです。

ブラックホールの中に情報をさらに1つずつ入れていくと、ブラックホールの表面積は1プ

図 34

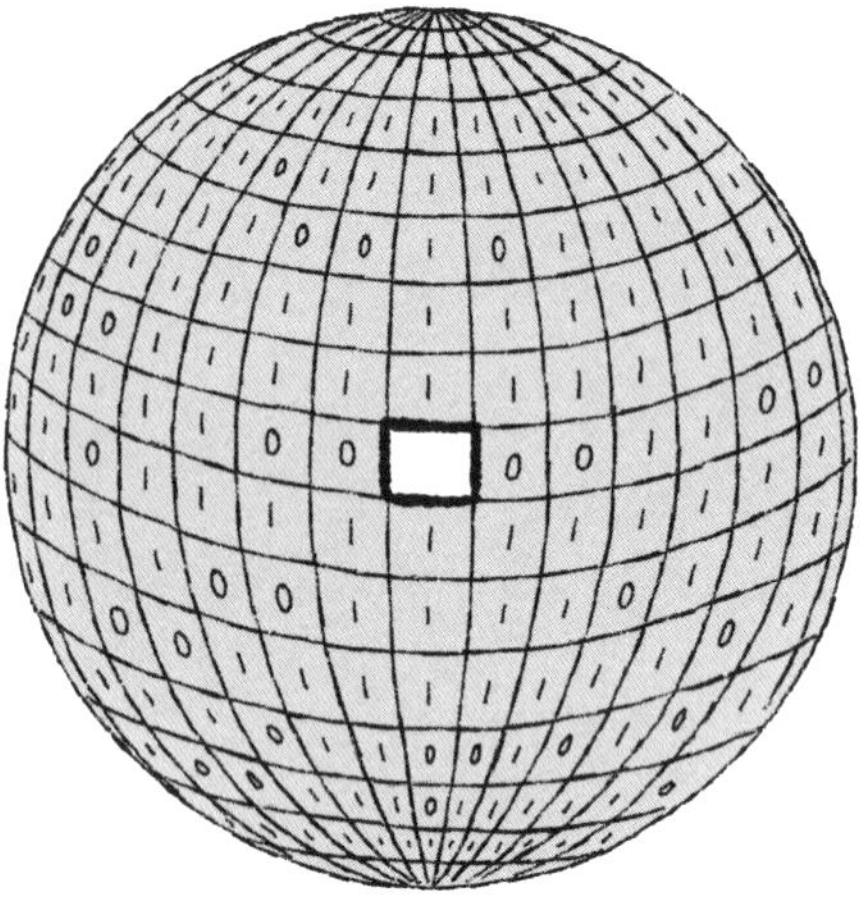

ランク面積ずつ大きくなっていきます（図34）。ブラックホールに入ったモノの情報量はブラックホールの中の体積ではなく、表面積に比例しているようです。

エントロピーは私たちから隠れた情報ですから、ブラックホールの入口であるイベントホライゾンの表面積をプランク面積で割った数がエントロピーであることがわかりました（厳密には、その数をさらに4で割ったもの）。

例えば、天の川銀河の中心にある超巨大ブラックホールのエントロピーは10^{90}です。観察可能な宇宙にある全ての粒子の数よりも大きな数です。宇宙全体のエントロピーはほぼ全て、宇宙に存在するブラックホールにあると言っても過言ではありません。ブラックホールの外見はツルツルで整然としていますが、実は宇宙に存在する何よりも乱雑で、膨大な量の情報が詰まっているのがブラックホールなのです。

■情報が表面にあるのなら、ブラックホールも宇宙もホログラム？

ブラックホールの中の情報が、中の空間にではなく、入口の表面に隠れているのならば、今度はあなたの部屋の情報（部屋を成す全ての分子の位置や速度など）がどこにあるのかを考えてみましょう。部屋の形はどんな形でもいいのですが、この思考実験の結果がわかりやすくなるように、あなたの部屋は球状であると仮定します。

この部屋に、空気分子でも何でも、入るものはどんどん入れてみてください。分子そして原子はほとんどがスカスカの空間なので（第2章第3節）、可能な限り小さく分解し、素粒子レベル（クォーク、電子や光子）でどんどん入れていきます。ギュウギュウに詰められるだけ詰めたら、ベッケンシュタインのように1つずつ情報を入れていきます（次ページ、図35）。

するとこの部屋が持ち堪えられる質量の限界が訪れ、部屋は重力崩壊し、ブラックホールになります。そしてそれ以降、もうこの部屋には何も入れることはできなくなります。情報の限界に達したからです。もうひとつ情報を入れるには、部屋＝ブラックホールはその情報分大きくならなければいけません。ベッケンシュタインが言ったように、1つ情報を入れると、表面積がプランク面積分だけ増えるはずです。

図35

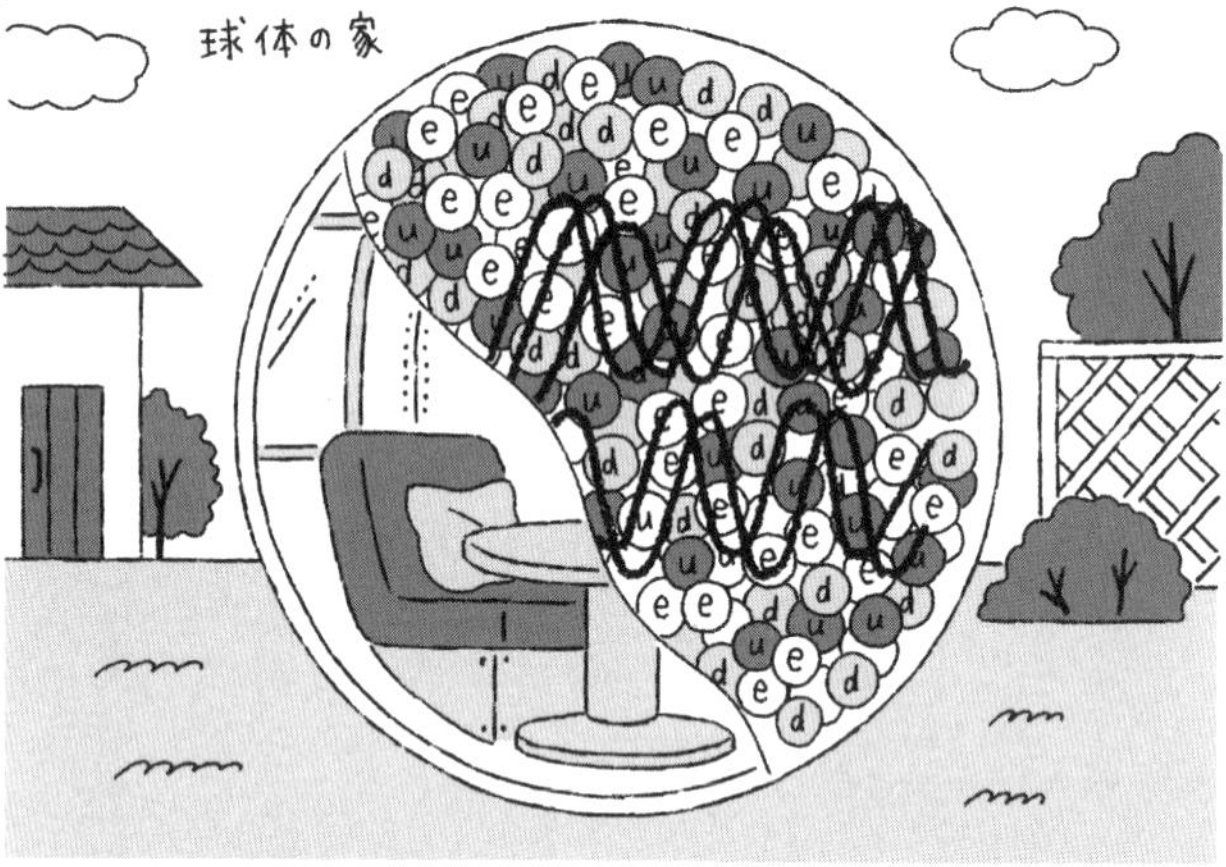

部屋がブラックホールになるまでモノを詰めていくという思考実験から、部屋という限られた3次元空間が許容できる情報量は、その空間の3次元体積に制限されるのではなく、2次元表面積に制限されていることがわかります。つまりある空間を表す情報量は、1次元低い表面の大きさに限られているということです。

そしてこの制限はブラックホールという重力の限界に達することで明らかになりました。重力があり、ブラックホールを作ろうと思えば作ることが（理論的に）可能な私たちの部屋は、重力のない、量子情報からなる部屋の境界、1つ次元が低い世界と全く同じ世界なのではないか、という考え方があります。これがホログラム原理です[*13]（AdS/CFT対応とも言います）。ホログラム原理によると、私たちは3次元空間に存在していると考えるか、2次元の情報の投影、つまりホログラムだと考えるか、どちらも正しいようです。

■ ブラックホールは輝く

「ブラックホールはそんなにブラックじゃない」と言ったのはあの有名なスティーブン・ホーキングです。何も、光さえも後戻りできないブラックホールなのに、実はブラックホールには温度があって、星やあなたの体が熱を放射するように、ブラックホールも熱を放射しているはずだ、とホーキングは言いました。これがホーキング放射です。

ホーキング放射は温度のある全てのモノが放射する熱放射です（第2章第1節）。星やあなたの体が発する熱放射は、星やあなたの体を作る原子や分子の動きによるものでしたが、ブラックホールには原子も分子もなければ、光子も電子などの素粒子も何もありません。ブラックホールはただの歪んだ時空です。しかしブラックホールにはエントロピーがあります。温度はエントロピーが増える時のエネルギーの変化を表す量です。よってブラックホールにも温度があるのです。そして温度があるから熱放射する、これがホーキング放射です。

ホーキング放射はイベントホライゾンの境界の、歪んだ時空から発せられます。時空には、全ての粒子を取り除き、真空状態にしても、それらの（素）粒子の舞台（＝量子場[*14]）、例えば光子の舞台や電子の舞台が残ります。そして、その舞台のエネルギーは量子スケールで、量子の不

図 36

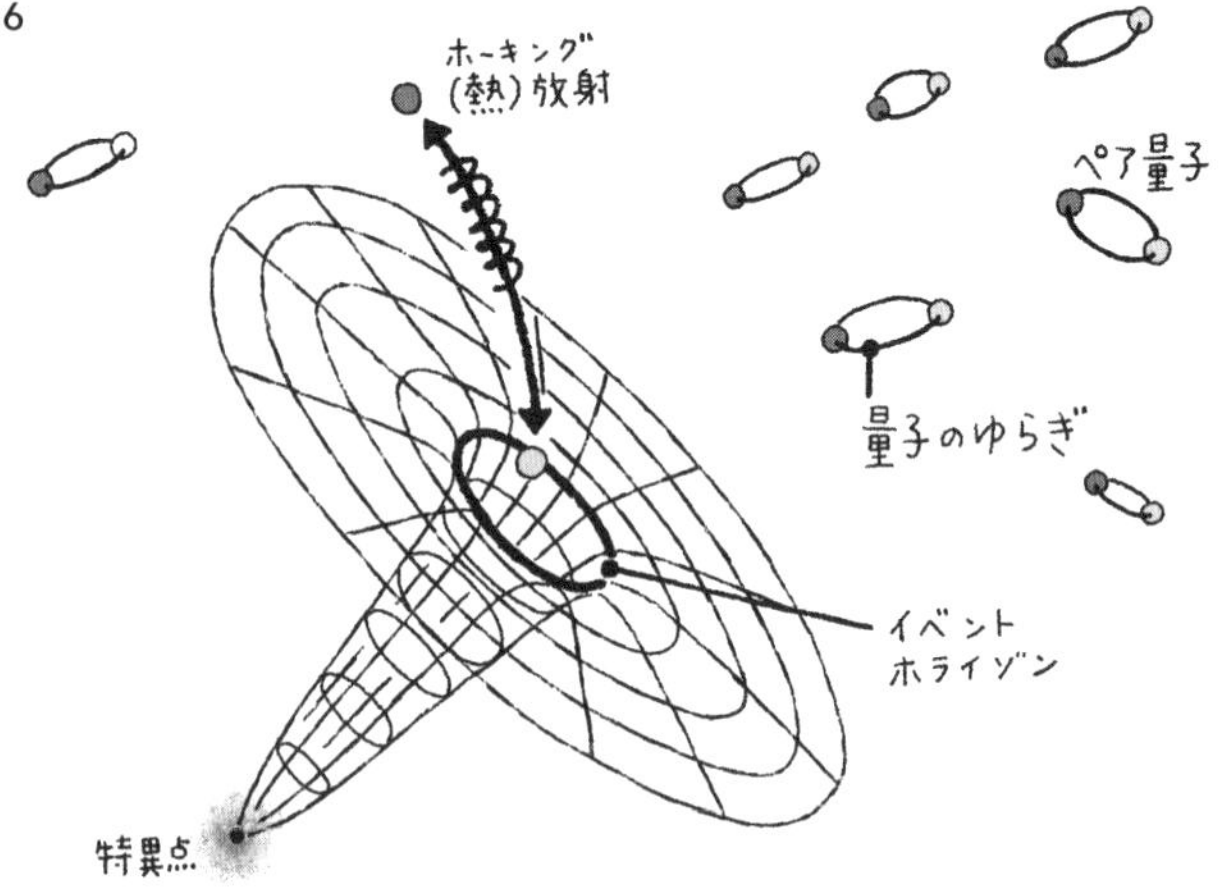

確定性により、揺らいでいます。粒子の位置がわかるとその粒子がどんな動きをするのかわからなくなり、粒子の動きがわかると粒子の位置がわからなくなる、という話を第2章第2節でしましたが、それと同様に、時間が正確にわかるとその時間内のエネルギーがわからなくなり、エネルギーが正確にわかるとそのエネルギーが存在する時間帯がわからなくなるので、舞台のエネルギーは常に揺らいでいるのです。

そのエネルギーの揺らぎは粒子のペアで現れ、時間内に消滅し舞台に戻ります。そしてこの何もない舞台のエネルギーの揺らぎが、零点エネルギーであり、真空エネルギーです。

しかし、この舞台の揺らぎ（量子の世界）のバランスが時空（重力の世界）の穴、つまりブラックホールによって崩れます。時空の穴のせいで、揺らぎのペアは、1つはイベントホライゾンの中へ、もうひとつはイベントホライゾンの外へ引き離され、舞台に戻れなくなるのです。正のエネルギーを持って宇宙の彼方まで逃げていくほうがホーキング放射です（図36）。

■ブラックホールは蒸発する

真空の揺らぎのペアのうち、もう片方は負のエネルギーを持ち、イベントホライゾンの中に落ちていきます。そして負のエネルギーを持っているので、ブラックホールのエネルギー、つまり質量は減っていきます（$E=mc^2$ですから、エネルギー（E）が減れば、質量（m）が減ります）。よってブラックホールは熱放射すると共に、どんどん蒸発していくということです。ブラックホールはいずれ消えてなくなるのです。

さらにこのホーキング放射ペアはイベントホライゾンの外の時空で生まれたものですから、イベントホライゾンの中に入ったモノの情報は全く知りません（何も中から後戻りできないのが、イベントホライゾンでした：本章第2節）。だからブラックホールが蒸発すると、全ての隠れている情報（エントロピー）も宇宙から消え去る、とホーキングは言いました。[*15]

■ブラックホールの温度

ブラックホールは大きければ大きいほど温度が低くなります。例えば、恒星ブラックホールの温度はおよそ1億分の1K（摂氏0度＝273K）ですが、天の川銀河の中心にある超巨大ブラックホールいて座A*の温度はさらに低く0・000000000000015Kです。よって、ブラックホールは大きければ大きいほど、その熱放射量（ホーキング放射）は少ないということです。

■ホーキング放射は観測できない

ブラックホールの温度は、宇宙の背景温度、2・7Kよりも比較にならないぐらい低いので、ホーキング放射を観測することはできません。一番温度の高い恒星ブラックホールでさえ、4カ月観察し続けても、宇宙の背景温度による熱放射（第6章第1節）の光子1つ分、に相当するエネルギーしか放射しないからです（一方、この宇宙の熱放射の光子は数えきれないくらいあなたの周りにあります）。

■ブラックホールは蒸発し情報が消える？

ブラックホールは蒸発とともにどんどん小さくなり、どんどん温度が高くなってさらに蒸発し、気の遠くなるような長い時間をかけて、例えば、恒星ブラックホールは10^{68}年以上かけて、いて座A*は10^{87}年かけて蒸発します。

蒸発しきる直前ブラックホールがプランクサイズまで小さくなると、最後の0・1秒で、地上最大の水素爆弾ツァーリ・ボンバ50万個分のエネルギーを放射し爆発的に蒸発する、これがホーキングの予想です。しかしブラックホールが蒸発してしまったら、イベントホライゾンの中に隠れていた情報は消えてなくなってしまうことになります。

■ブラックホール情報パラドックス

ブラックホールを作った全ての「モノ」の情報が宇宙から消えてなくなるとはどういうことでしょうか？

人類が発見した物理の法則の醍醐味は、今の情報から未来を予測し、今の情報から過去を再構築できることです。私たちは部屋の中の空気分子の全ての位置と動きを知ることはできませんが（無知＝エントロピー：第3章第4節）、理論上全ての分子の情報はそこにあり、理論上、現在の情報から全ての分子の時間を巻き戻して過去を知り、早送りして未来を知ることができるはずです。

単に私たちが情報に対して無知になる（どこにあるのかわからない）という意味ではなく、実際に情報が宇宙から消えることが可能ならば、この宇宙、この自然界は、私たちには理解し得ない世界だということになってしまいます。そんなの嫌ですよね。

情報は保存される、というのは量子の世界で犯されてはいけない基本原則です。それなのに、ブラックホールが蒸発すれば、ブラックホールに入った情報は保存されません。これがブラックホール情報パラドックスです。ブラックホール情報パラドックスの解決策はいくつも提案されていますが[*16]、いまだ解決はされていません。

宇宙思考

あなたが今読んでいる本に火をつけて、全部灰になるまで焼いたらどうなるでしょうか？この燃えて灰になるというプロセスを、動画のように巻き戻せば、元の本に戻ります。一つひとつの文字、紙の厚さから色合いなど、全ての情報は、理論的に再現可能です。ただし燃焼に関わった無数の原子に対して私たちは無知なので、私たちには再現が不可能なだけなのです。情報が保存されるとはそういうことです。

あなたの指の傷から目尻の皺、そしてあなたの今の行動、発言に至るまで、全て過去に巻き戻すことができます。それぞれが、あらゆる粒子の塊とそれらの粒子が運ぶ情報（位置、エネルギーなど）に帰属します。過去から消し去りたいような恥ずかしい失敗をしたことがありますか？　残念ながら、数十年経って他人もあなた自身もその失敗を完全に忘れたとしても、その失敗が過去から消えることはありません。情報が保存されるとはそういうことです。

また、情報が保存されるということは、あなたの愛するお母さんが死に去り、灰になった後も、お母さんの生き様の全てがこの宇宙に情報として残るということです。あなたの生き様も全て、今も死後も宇宙に残ります。そしてあなたとあなたのお母さんのもつれ絡んだ情報も、いつまでも、宇宙のどこかに残るのです。いつまでも繋がっていることでしょう。

これが愛かな？

04

Q

何も、光でさえも後戻りができないブラックホールをどうやって見つけることができるのですか？

A

ブラックホールによる重力効果を観察することで見つけることができます。例えば、周りの星やガスの動き、光の歪み、時空の伸び縮みなどを観察します。

Message

常識と科学的知識は大きく異なります。

■ ブラックホールは観察できる

60年前、ブラックホールはまだ理論上の天体でした。カール・シュワルツシルトがアインシュタインの一般相対性理論からブラックホールの解を計算した時、アインシュタイン自身、ブラックホールの存在を信じませんでした。ブラックホールからのホーキング放射を計算したホーキングでさえ、1975年の時点で、ブラックホールは存在しないほうに賭けをしています。[*17] しかしあらゆる方法でブラックホールの存在が観測された現在、ブラックホールの存在を疑う科学者はいないと思います。

ブラックホールの特徴は小さいことであり、必ずしも宇宙スケールの巨大な質量が必要なわけではありません。例えば、米粒でも、なんでも、究極に小さい空間に押し込むことさえできればブラックホールになるのです。

ただし、宇宙の様々な力に打ち勝って、モノを小さい空間に押し込めていくのは容易なことではありません。よって、星の中心核や初期宇宙のような高密度状態からブラックホールは生まれやすいのです。そしてそんな場所にブラックホールは見つかっています。

ここからは、観察で立証されている①恒星ブラックホールと②超巨大ブラックホール、そして最新の望遠鏡で見つかることが期待されている③中間質量ブラックホール、最後に、理論的には存在できますが、その発見は難しく、現時点では存在する可能性も高くはない④原始ブラックホールと⑤人工量子ブラックホールの説明を順にしていきます。

1 恒星ブラックホール

恒星ブラックホールの質量は太陽質量の3倍以上です。現在観察されている最も大きなブラックホールは、はくちょう座X－1で太陽質量の21倍、ブラックホールの合体によってできたものを含めると、太陽質量の142倍のブラックホールもあります。

―どうやって見つける？

恒星ブラックホールはどうやって見つけるのでしょうか？　ブラックホールが歪める時空上を動く星やガスがある場合、それらの星やガスの運動を観察し、どの星よりも小さな空間に、太陽の3倍以上の質量があることがわかれば、「そこにはブラックホールがあるのではないか？」と推測できます。

例えば、ブラックホール候補に挙がった最初の天体は、X線観測で見つかったはくちょう座X－1でした。[*18]　この観測で見つかったX線放射は、はくちょう座X－1の重力（歪んだ時空）により集まってきた、近くの星の外層のガスによるものです。このガスはドーナッツのような円盤を作り、摩擦で熱くなってX線を放射します。そして、この円盤からのX線放射は0・01秒ごとに変化していることが観察されましたが、光速よりも早く変化することはできないので、その放射源の大きさは月の大きさ程度であることがわかりました。

さらに、その円盤にガスを供給している星を見つけ、その星の公転運動を観察すると、その軌道内にある重力源の質量は、太陽質量の15倍以上であることがわかりました。これは第2章第7節で説明した「見えない」ダークマターの存在を推測する方法と同じ原理です。

月のような小さな空間に太陽の15倍以上の質量があるなんて、恒星ではありえません。また白色矮星や中性子星でもありえません。よって「ブラックホールなのではないか？」と、ブラックホールを間接的に見つけることができるのです。

さらに近年、ブラックホールとブラックホール（もしくは中性子星）が合体する時に揺れる時空のさざ波も観察が可能になりました。アインシュタインが予測した重力の波、重力波です（第3章第5節）。重力波による直接的観察によって、ブラックホールの存在は確固たるものになりました。

――どうやってできる？

太陽のおよそ数十倍以上の質量を持つ星が超新星爆発を起こした後に残るのが、恒星ブラックホールです。超新星爆発後に残るのは、高質量星の中心核、中性子の量子圧力で支えられている中性子星[*19]です。しかし、その中性子星の質量が太陽質量の3倍以上だと、中性子の量子圧力でもその重さを支えきれなくなり、さらに重力崩壊し、ブラックホールになるのです。星の中心核（中性子星）はどこに行ったのかはわかりませんが、その質量は時空に刻み込まれ、時空を歪めます（第4章第2節）。ブラックホールは歪んだ時空です。

2 超巨大ブラックホール

超巨大ブラックホールは、その名の通りとても大きいです。質量は太陽の10万倍以上で、銀河の中心部にあります。私たちの天の川銀河の中心には太陽質量の400万倍の超巨大ブラックホール、いて座A[*]（エースター）がありますが、巨大楕円銀河M87の中心にある超巨大ブラックホールは太陽質量の65億万倍です。

── どうやって見つける？

恒星ブラックホールと同じく、周りのガスや星の動きを観測することでその存在を推測できます。例えば、天の川銀河中心部の星々の動き、特に最も中心近くを軌道する星S0－2の16年周期の動きと軌道を20年以上に亘って観察することにより、太陽系程度の大きさの空間に、太陽の400万倍の質量が隠れていることがわかりました。[*20] これがいて座A[*]超巨大ブラック

ホールです

さらに、2022年5月12日に発表されたように、いて座A*超巨大ブラックホールの写真を撮ることもできます。[*21] もちろん、ブラックホールの中は見えないし（だからブラックホール）、その温度は100兆分の1Kですから、ホーキング放射の写真でもありません。ブラックホールが作る影の写真です。

ブラックホールのイベントホライゾンの近くを通る光は、時空の歪みに沿ってイベントホライゾンの中に落ちてしまうのですが、イベントホライゾンの大きさの数倍離れた場所を通る光は、時空の歪みに沿ってブラックホールをくるっと回って様々な方向に拡散します。この散らばった光がブラックホールの影を作ってくれるのです。観測結果はアインシュタインの一般相対性理論で予測される影の大きさに一致します。まさしくブラックホールの影です。

――どうやってできる？

銀河は大きければ大きいほど、中心部のブラックホールのサイズも大きい傾向にあります。よって、銀河が他の銀河と合体しながら成長していく過程で（第5章第3節）、銀河の中心にある超巨大ブラックホール同士も合体し成長していくのではないかと考えられています。しかし実際に観測されてはいません（次世代宇宙重力波検出器で観測できるかもしれません：第3章第5節）。

一方、宇宙誕生後10億年も経たないうちに、いて座A*の500倍もの質量を持つ超巨大ブラックホールが存在していることが、観測により明らかになっています。[*22] 宇宙の現在の年齢は138億年ですから、宇宙の歴史の1割の時も経っていない頃です。星からできた恒星ブラックホールが合体を繰り返して、超巨大ブラックホールに成長するには相当な時間がかかります。「ブラックホールは吸い込まない！」という話を思い出してください（本章第1節）。よって、超巨大ブラックホールの種となったかなり大きめのブラックホールが初期宇宙にもうすでに存在していたのではないかと予想されています。これが次に紹介する中間質量ブラックホールです。

3 中間質量ブラックホール

宇宙誕生後10億年にもうすでに存在する超巨大ブラックホールを説明するために、「恒星ブラックホールではない、かなり大きめのブラックホールが、初期宇宙にあるのではないか？」と予想されています。

中間質量ブラックホールの質量は、太陽の100〜10万倍と定義されていますが、恒星ブラックホールと中間質量ブラックホールの境界、及び超巨大ブラックホールと中間質量ブラックホールの境界は明確なものではありません。例えば、現在観測で確認されている、太陽質量142倍のブラックホールは、2つの恒星ブラックホールが合体してできたもので、大きな恒星ブラックホールとも言えますし、同じく観測されている太陽質量4万倍のブラックホールは、矮小銀河の中心にある故、小さな超巨大ブラックホールとも言えます。確実に中間の質量を持つブラックホールはまだ見つかっていません。

――どうやって見つける？

見つける方法は恒星ブラックホールと超巨大ブラックホールと同じですが、宇宙に構造が形成され始めた時代を観測できる高性能の望遠鏡が必要です。2021年12月に打ち上げられたジェームズ・ウェッブ宇宙望遠鏡や、2034年打ち上げ予定の宇宙重力波望遠鏡（LISA）が中間質量ブラックホールを見つけるかもしれません（現在いくつかの候補はあるようです）。

――どうやってできる？

中間質量ブラックホールは、宇宙最初の星々（ファーストスター）の超新星爆発から、または、初期宇宙でガス雲が星を作らず直接崩壊した結果、または密な星団から生まれるのではないか？と予想されています。

4 原始ブラックホール

初期宇宙に生まれるブラックホールを原始ブラックホールといいますが、[*23] 観察されてはいません。原始ブラックホールの中でも隕石サイズ以下のものは、本章第3節で話したホーキング放射によって宇宙年齢138億年以内に蒸発すると予想されています。宇宙の現在の年齢は138億年ですから、観察で確かめられるのは隕石サイズ以上の原始ブラックホールになります。

―どうやって見つける？

原始ブラックホールが他の天体に与える影響や背景の光を歪める効果（重力レンズ効果：第3章第5節）を観察する方法などがありますが、現時点で原始ブラックホールは見つかっていません。見つかっていない理由は、原始ブラックホールが存在しないからではなく、現在の技術では観察できないだけだという可能性を考慮すると、存在可能な原始ブラックホールの大きさを絞り込んでいくことができます。絞り込んでいくと隕石サイズ（10^{16}〜10^{17}グラム）、月サイズ（月の質量の100万分の1〜1倍）、そして星サイズ以上のブラックホール（太陽質量10〜1000倍）が可能性として残るようです。[*24]

―どうやってできた？

宇宙誕生時の量子的密度の揺らぎから、大小様々な原始ブラックホールが形成されるのではないかと提案されています。これらの原始ブラックホールがダークマター（の一部）である可能性もありますし、原始ブラックホールが超巨大ブラックホールの種（の一部）である可能性も残ります。

5 人工量子ブラックホール

粒子を衝突させ、高次元の重力を借りてできるかもしれないのが人工量子ブラックホールです。現時点でその存在は確認されていません。

―どうやって見つける？

粒子を光速近くまで加速し衝突させる、大型ハドロン衝突型加速器（ＬＨＣ）という円周27キロメートルの実験トンネルが、スイスとフランス国境の地下にあります。この実験トンネルの目的は、素粒子の世界及び量子重力の世界を研究することであり、例えば電子などの素粒子に質量を与えるヒッグス粒子もＬＨＣで発見されました（第5章第4節）。このＬＨＣで2つの陽子を加速させ、衝突させることにより、高次元の重力を借りて、1兆分の1のさらに1億分の1グラム程度の量子ブラックホールができるかもしれません。できたならば、その量子ブラックホールは瞬時（測定不可能な短時間）にホーキング放射で蒸発してしまうので、その時の軌跡を観測することにより、量子ブラックホールの存在を確認できます。

―どうやってできる？

私たちの目には見えない領域に高次元空間が隠れているとしましょう。高次元の重力は小さいスケールに行けば行くほどどんどん大きくなるので、加速された陽子同士が衝突する際、その高次元の重力が働き、人工的にブラックホールができるのではないか、と予想されています。

高次元の重力を、ニュートンの万有引力の法則を使って解説します。3次元空間の重力は、モノとモノの間の距離の2乗に反比例するというのが、ニュートンの万有引力の法則です。

そして、空間の次元が1つ増えると、4次元空間の重力は距離の2乗ではなく3乗に反比例します。だから、モノとモノの距離が近づけば近づくほど、4次元重力が、3次元重力に比べて大きくなっていきます。例えば、距離が半分になると3次元重力は4倍になる一方、4次元重力は8倍になる、さらに距離が半分になれば、3次元重力は16倍ですが、4次元重力は64倍になるのです。

図37

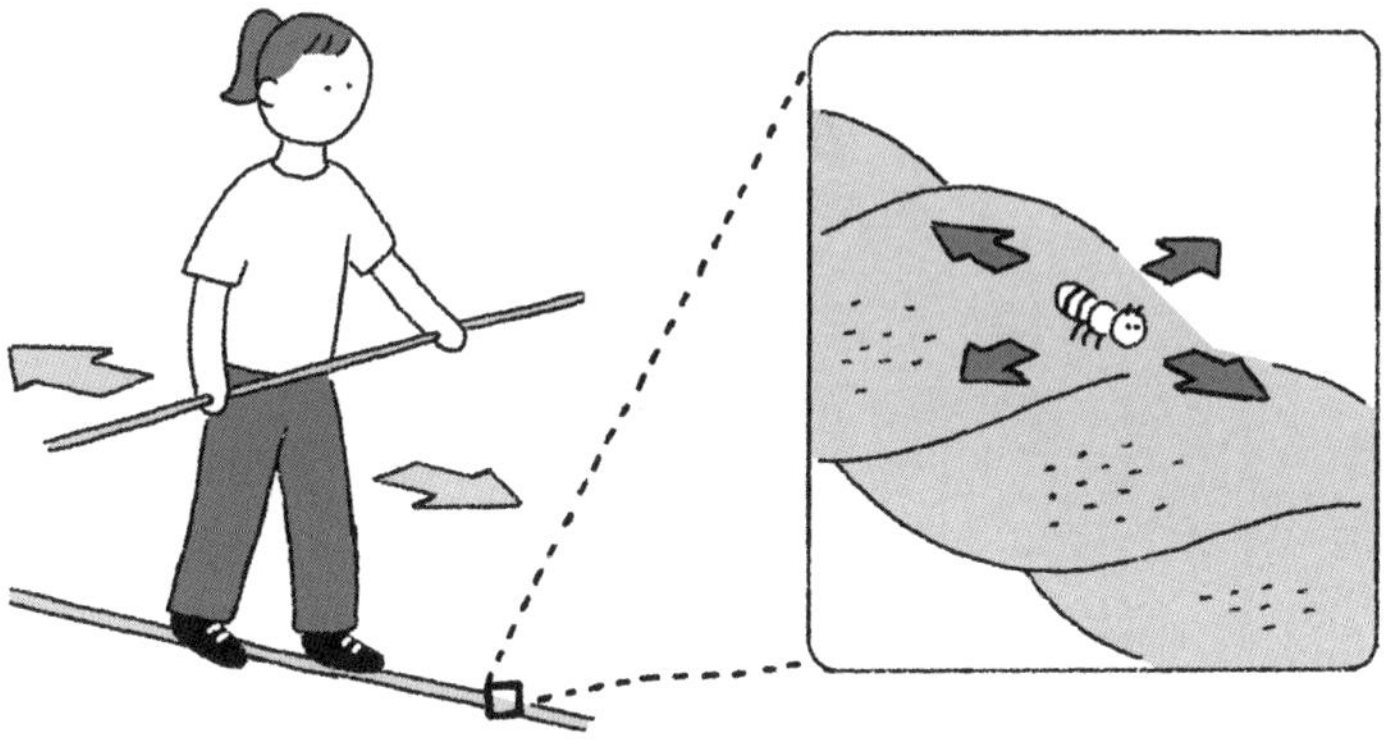

さらに高次元があったらどうなるでしょうか？

例えばもうひとつ空間の次元が増えると、５次元空間の重力は距離の４乗に反比例するので、距離が小さくなればなるほど、５次元重力は４次元重力よりも大きくなります。

このように高次元であればあるほど、より小さいスケールでの高次元重力が大きくなっていくということです。よって私たちの目には見えない空間、プランクスケールに高次元が隠れていれば、そのスケールでの重力が大きくなる、よってブラックホールができやすくなるのです。つまりＬＨＣで可能なエネルギー範囲内の陽子と陽子の衝突からも、ブラックホールができるかもしれないということです。

私たちに見えない小さな空間に、高次元が隠れていることをイメージできるでしょうか？　第３

章第1節の次元の話を思い出してください。次元は動ける方向の数でした。例えば、綱の上を動く人間にとって動ける方向は前後ろ1つのみ、よって次元は1つということになりますが、同じ綱の上を動く蟻は前後に加え左右にも動けます。蟻サイズの小さなスケールになると新しい次元が1つ現れるという例です（図37）。

これと同じように、私たちの3次元空間にも、私たちには見えない空間、プランクスケールに次元が隠れているのかもしれません。例えば、超ひも理論は6次元から7次元の空間が隠れていると予想します。しかし残念ながら、LHCでも、LHCよりも高エネルギーの宇宙線が飛び交う大気中でも、量子ブラックホールは見つかっていませんし、高次元の存在自体、観察されていないのが現状です。

宇宙思考

60年前、ブラックホールは、多くの科学者がその存在を信じることがなかった理論上の仮説でした。しかしあらゆる観察によりその存在が明らかになり、仮説が科学的知識になりました。宇宙・世界の仕組みに関する仮説は、無数の観察と実験によって何度もアップデートされ、何度も検証されたうえで、科学的知識になります。さらに、科学的知識（科学）は間違っている可能性を許容し、反証を歓迎し、動的に常に変化していくものです。

一方、常識とはある集団（社会、家族）、ある時代、ある環境で共通認識として受けいれられた決まり事で、厳格な科学的手法、疑う心と批判的思考で検証されたものではありません。あなたの周りの常識を疑ったことはありますか？　批判的に常識を考え直したことはありますか？

常識は、ある時代、ある環境で、ある集団が集団として機能するために必要なルールですから、異なる時代、異なる環境、または異なる集団では常識ではなくなってしまうにも関わらず、「常識」として、集団、個人を束縛します。だからこそ、常識を疑うべきなのです。常識も、間違っている可能性を許容し、反証を歓迎し、動的に常に変化していくものであるべきです。常識を科学的手法でアップデートしていくことにより、皆にとってよりよい社会を創っていけると思います。

以下、5つの科学のルールは、社会のルールでもあるべきです（『コスモス：時空と宇宙』より）。

1　権威を疑え
2　自分の頭で考えよ
3　観察と実験でアイデアを検証せよ
4　データ・エビデンスが必要
5　あなたは間違っているかもしれない

05

Q

ブラックホールが地球に衝突する可能性はありますか?

A

ブラックホールが地球に衝突する可能性はありますが、地球やあなたを破壊する可能性は(ほぼ)ないのでご心配なく。

Message

ブラックホールは決して私たちを殺しません。私たち人間の欲と傲慢が、私たちの首を絞め、私たちを殺します。

■ブラックホール、恐るべからず

ブラックホールが地球に衝突する可能性はあります。地球、そして私たち人間の運命は、どんなブラックホールがやってくるかで決まりますが、最初にお伝えしておきましょう。地球や人間を破壊するブラックホールが衝突する可能性はほぼありません。

■恒星ブラックホールが衝突する可能性はほぼない

恒星ブラックホールが地球に衝突したら、地球も人間も瞬時にスパゲティ化して死んでしまうことでしょう（本章第2節）。しかしぶつかる確率は、太陽系の生涯100億年においておよそ100億分の1以下です。恒星ブラックホールも元はといえば星です。天の川銀河内で星や惑星が他の星とぶつかる確率がどれだけ低いか、第1章第1節で話した100億分の1に縮小した宇宙モデルで考えてみましょう。

100億分の1に縮小した宇宙モデルでは、太陽はグレープフルーツサイズになり、地球はグレープフルーツサイズの太陽から15メートル先（歩いて20歩程度）にある針の先のサイズになりましたね。天の川銀河には数千億個の星がありますが、星と星の間の平均距離はおよそ5光年です。例えば、東京にグレープフルーツサイズの太陽があったら、最も近くの星は東南アジアのボルネオ島にあるといった感覚です。地球表面上に数十個のグレープフルーツが散らばっていることを想像してみてください（2次元表面を考えるので地球の中を考えてはいけません）。

さらに星と星の間の平均スピードはおよそ毎秒20キロメートル[*25]ですから、地球上のグレープフルーツたちは1秒に0・002ミリメートル動くのみ、100年に動く距離はおよそ6キロメートル程度、東京山手線の直径にも満たない距離です。グレープフルーツ同士が衝突する確率はほぼないことがわかると思います。

よって、他のグレープフルーツが、グレープフルーツサイズの太陽の15メートル先にある針の先サイズの地球に衝突する確率もほぼ皆無です。また、地球の軌道に影響を与え得る領域は、この宇宙モデルでは、針の先から150メートル範囲内なのですが、この範囲内にグレープフルーツが現れる可能性もほぼ皆無です。

その上、ブラックホールになれる大きな高質量星は全体の0・12％[*26]ですから、より確率が低くなります。よって、恒星ブラックホールが地球や人類を破壊することはないでしょう。ましてや超巨大ブラックホールが地球にぶつかることはありえません。

■原始ブラックホールは衝突するかもしれない

隕石サイズの原始ブラックホール（本章第4節）が存在すると仮定し、そのうえ、宇宙のダークマターが全て隕石サイズの原始ブラックホールであると仮定しましょう。すると、かなりの数のブラックホールが存在することになり、もしかしたら、太陽系の寿命の間に一度ぐらいは地球に衝突するかもしれません。恒星ブラックホールが衝突するよりははるかに現実的です。

隕石サイズの原始ブラックホールのイベントホライゾンは水素原子サイズです。そんな小さなブラックホールですが、地球の大気を通過する時は、周りに大気が降着し明るく輝くことでしょう。そして地球に衝突するというよりも、地球を1分もたたないうちに貫通していきます。

その時、隕石サイズのブラックホールは数千トンの地球を食べながら貫通していきますが、地球全体に弱い地震が起こる程度です。地球には何の影響もありません。地球にとっての数千トンは、人間にとっての皮膚細胞1つ以下の重さです。細胞1つなくなっても人間には全く影響がないようなものです。このように地球は安全なのですが、そんなブラックホールが運悪くあなたを貫通していったら、もちろんあなたは死にます。

こんな隕石サイズのブラックホールが地球を貫通すると、隕石や彗星が衝突する時に作る広がりのあるクレーターとは異なる、独特のクレーターを作るだろうと予想されています。[*27] そしてブラックホールが入ってきた入口と出ていった出口に同種のクレーターが必ずあるはずです。大きめの隕石サイズブラックホールであれば、検出可能なサイズのクレーターを残すはずですが、現時点では、地球にも、月にも、それらしきものは見つかっていないようです。

■マイクロブラックホールは常に通り抜けていく

もし、原始ブラックホールの蒸発が空間の最小単位、プランクサイズ（10^{-35}メートル）で止まるとしたら、プランク質量20μg（マイクログラム＝100万分の1グラム）のマイクロブラックホールが残っている可能性もあります。このマイクロブラックホールが存在し、さらに宇宙中のダークマターがこのマイクロブラックホールであると仮定すると、地球上の街々をマイクロブラックホールが常に通り抜けていることになります。

もしかしたら、あなたを通り抜けるかもしれませんが、あなたには全く影響はありません。プランクサイズのマイクロブラックホールのイベントホライゾンはプランクサイズです。原子核の1億分の1のさらに1兆分の1の大きさです。小さすぎて破壊力はありません。よってマイクロブラックホールは、人間も地球もただただ通り抜けていくだけです。

宇宙思考

ブラックホールは人間を殺しません。超新星爆発も人間を殺しません。確率が低すぎて恐れるに足りないということです。また、巨大な隕石や彗星が衝突する可能性が、将来もしかして浮上したとしても、人間はそれを回避できるでしょう（例：DART〈ダート〉：小惑星軌道変更実験）。さらに、太陽の放射線や宇宙線が地球の大気を破壊し、人間を殺すことも、これから数億年はあり得ません。一方、生命を育んできた大気を破壊しているのは強欲で傲慢な人間です。

生態系は個としての人間を殺すことはありますが、人間があらゆる生命の生死のバランスを保つ生態系を尊重し、その一員として振る舞っている限り、集団としての人間、人類を殺しません。数百万年の間共存し、共に進化してきた生態系を破壊し、自分たちが住めない生態系にどんどん変えていっているのは、強欲で傲慢な人間です。

もっと経済成長して、もっと労働時間が増えて、もっとストレスが溜まって、もっと消費して、人よりもっと消費して、欲と消費の山の上に立った先には何があるのでしょうか？　個人の幸せがなく、満足さえもないことは確実です。

人間は私たちが宇宙と呼ぶ全体の一部、時間と空間に限られている一部である。他から分離した一人の自分が存在し、その自分が考え、感じていると思っているが、全て私たちの意識の一種の思い込みのようなものである。そして、この思い込み、妄想は私たちの監獄である。それぞれの欲の監獄である。この監獄では自分のこと、少数の人のことしか考えられない。私たちは、全ての生き物と自然の調和の美を受けいれ、思いやりの輪を広げることで、この限られた監獄から自身を解放しなければいけない。byアインシュタイン

第5章

宇宙は
どこへ行く？

01

Q

宇宙の中心はどこですか？

A

宇宙の中心はあなたであり、私ですが、プロキシマ・ケンタウリ星でもあり、アンドロメダ銀河でもあります。つまり宇宙全てが中心であり、特別な場所はないのです。

Message

宇宙にあなたの存在の意味を求めても答えは返ってきません。あなたの意味を与えるのは、あなたです。

■宇宙に中心はない

宇宙にはどの方向を見ても同じように銀河が分布しています。そして私たち地球を中心に、全ての銀河が遠ざかっていくように見えます。そうです、宇宙の中心はあなたであり、私です。しかし、宇宙のどの場所も同じように中心ですから、宇宙に中心はないということを説明していきます。

■銀河は遠くにあればあるほど、速いスピードで遠ざかっていく

遠くの銀河を観察すると、それらの銀河は、あなたと銀河を結ぶ線上を、あなたから遠ざかっていく方向に動いていきます。３６０度、どの方向を見ても同じように銀河は遠ざかっていくのです。しかも、遠くの銀河であればあるほど、より速いスピードで遠ざかっていきます。

（次ページ、図38）

これがハッブルの法則です。元弁護士の天文学者エドウィン・ハッブルが、銀河の後退速度（v）とその銀河の距離（d）を観測し、銀河の後退速度（v）は銀河の距離（d）に比例する（v＝Hd）ことを示しました。Hは一定値でハッブル定数といいます。私たちから見た銀河の距離

図 38

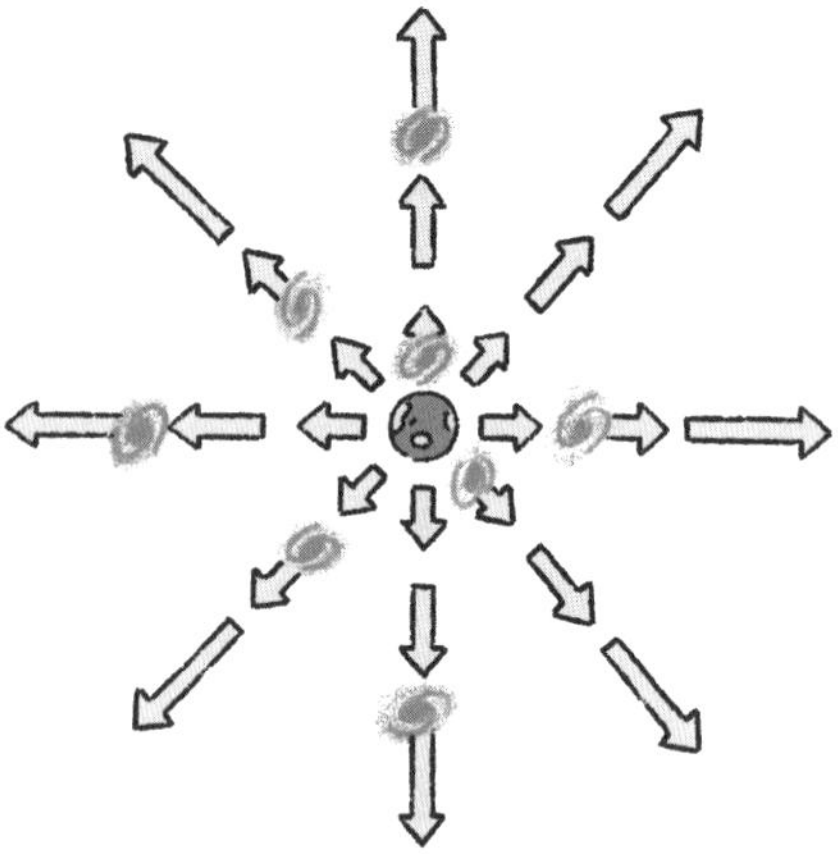

が遠ければ遠いほど、その銀河の後退速度は大きいということです。

■銀河の距離

銀河の距離は、明るさが変わる周期と実際の明るさに規則的な関係があるセファイド変光星[*1]を見つけ、測りました。電球の実際の明るさが、例えば100ワットというようにわかっていれば、その電球の見かけの明るさが暗くなればなるほど、その電球が私たちから遠くにあることがわかりますよね？　このように、実際の明るさがわかる光源を標準光源と言います。同じ理屈で、銀河の中のセファイド変光星の見かけの明るさから、その銀河までの距離がわかるのです。

■ 銀河の速度

銀河の光のスペクトルを分析すれば、私たちと銀河を結ぶ線上を、その銀河が私たちに近づいてくる方向に動いているのか、それとも遠ざかる方向に動いているのかがわかり、そしてその動きの大きさを測ることができます[*2]。

スペクトルには、様々な原子や分子による輝線や吸収線（スペクトル線）があることを思い出してください（第2章第4節）。光を発する天体が動いていると、それらのスペクトル線が現れる見かけの波長が実際の波長からずれます。観測者である私たちに天体が近づいてくる時、見かけの波長は短くなり、遠ざかっていく時、見かけの波長は長くなるのです。このように光の波長が天体の動きによって変化することを、光のドップラー効果と言います。

しかし、なぜ天体の動きによって、その天体が生み出すスペクトル線の見かけの波長が、実際の波長に対してずれるのでしょうか？　この光のドップラー効果は、地上で私たちが日常経験するドップラー効果に似ています。

救急車のサイレンは、救急車が近づいてくる時は音が高く聞こえ、通り過ぎて遠ざかっていく時は音が低く聞こえますよね？　音は空気を伝わる波、音波ですから、音が高く聞こえるのは救急車が近づいてくることによって音の波が圧縮されて、波長が短くなるからで、音が低く聞こえるのは救急車が遠ざかっていくことによって音の波が引き伸ばされて波長が長くなるからです。

同じく、動くモノが発する光の波長は縮んだり伸びたりするのです。光を発するモノの動きにより、実際の波長に対して、見かけのスペクトル線が波長の長い方向にシフトした量をレッドシフトと言い、見かけのスペクトル線が波長の短い方向にシフトした量をブルーシフトと言います。レッド（赤）はブルー（青）よりも波長が長いので、このような表現が生まれましたが、実際に色とは関係がありません。現にX線でも電波でもレッド（ブルー）シフトします。

また、救急車の速度が速ければ速いほど、波長は大きく変わります。つまり圧縮や引き伸ばしの度合いが大きいということです。同じく、モノの動く速度が大きければ大きいほど、その物体が発する光の波長は大きく変化します。

遠方の銀河からの光は、それらの銀河までの距離が大きければ大きいほど、より波長が長くなっている、つまり、遠くの銀河であればあるほど、より速く遠ざかっていくことを発見したのがハッブルです。

■宇宙は膨張している

ハッブルの観測によると、全ての銀河が、地球を中心に動いているように見えますが、地球

図 39

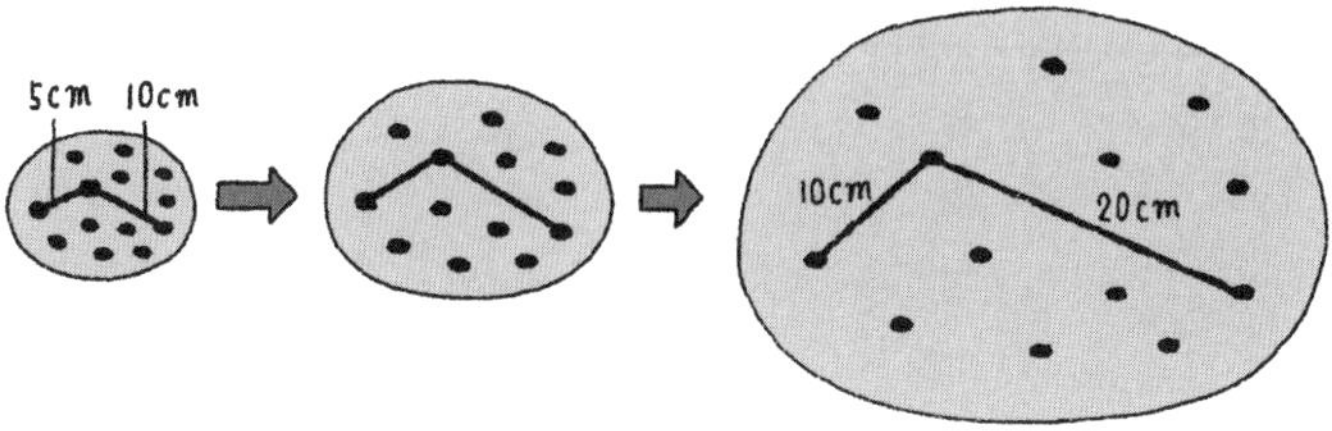

が特別なわけではありません。宇宙自体がどこも同じように（一様に）膨張しているからだと解釈できます。宇宙自体が膨張していて、それに乗っかった銀河が私たちから遠ざかっていくように見える、これがハッブルの法則の正しい解釈です。

例えばレーズンパンが膨らむ様子を考えてみましょう（図39）。一様に膨張するパンが宇宙で、レーズンが銀河に相当します。パンのどの場所も同じように膨らむと仮定すると、どのレーズンから見てもそのレーズンを中心に他のレーズンが遠ざかっていくように見えます。さらに、レーズンパンが2倍に膨らむと、あるレーズンから見て距離が5センチメートル離れていたレーズンは距離が10センチメートルになり、距離が10センチメートル離れていたレーズンは距離が20センチメートルになるといった具合に、遠くのレーズンであればあるほど、同じ時間内に大きく動く、つまりより速く遠ざかっていくことがわかります。

このように、一様に膨張する宇宙では、どの銀河から見ても、その銀河を中心に周りの銀河が広がっていくことが観察されるはずです。遠くの銀河であればあるほど、より速いスピードで遠ざかっていくように見えるはずです。よって、一様に膨張する宇宙では、どの銀河から見ても、ハッブルの法則が成り立つというわけです。

■宇宙は常に動いているのが自然な状態

地球の重力場でりんごは常に落ちています。月も、衛星も、あなたが投げたボールも常に落ち続けます。投げ上げたボールが上向きに動いていても、落ちているのです（自由落下：第3章第5節）。アインシュタインの一般相対性理論によると、重力場では動いているのが自然な状態であり、静止している時は重力以外の何らかの力が働いているから静止するのです。例えばりんごが静止するのは、あなたの手や地面がりんごを支えているか、木の枝がりんごを引っ張っているからです。

同じように、アインシュタインの一般相対性理論によると、宇宙も常に動いているはずです。宇宙は膨張しているか、収縮しているかのどちらかで、宇宙スケールで重力に抵抗する力が働かない限り、宇宙が静止することはありません。[*3] ということはやはり、ハッブルの法則は、宇宙が膨張している結果だったのです。ハッブルが測定した銀河の後退速度は、銀河の速度ではなく、宇宙そのものの膨張速度なのです。

銀河の光の波長が伸びるのは（レッドシフト）、銀河の動きによる光のドップラー効果ではなく、宇宙の膨張により宇宙とともに光の波長が伸びた結果でした（宇宙論的レッドシフト）。そして、どちらの方向を見ても銀河の分布が一様である宇宙は、全ての場所が同じように、同じ膨張率で膨らんでいきます。その結果、全ての場所においてハッブルの法則が成り立つ、つまり、宇宙に中心はなく、特別な場所もないのです。

■宇宙に中心はないし、果てもない

レーズンパンの例だと、レーズンパン自体の中心を考えずにはいられませんよね。3次元空間に住んでいる私たちにとって、中心のない3次元空間を想像するのは不可能なので（第3章第1節）、次元を1つ下げて球形風船の表面を宇宙に喩えて考えてみましょう（次ページ、図40）。

風船の表面という2次元宇宙に住む2次元人には、その表面が、存在できる空間の全てです。風船の表面に銀河があり、風船の中も外もないということです。そして2次元人は銀河から銀河へどれだけ動いても（動けたと仮定します）、宇宙には果てはないし、中心もないことに気づくことでしょう。地球の表面を歩き回っても果ても中心もないのと同じです。そして一様に

図 40

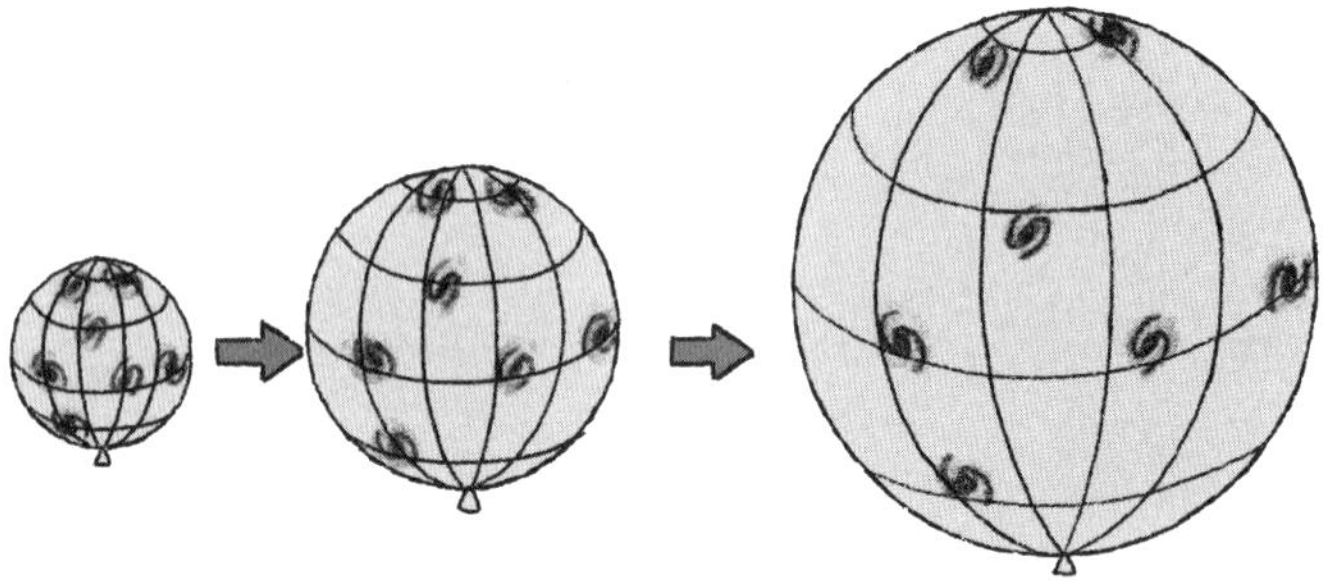

膨らんでいく風船の表面にある銀河の間には、どこから見ても全く同じハッブルの法則が成り立ちます。

この2次元風船表面と同じように、私たちの3次元空間宇宙も膨張しています。膨張する宇宙では全ての場所がそこから見ると中心なのですが、どこも特別な場所ではなく、よって宇宙に果てはないし、中心もないのです。

宇宙思考

宇宙に中心はなく、特別な場所もない、さらに宇宙には意志も意図も意味もありません。私たち人間は、自分がなぜ存在するのか、なぜ生を享《う》け、なんのために生きているのか？と不思議に思い続けています。何千年の時を超えて、昔も今も問い続けています。

私は宇宙を知ることでこれらの答えが見つかると思い、宇宙を学び始めました。しかし、宇宙は知れば知るほど、宇宙に答えはないことがわかるだけです。「意味」というのは意識のある人間が与えるものです。宇宙の動きや宇宙における星や生命の存在に全く意味はないのです。つまり、意味を求める私に意味を与えるのは私であり、意味を求めるあなたに意味を与えるのはあなたなのです。

宇宙において、あなたは特別な場所（中心）にいるわけでもないし、特別な存在でもありません。しかし、意識があり、意味を求めるあなたが、宇宙を舞台とする「あなた」というストーリーの中心、主人公であることは間違いないです。

02

Q 宇宙はいつまで膨張を続けるのですか？

A 宇宙は永久に、どんどんスピードを上げて、加速膨張し続けます。

Message

ダークなエネルギーは自分のために、人のために、そして社会のためにも役に立ちます。ダークなエネルギーの使い方を知ることが大切です。

■宇宙は60億年ほど前から、加速膨張している

宇宙観測はある意味ではタイムマシーンです。光のスピードは有限ですから、遠くの銀河からの光は、その光が発せられた過去の光なのです（第3章第3節）。よって異なる距離にある銀河は、宇宙の歴史を教えてくれます。現在から過去を振り返っていって、時間ごとにどう銀河のレッドシフト（銀河の場所の膨張速度による波長の変化：本章第1節）が変化してきたかを調べれば、宇宙がどのように膨張してきたのかがわかります。

そのためには、ハッブルが観測した銀河よりも、より遠くにある銀河の距離とレッドシフトを観測しなければいけません。銀河のレッドシフトは銀河のスペクトルを観察し、その中に見られるスペクトル線のシフトを調べればわかるのですが、ハッブルが使用したセファイド変光星では近傍の銀河の距離しか測定できません。

そこで、セファイド変光星よりも10万倍明るい標準光源、超新星爆発タイプIa[*4]を使い、遠方の銀河の距離を計算した2つのグループがありました。それらのグループが1998年に大発見をします[*5]。60億年ほど前から、宇宙は加速膨張していることがわかったのです！

例えば、地球の重力場でりんごを上に投げるとりんごはどんどん減速し、いずれ下に落ちてきます。しかし仮に、上に投げたりんごが下に落ちてこなかったらびっくりしますよね。落ち

てこないばかりか、どんどん上に加速していくとしたら？　さらにぶったまげます。この現象がまさしく宇宙スケールで起こっているのです。

宇宙にあるノーマルマターとダークマター（第2章第8節）は、内向きの重力を作り宇宙の膨張を減速させます。地球の重力がりんごを減速させるのと同じです。しかし、その重力に反して宇宙が加速膨張をしているということは、引き付ける重力とは反対方向に宇宙を押し続ける何かがある、と、推測せざるを得ません。この何かを、ダークエネルギーと呼びます。

■ダークエネルギーは反発する重力を生む真空エネルギー

ダークエネルギーは、ダークマターと一緒で、正体がわからないからダークなのですが、「真空エネルギー（空間自体が有するエネルギー）がダークエネルギーなのではないか？」と考えられています。

第4章第3節で話したホーキング放射は、何もない空間（真空）にエネルギー（量子場の揺らぎ）があるからこそ放射されるものでしたよね。空間に真空エネルギーがあることは実験でも検証されています。[*6] そしてエネルギーは重力を作るので（$E=mc^2$）、真空エネルギーも重力を作ります。ただし、ノーマルマターとエネルギーそしてダークマターの重力は、互いを引き付ける重力であるのに対して、真空エネルギーの重力は互いを斥ける重力です。[*7] アインシュタインが

100年前に考えた反発する重力、宇宙定数と同じ働きをするので、ダークエネルギーは宇宙定数、もしくはそれにとても似たものであると考えられています。*8

■ダークエネルギーはどんどん増え、宇宙をさらに加速させる

真空エネルギーは宇宙の空間自体にあるエネルギーなので、単位体積あたりのダークエネルギーの量、つまりダークエネルギー密度は一定です。宇宙が膨張しようがしまいが密度は一定です。その結果、宇宙の総ダークエネルギー量は、宇宙空間が膨張すればするほど、どんどん増えていくことになります。

一方、単位体積あたりのノーマルマターとエネルギーそしてダークマターの量（密度）は宇宙の膨張と共に減っていきます。宇宙が若い頃は宇宙自体が今よりも小さかったので、ノーマルマターとエネルギー、そしてダークマターの密度が高く、引き付ける重力が宇宙を支配していました。だから初期宇宙の膨張は減速していたのです。

しかし、宇宙の膨張と共にその密度がどんどん低くなると、密度の変わらない真空エネルギーの斥ける重力が、引き付ける重力よりも大きくなります。その結果、宇宙の膨張は減速から加速に変わったのです。そして加速膨張で、どんどん大きくなる宇宙の総ダークエネルギー量はさらに増え続けます。増えればさらに宇宙は加速度を増して膨張します。つまり、宇宙は

どんどん加速度を増して、永遠に膨張し続けることが予想されます。

■観測と理論の120桁のずれ

このように、「ダークエネルギーが真空エネルギーである」と考えれば宇宙の加速膨張は説明できるのですが、現存のどんな物理理論でも、このダークエネルギーの観測値を説明することはできません。例えば、理論的に真空エネルギーを計算すると、この観測値を再現できないばかりか、観測値に比べて120桁もずれた値になってしまいます。

ダークエネルギーの観測値は1立方メートルに10億分の1ジュール（J）という、とてもとても小さな値です。ジュールとはエネルギーの単位で、1カロリーが4・18ジュールです。成人が1日に摂取するエネルギー量はおよそ2000キロカロリー、つまり840万ジュール前後であることを考えると、ダークエネルギー密度はとても小さいことがわかりますよね。ダークエネルギーがあることがダークなのではなく、ダークエネルギーの値が非常に小さくて説明できないことがダークなのです。

■ダークエネルギーの小さい宇宙に生まれた私たち

現在の物理理論でこの非常に小さなダークエネルギー密度値を説明できないならば、視点を変えて、私たちはたまたまこのダークエネルギー密度を持った宇宙に存在しているだけだ、と、ただただ受け入れるという論理もあります。「なぜ私たちの宇宙空間は3次元なのか？」という問いに対して、3次元でなければ、人間のような複雑な生命は存在し得なかったからだ、と答える論理と同じです。

例えばダークエネルギーが観測値よりも数十倍大きかったら（それでも数千万分の1ジュール）、ほとんどの銀河は形成されなかったでしょう。ダークエネルギーが初期宇宙におけるダークマターとノーマルマターの収縮を妨げ、銀河に育っていくガス雲ができないからです。そうなっていたら、もちろん太陽や地球が生まれることもありません。ダークエネルギー密度が小さくないと、「なぜダークエネルギー密度が小さいのだ？」と質問をする人間が宇宙に存在できないのです。この理屈を人間原理と言います。[*9]

加速膨張し続ける宇宙はどうなるのでしょうか？

太陽系は？　天の川銀河は？　人間は？　私たちの宇宙の未来と最期を次節以降、考えていきます。

宇宙思考

人にはダークなエネルギーがあります。怒り、攻撃性、競争心、権力欲などのダークなエネルギーは、自分にも他人にも危害を加え負のスパイラルを生み出しますが、同時に、自分のためだけでなく、社会のため、人類のために何か事を成す原動力でもあります。

不正を目にして怒り、立ち上がれるか？
権威にものを言えるか？
競争心を奮い立たせ、自分の限界にチャレンジできるか？
自分の人生のBOSSでいられるか？
社会をリードできるBOSSになれるか？

ダークなエネルギーがない人は「害がない」人というだけで、必ずしも「いい」人ではないですし、素晴らしい人ではありません。

ダークなエネルギーは、宇宙のダークエネルギーと同じ、空間＝存在の基盤に潜在する途轍もないエネルギーであり、可能性を秘めています。そして、あなたは気づいていないかもしれませんが、あなたの中にもダークなエネルギーはあります、あったほうがいいのです。ダークエネルギーに満ちた自分をコントロールし、方向性を与えられる人が、途轍もないエネルギーを解放し、創造に繋げることができるからです。人のために、よりよい社会を創るために、動くことができるのです。

03

Q 人間はあとどれくらい地球に住んでいられるのですか？

A 太陽は毎秒1000ワットの電球1000万個ずつ明るくなって、およそ10億年後、地球の水を蒸発させます。その問題を解決できたとしても、太陽はさらに巨大化し、地球を飲み込むかもしれません。数十億年後には脱出しましょう。太陽系内の惑星をテラフォームするか、太陽系外惑星を探します。どれも無理なら、スーペースコロニーで暮らすか、それもダメなら、DNAを宇宙にばら撒くか、意識をコンピュータにアップロードするという選択肢が人類に残ります。

Message

人類が地球を脱出し、他惑星をテラフォームして移住できるようになるためには、大量消費、環境破壊、自己中心的競争による自滅を避け、生命の進化を妨げる未来のグレートフィルターがないことを体現していきましょう。

■太陽の運命は地球の運命

太陽の光は地球上に住む人間、動物、植物のエネルギー源です。太陽の光がなければ地上に住めなくなります。ガソリンのない車は動かないのと同じです。しかし逆に、太陽の光が今以上に明るくなっても、人間も動物も植物も生きることができなくなります。そして太陽が毎秒パワーアップしているのは事実です。

太陽は、中心核で水素をヘリウムに融合することで輝いているという話を第2章第5節でしましたが、この融合率が毎秒パワーアップしているのです。太陽光のエネルギー量（ワット数＝ジュール毎秒）は1億年に1％、1年にすると1億分の1％ずつ増えているだけなのですが、1秒ごとに100ワット電球およそ1000万個分ずつ明るくなっているのです。

地球は太陽から十分離れていますから、これから数億年間、この太陽エネルギーの増加が地球に影響を与えることはありません。ひとまず安心です。一方、現在、地球が直面している温暖化は太陽のせいではありません！　人間のせいです。よって地球環境を修繕し、自滅を避けることが優先です。地球滅亡が不安な方は、地球の諸問題を解決してから、地球脱出計画を考えるべきだと思います。

■水の蒸発

今からおよそ10億年後、さらにパワーアップした太陽エネルギーで、地球の平均気温は人間の体温を超え、川も海も、水という水は全て蒸発してしまうことでしょう。

この太陽による温度上昇を人工的に食い止める方法もあります。例えば、地球の温度が上がり始めたら、炭酸カルシウム（石灰石）などの粉末を地上10～50キロメートルに広がる成層圏にばら撒き、太陽光を遮断するという方法です。[*10] 過去に、隕石の衝突や大火山は煙と灰で地球を覆い、地球スケールの平均気温を低下させました。その結果、恐竜を含め多くの生物が大量絶滅しましたが、この原理を上手く使い、いらない太陽光を遮断するのです。[*11]

成功すればもう少しの間地球に残れるかもしれませんが、地球脱出計画は同時進行で進めていきましょう。どんどん太陽が巨大化していくからです。

■太陽の巨大化、赤色巨星

それからおよそ40億年間、太陽はパワーアップを続け、中心核にある最後の水素がヘリウムに融合される時、太陽に大きな変化が起こります。まずは、中心核のエネルギー生産が止まると、自身の重さをサポートできなくなった中心核が収縮します。収縮すると周りの温度がどんどん高くなるので、核の周りの水素がものすごい勢いで融合を始めます。その結果、太陽は現在の数千倍の明るさに輝き始め、金星を飲み込むまでに膨張し、赤色巨星になるのです。

もうこの頃までには、地球は溶け、大半は蒸発してしまいます。それまでに、太陽系の惑星を人間が住むことができるようにテラフォームするか、人間が住むことができる太陽系外惑星を探し（テラフォームし）移住する必要があります。時間は十分にありますから、頑張りましょう。

赤色巨星の中心核はさらに収縮を続け、温度は上がり続けます。太陽が赤色巨星になってからおよそ10億年後、核の温度が1億度に達すると、そこでヘリウム融合が始まり、炭素を作り始めます。すると、融合の圧力により核の収縮が止まるので、太陽のバランス（重力＝圧力）が戻り、太陽がまた小さくなります。ヘリウム融合は高温高速に進んでいくので、1億年ほどで核のヘリウムも全てなくなってしまうでしょう。

ここからは先ほどとよく似ています。エネルギー生産の止まった核はまた収縮し、周りのガスを温め、周りのヘリウムと水素ガスの融合が始まり、太陽はパワーアップ、再度膨張します。太陽がまた、さらに大きな赤色巨星になるのです。そのときはもしかしたら地球も飲み込んでしまうかもしれません。[*12] パワーアップした赤色巨星はとても不安定です。よって、太陽の外層が何度も何度も星風で剥がれていきます。そして星風に乗ったガスが様々な色に発光する、とても美しい惑星状星雲ができます。

■太陽の最期、白色矮星

惑星状星雲の中にあり、惑星状星雲の光が途絶えてもなお残っているのは、電子の量子圧力[*13]に支えられた、余熱で輝く太陽の中心核です。これを白色矮星と言います。そして、赤く熱を持った木炭が静かに熱を発して暗くなるように、白色矮星は数百万年から数千億年の時をかけて静かに光を発し、見えなくなります。黒色矮星になるのです。人類はどこから、この太陽の最期を見ているのでしょうか？

■地球脱出計画序幕

人間の祖先がアフリカのサバンナで立ち上がってから、まだ400万年ちょっとしか時が経っていません。私たちが地球に住むことができる時間はその100倍以上、太陽の進化で地球の水が蒸発し始めるまでは、地球に住むことができるはずです。人類がその頃まで戦争や環境破壊などで自滅することなく地球に繁栄することができるのなら、おそらく未来の人間は、知的レベルも生物学的にも今の人間とはかなり異なるのではないか、と想像しますが、どうでしょうか？

地球に住めなくなる前に、人類は、近傍の惑星か衛星に移住を開始するべきです。人間に必要なのは大気と温暖な気候、そして液体の水です。３つの条件を満たす惑星もしくは惑星の周りを軌道する衛星はどこにあるのでしょうか？

■太陽系内のハビタブル惑星（衛星）をテラフォーム

現在太陽系で液体の水が存在可能な領域にあるのは、地球と火星のみです。この領域をハビタブルゾーンと言いますが、私たち人間が移住可能な惑星を探す第一歩は、ハビタブルゾーンに惑星があるかどうかを確かめることです。

次に、惑星に温暖な気候と液体の水を保持する大気があるかどうかを調べます。そのための指標が惑星のサイズです。惑星は小さ過ぎても、大き過ぎてもダメです。

例えば火星の場合、液体の水は30億年程前にほぼ全て蒸発してしまったようです。理由は火星が小さ過ぎるからです（火星の質量は地球のおよそ9分の1です）。小さい惑星は冷却しやすく、内部の液体金属の動きが止まり、磁場がなくなってしまいます。[*14] 磁場＝磁気圏がないと、太陽の風（放射線・宇宙線）が大気をイオン（電離）化し、剝ぎ取ってしまいます。すると大気の圧力が下がり、水が蒸発し、水分子を含む大気はさらに太陽風に剝ぎ取られます。その結果が現在の火星です。

火星の大気圧は地球の1％以下、気温は平均マイナス60度で、液体の水はありません。火星はハビタブルゾーンにあっても、人間にとってはハビタブル（居住可能）ではないのです。よって、火星に移住するには火星をテラフォームしなければいけません。

一番の問題は大気です。例えば、人間が現在の火星にスペーススーツなしで立ったら、酸欠の前に体中の液体が沸騰し、1分以内に死んでしまいます。しかし大気を作る前に、作り始めた大気が宇宙線で破壊されないように、人工磁気圏（例えば電磁石を太陽と火星の間に置く[*15]）を作る必要があります。

次に、十分な大気圧を作り、大気のグリーンハウス効果で温度を上げ、液体の水を確保する必要があります。そのためには、地下深くに隠れているかもしれない鉱石から二酸化炭素を炙り出すか、スペースロボットを操作して、窒素、二酸化炭素、水がふんだんにある彗星を1万個程度、火星にぶつけるという手段が考えられます。そうすれば、充分な大気ができ、深い海もできるでしょう。[*16]

そして、酸素も必要です。大気中の二酸化炭素から作った酸素（MOXIE[*17]）で満たされた温室、「ワールドハウス」内に住みながら、外では二酸化炭素を食べて酸素を発生する（光合成）細菌を繁殖させ、長期間かけて酸素を作ります。

ただ、これらの施策は現在のテクノロジーでは不可能なことばかりですし、火星全体のテラフォームは無理かもしれませんから、部分的に地球化、パラテラフォームを目指します。パラテラフォームでも、完成までにおそらく１００年以上の時を要することでしょう。しかし地球の水が蒸発するのはおよそ10億年後ですから、（パラ）テラフォームのためのテクノロジーを開発する時間は十分にあります。

その後、太陽が膨張して赤色巨星になると、このハビタブルゾーンが外に移動し、木星と土星がハビタブル惑星になりますが、これらの惑星はガス惑星であり、人間が立てる地面はありません。理由は、ガス惑星の中心部にある固体惑星が大き過ぎるからです。

木星や土星のような惑星は、形成当時から現在に至るまで、太陽から離れた温度の低い場所、ハビタブルゾーンの外にあります。ハビタブルゾーンの外では、周りの水は凍り、固体状態です。またアンモニアや二酸化炭素なども固体ですから、初期の木星や土星はそれらの固体を集めて、地球や火星のような地球型惑星よりも大きく成長したのです。すると、自らの重力で周りのガスを大量に集めることができるようになり、木星や土星は巨大なガス惑星になったというわけです。

よって、ガス惑星に人間は移住できません。では、ガス惑星の周りの衛星はどうでしょうか？　巨大な木星や土星の周りにはモノやガスが集まったので、衛星も80個前後できました。[*18]例えば木星のエウロパや土星のエンセラドスなどは氷で覆われており、氷の下には液体の水も豊富にあるようです。

しかし残念ながら、衛星はほとんどが火星よりも小さいので、将来ハビタブルゾーンに移っても十分な大気を長期間に亘って維持することは難しいようです[*19]。人類はスペースコロニーで暮らしながら、これらの衛星も人工的にテラフォームまたはパラテラフォームする必要があるようです。もしくは太陽系を脱出しましょう。

■太陽系外惑星の可能性

太陽から最も近い星に地球と似たサイズのハビタブル惑星があります。ケンタウルス座アルファという3つの星から成る連星の中でも、最も近くにある（4・2光年）プロキシマ・ケンタウリ星のハビタブルゾーンに、なんと！　地球サイズの惑星が近年見つかったのです。その惑星はプロキシマbと言います。質量は地球の1・27倍で、もしかしたら移住可能かもしれません。

プロキシマ・ケンタウリ星は赤色矮星です。星の中では最も質量が小さく、よって最も温度が低く、他の星よりもゆっくり時間をかけて水素を融合しますから、エネルギーの総放出量は小さいです。そのうえ、赤色矮星は、太陽と異なり、主に赤外線を放射するので、かなり近接した場所がハビタブルゾーンになります。例えばプロキシマbの公転周期はたったの11日（地球の公転周期は1年）、公転半径は水星と太陽の距離のおよそ8分の1しかありません。

星からの距離が近いと潮汐力の影響を受けます[*20]。月が地球に対して常に同じ面を見せて公転しているように、プロキシマbも半分は常に昼、半分は常に夜という環境なのではないかと考えられています。星の放射による昼側の熱が何らかの方法（大気や海の対流）で動き、温暖な大気が維持されているのならば、夜側から大気が凍てつくことなく、人間の移住が可能かもしれません[*21]。

さらに、赤色矮星のハビタブル惑星は近距離であるが故に、その星が爆発的に噴き出す高エネルギー放射（UV／X線）や宇宙線の影響を受けやすくなります。これは太陽フレアと同じ現象です。近距離からのフレアが惑星の大気を剝がしてしまったら、火星のように、大気も液体の水もなくなってしまいます。さらに、プロキシマ・ケンタウリ星は、数兆年以上の寿命があるのですが、まだ49億年しか生きていないのでかなり不安定です[*21]。よって、近距離＋頻繁に起こる爆発的エネルギー放出から大気と液体の水（あると仮定して）を守り続けるためには、厚い大気と頑丈な磁気圏があることが必須になります。

全ての条件が整っており、数十億年後、プロキシマbに移住ができたら、夜側に生活の基盤を置いたほうがよさそうです。フレアによる紫外線の影響で細胞が破壊されないように気をつけるのです。可視光は人工的に作れます。4・2光年離れた惑星に移住できるようなテクノロジーを持った人類はエネルギー問題をとうに解決済みのはずですから問題はないでしょう。また、スペーススーツを着用すれば昼側に遠足も可能だと思います。

実はもうすでに、切手サイズの宇宙船「スターチップ」を光速の20％にまで加速させ、プロキシマｂの観察をするブレークスルー・スターショットというプロジェクトが発動していることを知っていますか？[*22]つまり人間はもうすでに、プロキシマｂの下見の準備をしているのです。

プロキシマｂがダメなら、11光年先にRoss128bという惑星がありますし、40光年先のトラピスト1という星の周りには地球型惑星がいくつかあり、これらの惑星に移住可能かもしれません。しかしどれも赤色矮星の周りにある惑星です。Ross128の年齢は95億年、プロキシマ・ケンタウリ星のように爆発的エネルギー放出をしない静かな星のようですが、どの惑星も十分観察したうえでないと答えは出せません。

■最後の手段

どの惑星にも移住が不可能であれば、スペースコロニーで暮らすしかありません。しかし、コロニーが人類を持ち堪えられなくなる、もしくは格差による戦争が起こるなどの理由で、壊滅する可能性もあります。

こうなったら、人類には、自分たちが生き残ろうとするのではなく、長い目で見て人類のDNA（例えば人類と共に生きてきた微生物）を小型宇宙船で銀河中にばら撒き、生命を存続させる方法が残されます。もしかしたら、私たちもそうやって生まれた宇宙人の子孫かもしれません。

または、その頃には人間の意識をコンピュータにアップロードして永遠に生きることができるようになっているかもしれません。[*23]意識をアップロードすることができるようになり、人の脳が永遠に生き続けることができるのであれば、生物学的子孫は特に必要でなくなるのかもしれません。

■天の川銀河とアンドロメダ銀河の合体

現在、アンドロメダ銀河は毎秒110キロメートルの猛スピードで、私たちの天の川銀河に近づいています。太陽がパワーアップして、人類が地球脱出計画を立てている間に、私たちの天の川銀河と近所のアンドロメダ銀河は、互いに向かってどんどん加速していくのです。[*24]

その時人類がどこから夜空を見ているかはわかりませんが、どこにいようがその夜空に見えるアンドロメダ銀河は徐々に大きくなり、数十億年後、アンドロメダ銀河の光が私たちの夜空を埋めることでしょう。

そして今からおよそ38億年後、アンドロメダ銀河と天の川銀河は衝突します。その衝撃で両銀河のガスが収縮し、星が爆発的に形成されることでしょう。大きな星は爆発し、さらに星の形成を誘発します。それから1億年ぐらいの夜空がもっとも明るく美しいかもしれません。ぶつかる、と言っても、銀河の9割前後は重力以外には何も反応しないダークマターでできていますから、銀河と銀河の大半はお互いを通り抜けていきます。しかし、お互いの潮汐力（第4章第2節）でガスや星が引き伸ばされ歪むので、銀河の形はかなり変形するでしょう。

勢いで互いから離れていくとはいえ、2つの銀河は絶えず引かれ合っているので、どんどん減速していき、今からおよそ47億年後、アンドロメダ銀河と天の川銀河は互いに向かって再度突進、数億年後にはまた衝突します。星を作るガスは全て使い果たされ、円盤状に分布していた星々も軌道から外れるので、2つの銀河を見分けることができなくなります。

それ以降、離れてはぶつかり、ぶつかっては離れるを何度も繰り返し、今から70億年後頃までには、アンドロメダ銀河と天の川銀河は完全に合体します。2つの銀河の周りにある子銀河たちもいずれは全て合体し、局部銀河群（第1章第1節）が大きな塊、1つの銀河になるのです。

この銀河にはもうすでに名前があり、ミルコメダ銀河と言います。英語で天の川銀河はミルキーウェイなので、アンドロメダと名前をくっつけてミルコメダというわけです。ミルコメダ銀河は、小さくて寿命の長い星々からできる、黄オレンジ色に輝く楕円銀河になります。合体時にはアンドロメダ銀河と天の川銀河の中心にある超巨大ブラックホールも合体するはずです。

■星と星はぶつからない

一方、銀河と銀河が合体しても星と星はぶつかることは（ほぼ）ありません。恒星ブラックホールが太陽系に衝突することはない、という話を思い出してください（第4章第5節）。星と星をグレープフルーツの大きさまで縮小し、宇宙全体も同じように縮小すると、星と星の間の距離は日本とボルネオ島ぐらい離れており、よって衝突する可能性はかなり低いのです。ですから、銀河と銀河が衝突、合体しても、星々は互いを通り抜けていくだけなのです。私たち人間そして太陽と太陽系及び近傍の星々と惑星も、何の影響を受けることなくそのままであると予想されます。

私たちの子孫は、衝突による爆発的星形成で青白く輝く夜空をどこから見ているのでしょうか？　ミルコメダ銀河の一部になり黄オレンジ色に輝く夜空をどこから見ているのでしょうか？　星の光が絶えるまで、どこかで、星々を見上げている人類がいたらいいなと思います。

宇宙思考

天の川銀河には数千億個の星があり、地球サイズの惑星は数億個あると予測されるので、地球外生命はかなりの高確率で存在すると考えるのが自然です。さらに、地球サイズの惑星の平均年齢は地球よりもおよそ20億年高いことを考えると、どこかの生命体が、星のエネルギーを制覇する高度知的生命体に進化する時間は十分あるようです。

しかし、そんな高度知的生命体は、私たちの前には現れません。もしかしたら、地球の生態系や文化の進化を邪魔しないよう、ナノテクノロジーで私たちをこっそり観察しているかもしれないし、地球を観察後、「知的」生命体はいないと判断し、ガン無視されているのかもしれません。

もしくは、人間のような知的生命体が星間文明のテクノロジーを発展させる過程には大きな難関があり、この難関で全ての知的生命体は全滅（自己破壊？）してしまうのかもしれません。それならば、天の川銀河内に高度知的生命体がいないことは説明できます。

この科学技術の発展にある難関をグレートフィルターと言います。そして、高度知的生命体がいない理由がこのグレートフィルターならば、私たちもいずれは全滅してしまうことになります。

ではこのグレートフィルターに達する前の、宇宙観察を行える私たちのような知的生命体はなぜ見つからないのでしょうか？　見つかるかもしれません。人類が本格的に地球外知的生命体探査を始めたのはたった50年程前です。探査が終わった天の川銀河内の空間と電波の周波数の領域は、未探査領域を地球の海に喩えると、お風呂の桶1杯分に過ぎません。その中に魚が入っていなくても結論は出せないというのが現状です。

2017年に史上初、太陽系を通過していった恒星間天体、オウムアムアが観察されました。人類にとっては恒星間天体との遭遇は初めてだったので、観察する用意ができておらず、正体がわからないまま、オムアムアを見失ってしまいましたが、それ以降、未確認飛行現象（UAP）を科学的に探査及び研究するプロジェクトが、2021年にハーバード大学で[注1]、2022年にはNASAで立ち上がりました[注2]。知的レベルが未熟な人類でさえもプロキシマ・ケンタウリ星にミニ探査機を送り出す計画を立てているのです[注3]。よって、他の知的生命体の探査機やAI宇宙船、または科学技術発展のグレートフィルターがあるならば、そのフィルターによって絶滅した知的生命体の文明の遺産を運ぶ何かが、探せばあるような気がします[注4]。

一方、どのレベルの知的生命体も、グレートフィルターで滅びた文化遺産も、一切、天の川銀河内に存在しないのならば、私たち人間は超稀な存在なのかもしれません。しかしこの場合は、生命の誕生もしくは道具を使う知的生物への進化の難関があったことになります。これもグレートフィルターです。私たち人間視点から見て、未来にグレートフィルターがあるのか？　過去にグレートフィルターがあるのか？　どちらがいいですか？

私たち人類が星間を周遊できる高度知的生命体に進化するためには、グレートフィルターは私たちから見て未来ではなく、過去になければいけないということになります[注5]。つまり私たちは天の川銀河で唯一の知的生命体である、という論理になります。

もしくは、グレートフィルターは未来にも過去にも存在せず、数多くの高度知的生命体がただ単に、天の川銀河内にうまく隠れているだけなのかもしれません。この場合も、私たち人類がいずれ、高度知的生命体に進化できる可能性は残ります。

ただし私たちが、過剰消費と環境破壊、そしてつまらない競争を続ける限り、未来のグレートフィルターは私たちの目の前に立ちはだかる、ということを覚えておかなければいけません。

※注１　２０２１年7月：ガリレオ・プロジェクト　https://projects.iq.harvard.edu/galileo
※注２　２０２２年6月：NASA UAP Independent Study　https://science.nasa.gov/uap
※注３　ブレークスルー・プロジェクトhttps://breakthroughinitiatives.org/initiative/3
※注４　『オウムアムアは地球人を見たか』（早川書房）
※注５　"Where are They?" Nick Bostrom MIT Technology Review 2008
※注６　いわゆる宇宙人がいたとしても、地球を植民地化しようと思うような愚劣な宇宙人はいないでしょう。そのような思考は、強欲で傲慢な私たち人間の思考です。星間を周遊できるような宇宙人は星のエネルギーを制覇しているのです。私欲を超えて、エネルギー問題も、環境問題、食料・水問題、都市問題も解決できた高度知的生命体の思考は、私たちには想像もできない崇高なものだと思います。

04

Q

ダークエネルギーにより加速膨張を続ける宇宙の未来はどうなるのですか？

A

宇宙の未来は4通り予想できます①スカスカになって時間の方向がなくなる宇宙、②知らないうちに瞬時に抹殺される宇宙、③全てが引き裂かれる宇宙、④宇宙が収縮しビッグバウンスで生まれ変わる宇宙です。

Message

あなたは宇宙の一瞬しか生きられないけれど、過去と未来を繋げる大事な一瞬です。

■宇宙の最期

ダークエネルギーと加速膨張宇宙の解釈に従うと、一番可能性の高い宇宙の終わり方は①ヒートデス（熱的死）だと考えられています。しかし、ヒートデスに向かう途中で②真空崩壊により私たちの慣れ親しんだ宇宙が破壊されるかもしれません。また、③ビッグリップで終わる可能性も現時点では完全否定できません。もしかしたら、宇宙は加速膨張から収縮に向かい④ビッグバウンスで宇宙は生まれ変わり、宇宙の歴史は繰り返す（サイクル）のかもしれません。どんな終わり方が未来に待っていようと、ひとまず宇宙は加速膨張を続けます。

ここから順番に、これら４つの宇宙の終焉モデルを解説していきます。

1　ヒートデス（熱的死）

――ヒートデス

現存の観測結果から導かれる一番可能性の高い宇宙の終焉はヒートデス、つまり熱による死です。熱とは、「熱い」という意味ではなく、排ガスのような使用後に出る熱であり、そこから何かを作り出したり動かしたりすることができない熱を意味します。第２章第６節で触れた、使えないエネルギーが熱です。ヒートデスで終わる時の宇宙は、実はとても冷たく、限りなく絶対温度0K（摂氏マイナス273度）に近い温度です。

つまりヒートデスは、宇宙のエントロピーが最大に達し、温度が一様になり、使えるエネルギーが一切なくなる状態のことを指しているのです。よって、ヒートデスに向かって、宇宙ではどんどん何も起こらなくなります。何かを起こすための使えるエネルギーがなくなるからです。

ここからは、ヒートデスに至るまでの宇宙の進化を辿ります。

―銀河が見えなくなる

天の川銀河がミルコメダ銀河の一部になり、白色矮星になった太陽が光を失った後も、他の銀河は私たちからどんどん遠ざかっていきます。そして今から数兆年後、おとめ座超銀河団（第1章第1節）に属する銀河以外全ての銀河が、夜空から消え去ります。

―宇宙のイベントホライゾン

夜空から銀河が消え去る理由は、光のスピードを超えてどんどん加速していく空間の流れに、銀河も銀河からの光も流されていってしまうからです。第4章で話したブラックホールのイベントホライゾンに似ていると思いませんか？

空間が光速以上で動きはじめる境界がイベントホライゾンです。実は、宇宙にもイベントホライゾンがあるのです。しかし、ブラックホールのイベントホライゾンとは逆で、宇宙のイベントホライゾンの中には、何も、光でさえも入ることはできないのです。

そして、第6章第1節で話す宇宙を満たすビッグバンの残光でさえ、宇宙の膨張で波長が引き伸ばされ、全く観測不可能になります。つまり、宇宙の過去の情報も一切受信不可能になってしまうのです。

── 恒星の光が消える

そして今から100兆年後、宇宙で一番長生きした星、赤色矮星が白色矮星になり、宇宙から核融合で輝く恒星が消えます。白色矮星は数千億年で熱を放射しきって黒色矮星になります。そして、ブラックホール、中性子星と黒色矮星、その周りにサバイバルした惑星のみが宇宙に残ります。地球もまだ、元は太陽だった黒色矮星の周りに存続しているかもしれません（本章第3節）。

── 銀河が消える

しかし今から1000兆年後には、星（ブラックホール、中性子星と黒色矮星）の動きによる重力効果で、全ての惑星がその軌道から弾き飛ばされ、バラバラに蒸発していきます。

さらに、今から100京〜1000京年後までには、銀河の星々も、互いの重力効果でバラバラに蒸発し、重いブラックホールならば銀河中心にある超巨大ブラックホールに落ちてゆき、全ての銀河はなくなります。ダークマターもブラックホールに落ちていきます。落ちないダークマターもおそらく対消滅して消えると予想されます。

── 原子が消える

今から10^{40}年後までには、原子核は全てなくなり、宇宙に残るのはブラックホールと素粒子のみになります。原子核を作る陽子のパートナーである中性子は、陽子と電子と反ニュートリノに崩壊し、陽子も陽電子と光子に崩壊すると予想されます。陽子の崩壊は実際に観察されてはいないので、その崩壊までの時間を正確に予測することはできません。

── ブラックホールが消える

そして今からおよそ10^{106}年後までには、ブラックホールも、小さいものから順に、ホーキング放射で蒸発します。宇宙に残るのは乱雑に動く素粒子のみです。その後も宇宙は加速膨張を続けるので、銀河やビッグバンの残光が宇宙のイベントホライゾンから消えたように、全ての素粒子も消え去ることでしょう。ダークエネルギーのみが支配する宇宙がやってきます。

―時間の矢が消える

それでも宇宙に熱（ヒート）があり、温度があるので、宇宙は微かに輝きます。何もない空間にある宇宙のイベントホライゾンは　何もない空間にあるブラックホールのイベントホライゾンと同じです。宇宙のイベントホライゾンにも温度があり、宇宙はその温度、10^{-30}Kによるホーキング放射で輝きます。現在の観測可能な宇宙の大きさの30倍もある波長の光が、イベントホライゾンの中、私たちがいた宇宙空間を照らします。

この時点で宇宙は最大のエントロピーに達しました。どこを見ても全く同じ、これ以上何も変わらないし、よって時間の方向さえもなくなります（第3章第4節）。これがヒートデスです。

―無限の中の可能性

エントロピー最大のヒートデスの中でも時間は無限にあるので、量子的、統計的に何かが起こる可能性が残ります。例えば、いきなりどこかで低エントロピー状態が生まれ、考える脳（ボルツマン脳：あなたのこれまでの記憶をそのまま持って生まれ、あなたの「現実」にあなたは生きていると考える、つまり、あなたと区別はつけられない脳のこと）が生まれる可能性もあるし、量子的揺らぎで星や新しい宇宙でさえも生まれてしまう可能性もあります。

可能性はとても低いのですが、無限の時間があれば、物理法則で許される限り、ほぼ不可能なことが可能になってしまいます。ダークエネルギーの支配する宇宙は続き、あらゆる可能性が無限の時をかけて現実化してしまう無限の空間が残るのです。

2 真空崩壊

真空崩壊は、どんな進化をする宇宙でも起こりうることです。真空が崩壊するとは、真空のエネルギー状態がより安定した状態に移動することです。

── 真空は舞台（場）

真空はいろんなことが起こる可能性を秘めた様々な素粒子の舞台からできています（第4章第3節）。電子の舞台があり、光子の舞台があり、クォークの舞台などがあります。例えば、光子の舞台は磁石の周りに鉄粉をばら撒くと間接的に見える、電磁場です。ヒッグス場はヒッグス粒子という素粒子の舞台です。そして、このヒッグス場が真空崩壊を引き起こすかもしれないのです。

── ヒッグス場

2012年に大型ハドロン衝突型加速器（LHC）で発見されたヒッグス場（粒子）は、素粒子に質量を与える場です。ヒッグス場がなければ、電子もクォークも質量がないままで原子が

図 41

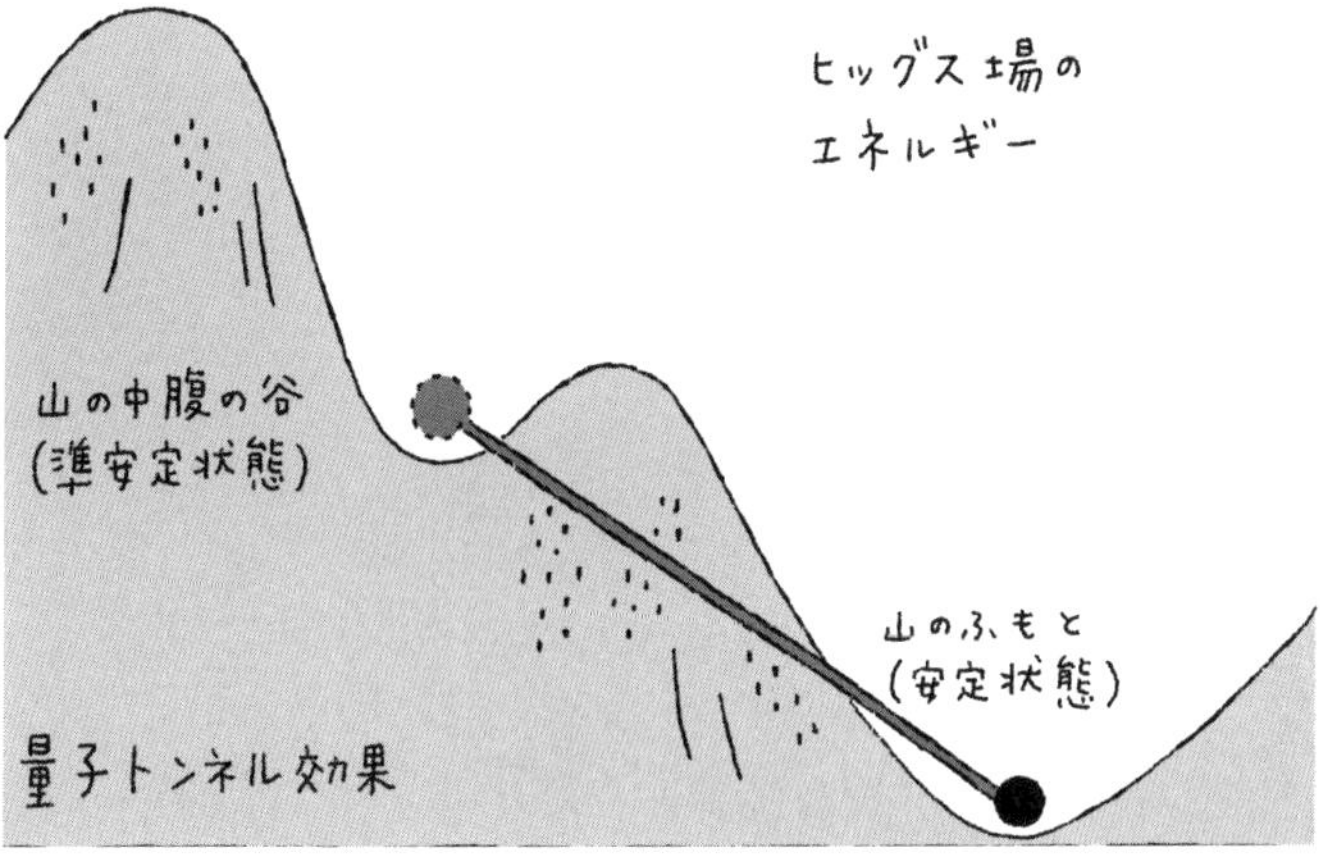

形成されることはないでしょう。つまり星も人間も存在できないということです。

質量とはあるモノに力を加えた時の動かしにくさを表す指標ですから、ヒッグス場は空間を満たす泥のようなものだと考えてください。空間内で許される最高スピード、光速で動こうとする電子やクォークが、ヒッグス場があることで動きにくくなり、その動きの悪さが質量として現れるのです。

―真空崩壊

ヒッグス場は初期宇宙から現在に至るまで比較的安定したエネルギー状態にありますが、ヒッグス場にはさらに安定したエネルギー状態があるようです。現在のヒッグス場がどの状態にあるかを山に喩えると、最も安定した真の安定状態が山の麓にあるのですが、現在は中腹の比較的安定した谷（準安定状態）にあるといったところです（図41）。

山の上から岩を転がすと、岩はまず、中腹の谷で止まってしまいますが、谷に阻まれなければ麓まで転がっていったことでしょう。麓のほうがさらに安定しているからです。よって何らかの方法で谷を越えるだけのエネルギーを得れば、いずれ麓の安定状態へ移動します。これが真空崩壊です。

ブラックホールなどの高エネルギー現象が誘発するという説もありますが、外的要因がなくても、エネルギーと時間の不確定性により、量子トンネル効果でいつか、その谷を越えることができるはずです。太陽も稀な量子トンネル効果でギラギラに輝いていることを思い出してください（第2章第5節）。

現在のヒッグス場は、電子やクォークなどの素粒子にちょうどいい質量を与え、全てがちょうどいいバランスにあるから、原子があります。原子があるから、星があり、生命があり、私たち人間がいるにもかかわらず、このヒッグス場が真空崩壊したらどうなると思いますか？

── 真空崩壊のバブル

このヒッグス場が、ある日突然宇宙のどこかで、谷から麓へ移動すると、まずそこで小さなバブルが生まれます。谷と麓の（ポテンシャル）エネルギー差が解放され、バブルは膨張し、周りのヒッグス場の状態も谷から麓へ引き落とそうとします。しかし、谷を越えるのは大変なので周りは抵抗します。バブルが小さいとそんな抵抗に負けて萎んでしまい、自らが元の谷に戻り消滅してしまいますが、十分大きなバブルができれば、周りの抵抗に負けず周りをどんどん引き込み、光速で膨張していきます。

そして周りの宇宙の素粒子の質量を、今の質量とは異なる質量に塗り替えていくのです。すると、私たちの知っている原子や分子を作るバランスが崩れ、原子や分子が存在できなくなります。銀河も星も惑星も瞬時に消えていきます。そのバブルが太陽系にもやってきたら、地球も人間も全てが瞬時に消え去ることでしょう。

―― 真空崩壊が宇宙のどこかで起こっていても知りようがない

バブルは光速で膨張していくので、このバブルが地球に来ることを事前に予測することは不可能です。膨張するバブルの表面の位置を確認するためには、その表面から発せられる、もしくはその表面に反射する光や重力波を観測する必要がありますが、それらの信号とバブルの表面は、両者共に光速で動く故、地球に信号が到達すると同時に、地球はバブルに飲み込まれてしまうということです。

もしかしたら、真空崩壊したバブルがもう今、10光年先まで迫っているのかもしれません。10光年とは光速で10年動いて進める距離です。もしそうならば、私たちは何もわからないまま、今から10年後、太陽系と地球と共に瞬時に抹殺されることでしょう。真空崩壊による死は、ブラックホールでスパゲティになって死ぬよりも、さらに快適な死に方だと思います。死の到来がわからないため、怯えなくて済むからです。

一方、もうすでに真空崩壊が起こっていたとしても、それが宇宙のイベントホライゾンの外で起こっていれば、私たちの観測可能な宇宙は安全です。理由は、イベントホライゾンより外の宇宙は私たちに対して光速よりも早く膨張しているからです。真空崩壊のバブルは光速で広がるので、荒れた川の流れに逆らって、どれだけ泳いでもどんどん川に流されていくように、真空崩壊のバブルは空間に流され、イベントホライゾンを越えることはできません。

しかし、真空崩壊がイベントホライゾンの中で起こっていれば、私たちの宇宙はいずれ、真空崩壊バブルに飲み込まれ破壊されることでしょう。真空崩壊がイベントホライゾンの中でいつ起こるのか、正確に予測することはできませんが、確率的に早くておよそ10^{100}年先だと予想されています。近い将来に抹殺されることはなさそうです。ひとまず安心できますね。

一方、宇宙が無限ならば（第6章第2節）、宇宙のどこかで、もうすでに真空崩壊が起こっていることでしょう。さらに、崩壊するのはヒッグス場だけとは限りません。ダークエネルギーの真空もいずれは崩壊するかもしれません。

3 ビッグリップ

―ダークエネルギーがファントムエネルギー

現存の観察結果によると、ダークエネルギー密度は一定であるようなのですが、誤差の範囲内で時間変動する可能性もあります。ほんの少しずつでもダークエネルギー密度が増えていくのなら、宇宙の加速は想像を絶するものになります。そして空間自体が宇宙の全てを無惨に引き裂いていくでしょう。

例えば星と星の間には空間があります。星と星は重力により、星団として、そして銀河としてまとまっていますが、その重力に勝る斥力で空間が急速膨張すれば、星団は引き裂かれ、銀河も引き裂かれます。原子もスカスカの空間でした（第2章第3節）。原子は電磁気力により、原子としてまとまっていますが、その電磁気力に勝る斥力で空間が急速膨張すれば、原子は引き裂かれます。

このように終わる宇宙モデルをビッグリップと言います。ビッグリップが起こる可能性はとても低いと思いますが、ビッグリップで終わる宇宙のシナリオを、1つの可能性としてこれから紹介したいと思います。

時間ごとに増えていくダークエネルギーのことをファントムエネルギーと言います[*25]。いつビッグリップがやってくるかはファントムエネルギーの増え方によって異なるのですが、観測の誤差で許される範囲でファントムエネルギーを考えると、最も早くて今からおよそ2000億年先にビッグリップはやってくると予想できます。[*26]

2000億年先といえば、天の川銀河がミルコメダ銀河になって、太陽から光が途絶えた後もっと先の話です。ビッグリップの直前まで宇宙は平穏ですから、まだまだ時間がありますご心配なく。

──ビッグリップの直前

ビッグリップの20億年前に、重力で束ねられていた銀河団から銀河が引き裂かれていきます。天の川銀河が属するおとめ座銀河団も引き裂かれるので、夜空の銀河を観察すればビッグリップの到来を予測することができるでしょう。

ビッグリップの1億4000万年前に、重力で束ねられていたミルコメダ銀河から星々が引き裂かれます。夜空はかなり暗くなることでしょう。

ビッグリップの7ヶ月前に、太陽系が引き裂かれ、惑星はバラバラになります。

ビッグリップの1時間前に、地球を含め全ての惑星が引き裂かれ、木っ端微塵に壊滅します。人類はスペースコロニーで生き延び一部始終を見ていると仮定します。

ビッグリップの直前、スペースコロニーが引き裂かれます。これまでファントムエネルギーの負の重力は、天体スケールの正の重力にのみ勝ってきましたが、最後の瞬間に、分子や原子を束ねる電磁気力に勝ち、そして原子核を束ねる核の力にも勝っていきます。

ビッグリップの10^{-19}秒前、人間を作る原子の全てが引き裂かれ、原子核も全て引き裂かれ、宇宙には素粒子だけが残ります。

ファントムエネルギーによる宇宙の加速により、宇宙のイベントホライゾンはどんどん小さくなり、いずれ空間の最小単位プランク長に達すると限界がきます。宇宙はビッグリップの特異点になるのです。極限に小さな空間にものを押し込められるのがブラックホールの特異点でしたが、無限大へものを引き裂いていくのがビッグリップの特異点です。特異点では、現存の物理法則が崩壊します。

しかし、多くの物理学者はビッグリップで宇宙が終わる可能性は低いと考えています。

4 ビッグバウンス・サイクリック宇宙（スロー収縮モデル）

── ビッグバウンスがビッグバン

ビッグバウンスは、宇宙が膨張後、少しだけ収縮し、また新しい宇宙が生まれて膨張が始まる瞬間を指しており、ビッグバンの代わりに宇宙の始まりを説明する宇宙モデルです。ビッグバウンスで前回の宇宙はリセットされ、新しい宇宙が始まり、またその宇宙が膨張と収縮の末、終わりを迎え、次の新しい宇宙がビッグバウンスで始まるという、宇宙の生成が永遠に続くサイクリック宇宙モデルでもあります。

様々なビッグバウンス・サイクリック宇宙モデルがあるのですが、[*27]最近注目を浴び始めたスロー収縮モデル[*28]では、加速膨張して密度が低くなった宇宙が少しだけ収縮してビッグバウンスします。よって全体としての宇宙はどんどん大きくなっていきます。

―クインテッセンス・ダークエネルギー

ビッグバウンスをする宇宙を満たすダークエネルギーは、クインテッセンス・ダークエネルギーといい、時間ごとにその値が減少していきます。よって、現在の宇宙は加速膨張していますが、いずれは減速し、収縮を始めます。

―宇宙の収縮

例えば、今からおよそ1000億年後、宇宙は収縮を始めるとしましょう。その頃まだ存続しているであろう（?）人類が周りの銀河を観測すると、それまでは人類から遠ざかっていくように見えた銀河が180度方向転換し、近づいてくるように見え始めます。

宇宙の収縮の速度はとてもゆっくりです。ビッグバウンス以来、宇宙は1000億年かけて10^{30}倍に膨張するのに対して、10億年で10分の1程度の大きさに収縮するだけです。よって宇宙の中の星や生命に全く影響はなく平穏な宇宙が続きます。

―ビッグバウンスで生まれ変わり続ける宇宙

しかし、収縮が始まっておよそ10億年後、宇宙がビッグバウンスします。クインテッセンス・ダークエネルギーの値と共に変化する、ヒッグス場のような場があると仮定し、この場のエネルギーがビッグバウンスを生むのです。その時の宇宙の温度は10^{28}K！　私たちが慣れ親しんだ現在の宇宙の全てが瞬時に破壊されます。もちろん人類も瞬時に消え去り、リセットされます。そして同時に新しい宇宙が生まれます。

このビッグバウンスモデルによると、私たちの観測可能な宇宙は、以前に加速膨張して密度が低くなった宇宙（10^{30}倍に膨張した宇宙）のほんの一部、原子核の1兆分の1の大きさから、生まれたことになります。私たちの宇宙が終わった後に生まれる新しい宇宙も同じく、原子核の1兆分の1の大きさから生まれます。そして、新しくできる宇宙には、以前の宇宙の光も粒子も残っていません。解放された場のエネルギーから新しい光と粒子が生まれるのです。

また新しくできる宇宙には、以前の宇宙のエントロピーも残っていません。ビッグバウンスはローエントロピーの宇宙の始まりであり、この宇宙のエントロピーは増えていきます。よって、以前と同じように星や銀河が生まれ、生命が生まれるのです。

あなたもいつか、もう一度生まれるのだと思います。私たちがビッグバウンス宇宙に住んでいるのならば、ビッグバウンスは過去にも無限に繰り返されてきましたし、未来へも無限に繰り返されます。つまりあなたも無限に生まれ続け、リセットされるのだと思います。

宇宙思考

私たちは宇宙の一瞬しか生きられません。宇宙の寿命は最も短くて、およそ1000億年ですが、それでも人類の歴史、400万年の2万5000倍です。第1章第2節ではビッグバンから現在に至るまでの宇宙カレンダーを作りましたが、同じように、宇宙の最低寿命1000億年を1年のカレンダーに収縮し、宇宙カレンダーにしてみると、人類はまだ21分しかカレンダーに存在していないことになります。

とても短い時間ですが、こんな短い時間で宇宙をここまで理解し、果てしない時の彼方の宇宙の終焉まで予測できるようになった人間の好奇心と探究心がすごいと思います。

さらに、一人の人間が生きられる時間は、この宇宙カレンダーの中でたったの0・03秒以下しかありません（第1章第2節の宇宙カレンダーでは0・2秒）。私たちは一瞬しか生きることができないのです。

でもこの一瞬一瞬の繋がりこそが、道具を発明し、街を建設し、科学技術を発展させるに至ったのです。石器で木の実を割りながら子供の世話をしていたおかあさんの一瞬、暴君に農作物をほとんど取り上げられても、農作業を続けた農民の一瞬、家族を養うために道路を作り、線路を作ってくれた労働者の一瞬、こうした過去の一瞬一瞬の繋がりがあったからこそ、ニュートンの一瞬やアインシュタインの一瞬にも繋がり、今があるのです。

一瞬一瞬の繋がりのおかげで、人類は宇宙138億年の歴史のみならず、宇宙の最期まで予想することができるようになりました。一瞬一瞬の繋がりのおかげで、私たちは星の子であり、宇宙と繋がっていることを、知ることができたのです。

人間がすごい理由は、地上に生きた全ての人々の一瞬の輝きの繋がりなのだと思います。あなたに与えられた一瞬を後悔することないよう、自分らしく、自分の色で輝いて生きましょう。そして、あなたの輝きが、あなたの色が、過去を未来へと、繋げていきます。

第6章

宇宙はどう始まったの？
宇宙の外には何があるの？

01

Q

ビッグバンって何ですか？

A

私たちの宇宙の始まりをビッグバンと言います。

Message

視点によっては小さいあなたと、視点によっては大きいあなたは、相補ってあなたを表します。

■宇宙最初の光

宇宙は過去も今も膨張し続けているので（第5章第1節）、その膨張を巻き戻せば、過去の宇宙は今よりも小さくて、密度も温度も高かったはずだと予想できます。高温高密度の状態から宇宙は膨張し、冷却し、星や銀河が生まれたとするのがビッグバン宇宙論です。ビッグバンという言葉の由来もこの宇宙論にあります。[*1] そしてビッグバン宇宙論の予想通り、高温高密度状態の宇宙からの熱放射（第2章第1節）が宇宙を満たしています。

初期の宇宙は粒子と光の高温高密度スープ（プラズマ）でした。密度が高く電子がそこら中にあるので、光は常に電子にぶつかり、遠くまで動くことはできません。しかし宇宙が始まって38万年後、宇宙の膨張にエネルギーを吸い取られて電子も元気を失っていき、宇宙の温度はどんどん下がっていきます。

そして宇宙の温度が3000Kまで冷却した頃、スピードダウンした電子が原子核（主に陽子）に捕まり、原子ができます。すると光の動きを邪魔していた電子が一気にいなくなるので、空間に余裕ができ、光が自由に動き回れるようになります。

こうして自由になった光が、私たちが観測できる宇宙最初の光です。温度3000Kの熱放射です。

ビッグバンの残光を宇宙マイクロ波背景放射（以下、宇宙背景放射）と言います。[*2] 温度3000Kといえば、プロキシマ・ケンタウリ星の表面温度と同じです（第5章第3節）。当時の宇宙の色はプロキシマ・ケンタウリ星に似た色、私たちの目にはオレンジ色に見えたに違いありません。そして宇宙背景放射のピーク波長は可視光に波長が近い赤外線でした。

しかし、その後も宇宙は膨張し続け、宇宙背景放射の波長は空間と共に引き伸ばされ、その結果、現在の宇宙背景放射のピーク波長はおよそ2ミリメートル、マイクロ波です。現在の宇宙の温度2・7Kに相当する熱放射のピーク波長です。

よって現在の宇宙背景放射に、人間の目で見ることができる色はありません。熱放射は全ての波長で放射されるので、厳密には微小の可視光があるのですが、人間の目が検出できる量はないということです（人間の目が暗闇で人間を見ることはできないのと同じです）。

宇宙背景放射はビッグバンの残光です。見えないけれど、あなたの部屋はおよそ100億個のビッグバンの光子に満たされています。宇宙はビッグバンの残光に満ち溢れているのです。

■ 宇宙の始まり

ビッグバン宇宙論は宇宙の起源そのものを説明する理論ではありませんが、現在は私たちの宇宙の始まりを指してビッグバンと呼んでいます。しかし、科学者を含め人類は、その始まりを理解しているわけではありません。

宇宙の進化を巻き戻すとどんどん高温高密度になっていきますから、私たちが正確に説明できる初期宇宙の様子は、地上の粒子加速器で再現できる温度状態までです。よって、宇宙の始まりに近づけば近づくほど、宇宙が高温高密度になればなるほど、説明ができなくなります。

では、宇宙の始まりの瞬間に向かって、宇宙の膨張を巻き戻していきます。

──宇宙誕生後38万年までに

「宇宙最初の光」で説明したように、膨張と共に宇宙の温度と密度が下がり、光が初めて自由に動き回れるようになりました。この時の宇宙の温度は３０００Kです。

──宇宙誕生後３分までに

陽子が融合し（ビッグバン核融合）、現在宇宙に存在するほとんどのヘリウム核ができました。宇宙に存在する原子核は、質量比で、75％が水素核（陽子）、25％がヘリウム核です。微量のリチウムとベリリウムもこの時にできました。このビッグバン核融合終了時の宇宙の温度はおよそ10億Kです。

一方、ビッグバン核融合で炭素や酸素、鉄などの重元素は作られませんでした。重元素（星の子の成分）はのちに星が作ります（第１章第４節）。

―宇宙誕生後数十万分の1秒から

陽子ができました。それ以前の宇宙は、陽子を作る成分である素粒子クォークと、クォークをくっつける力を運ぶグルーオン（第2章第3節）のプラズマに満ちていました。この時の宇宙の温度はおよそ数兆K。

―宇宙誕生後数兆分の1秒

ヒッグス場が安定し、光子と同じく質量がなかったクォークや電子が質量を持ち始めました（第5章第4節）。また、ヒッグス場が現れることで、電磁気力と弱い力が別々の力になりました。それ以前は電弱力という1つの力だったのです。電磁気力は電気と磁気の力であり、原子や分子を作る力です。弱い力は原子核の放射性崩壊を起こす力です。この時の宇宙の温度はおよそ1000兆K。

―宇宙誕生後10^{-32}秒以前

この時期の宇宙については、まだ確実な答えはありませんが、様々な理論（仮説）があります。この頃の宇宙は急速に加速膨張していたと予想されています（インフレーション理論：本章第3節）。電弱力（電磁気力＋弱い力）と強い力が1つの力であったと予想されます（力の大統一理論）。強い力はクォークをくっつけて陽子を作る力（グルーオン）です。

― 宇宙誕生の瞬間

宇宙には4つの力、電磁気力、弱い力、強い力、そして重力があり、これら4つの力は統一されていたと考えられていますが、その統一した世界を説明できる量子重力論はありません。また、単純に宇宙の膨張を宇宙の始まりの瞬間まで巻き戻すと、密度が無限大になり、3次元空間が0次元になってしまう特異点にぶち当たります。ブラックホールの中と同じです（第4章第2節）。またこれも、未完成の量子重力論の世界です。

つまり、宇宙誕生の瞬間、宇宙がどう始まったのかは現在ではわかりません。その答えは宇宙の定義にもよります。私たちが存在し、私たちが観察できる宇宙であれば、インフレーション理論がその宇宙の誕生を説明できます（本章第3節）。しかし、「私たちが存在する宇宙を生んだインフレーション宇宙自体がどう生まれたのか？」についてはわかりません。量子の揺らぎから、たまたま生まれることも可能です。

それとも、もしかしたら、宇宙には始まり自体がないのかもしれません。例えばサイクリック宇宙であれば、宇宙の進化の果てから再びビッグバン＝ビッグバウンスが起こり、永遠にビッグバウンスが繰り返されるので、始まりは必要とされません（第5章第4節）。

また私たちが存在する宇宙には過去の方向にも、逆向きの宇宙が存在しているのかもしれません。そうであれば、宇宙に始まりはないことになります。ビッグバンは始まりではなく、最もエントロピーが低い状態（第3章第4節）であるだけになります。

宇宙思考

宇宙スケールで人間の存在を考えると、人間はとても小さく思えますが、本当に小さいのでしょうか？

例えば、あなたの住む天の川銀河には数千億個の星がありますが、あなたの体（平均の大人）はおよそ30兆個の細胞でできています。また、あなたの脳にはおよそ1000億個の神経細胞があり、これらの神経細胞は100兆本以上の道で繋がれています。あなたを作る細胞の数も、脳の道の数も、天の川銀河の星の数のおよそ100倍もあるのです。

さらに、観測可能な宇宙には数兆個の銀河があり、合計およそ10^{23}個の星がありますが、あなたの体はおよそ10^{28}個の原子からできています。あなたは小さいけれど、大きいのです。

一方、人間スケールで人間の存在を、他の地球生命体の存在と比べると、人間はとても大きく思えますが、本当に大きいのでしょうか？

例えば、地球上の総人口はおよそ80億であるのに対して、蟻の総数はその100万倍以上あります。質量で比べると、地球上の人間全ての体重と蟻全ての体重はほぼ同じです。人間は傲慢で強欲で、あたかも地球の支配者のように振る舞っていますが、地球は人間の支配地なのか、蟻の支配地なのか、どちらなのでしょうか？　また、人間の体の中にはおよそ30兆個のバクテリアが住んでいますが、これは人間の体を作る細胞数に匹敵します。あなたは人間ですか？　それともバクテリアですか？　あなたは大きいけれど、小さいのです。

最後に、あなたは宇宙カレンダーの0・2秒しか生きられませんが、その一生であなたの心臓はおよそ数十億回鼓動し、あなたは数億個の思索の断片を考えることができます。小さいあなたも、大きいあなたも、相補って、あなたなのです。

02

Q

宇宙はどんな形をしているのですか？
無限ですか？　有限ですか？

A

私たちの宇宙の形は限りなく平坦で無限に続いているようです。そして無限の宇宙にはあなたのコピー、ドッペルゲンガーが無数にいます（マルチバースレベルⅠ）。

Message

無限の宇宙には、あなただと思っているあなたが無数にいます。でも、どの自分になるのかを決めるのはあなたです。

■宇宙の形

宇宙の形とは、宇宙全体としての形を指しています。この時ブラックホールや銀河によって歪む時空の小さい凹凸は無視します。宇宙を1つの形で表せる理由は、宇宙を超銀河団スケールで見ると、どの方向を見ても、モノもエネルギーも一様に分布しているからです（第5章第1節）。さらに、本章第1節で話したビッグバンの残光、宇宙背景放射も、どの方向を見ても一様に分布しています。つまり最低でも、観測可能な範囲内の宇宙空間の形は、どの方向を見てもどの場所でも、一定、と言えるのです。

しかし、平坦な3次元空間ってどんな形なのでしょうか？ 3次元人である私たちは3次元空間の形を想像できないので、2次元で考えるしか術はありません。紙の上、のように、2次元の平坦な空間は比較的イメージしやすいはずです。一方、閉じた空間や開いた空間になると、2次元でもイメージしにくくなります。

これから、3種類の2次元空間の形を、1つずつ説明していきたいと思います。

1 平坦な空間

平坦な空間とは、その空間上に平行な2本の線を引いた時、その2本の線が決して交わることなくどこまでも平行であるということです。その空間は一切曲がっておらず、よって曲率は0、これが、空間が平坦である定義です。

例えば、紙の上は平坦です。紙の上に平行な2本の線を引いてみてください。その2本の線が交わることは決してありません（図42）。今度は紙を丸めて対面の辺をテープで貼ってみてください。円柱の側面ができます。その円柱の2次元側面は、3次元の私たちから見たら曲がっているように見えますが、その側面における平行な2本の線はいつまでも平行なので、平坦な空間です（図43）。トーラスというドーナッツの表面のような2次元空間も、平坦な空間です（図44）。

また、平坦な空間とは、空間上に三角形を描く時、その三角形の3つの内角の和が、ちょうど180度になる空間のことです（図45）。

先ほどの紙の上に三角形を描いてみてください。さらに、円柱の側面やトーラスの表面にも三角形を描いてみてください。全ての三角形の内角の和はちょうど180度のはずです。

図 42

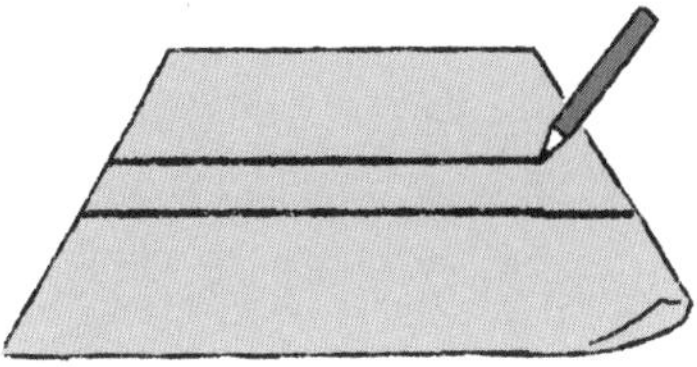

図 43

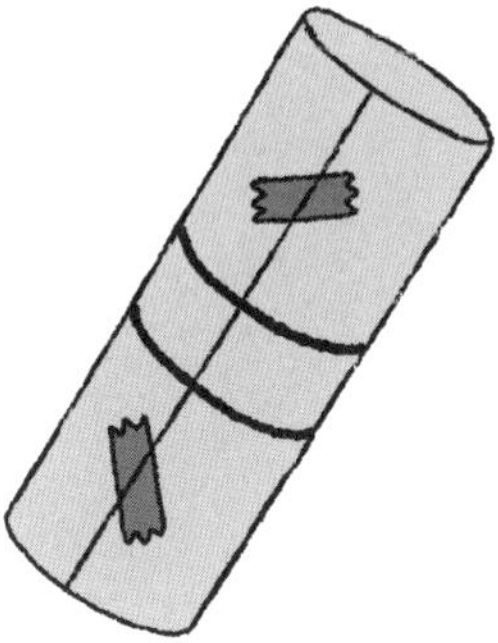

図 44

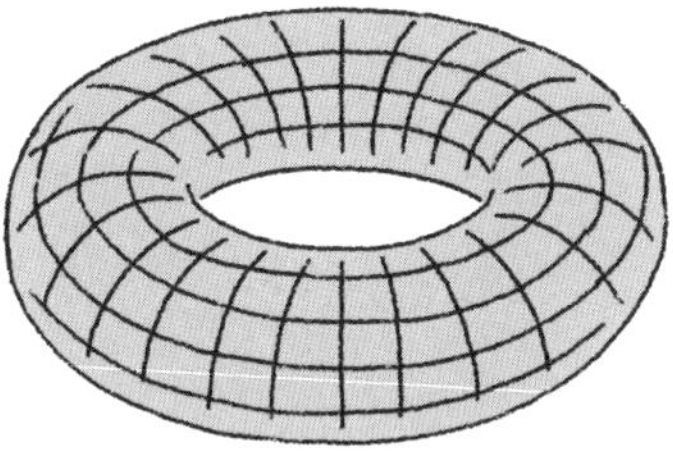

図 45

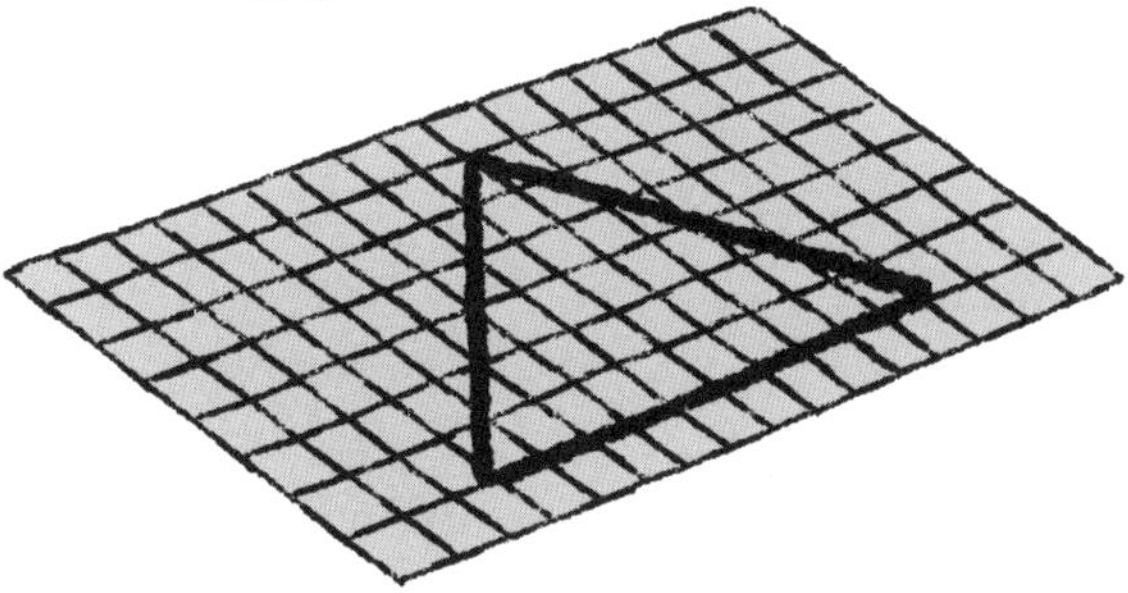

2 正の方向に曲った閉じた空間

閉じた空間とは、その空間上に平行な2本の線を引いた時、その2本の線がいずれ交わる空間のことです。閉じた空間は正の方向に曲がっていると表現し、曲率は正です（図46）。

例えば、風船の表面や地球の表面は正の方向に曲がった閉じた2次元空間です。地面に平行な2本の線を引いてみてください。南北の方向に2本の線を引いたと仮定します。それら2本の平行線を北の方向にさらに長く引いていくと、これらの線は北極点にぶち当たるはずです（地球は大きすぎるので地球儀の上でやってみてください）。

また、閉じた空間とは、空間上に三角形を描く時、その三角形の内角の和が180度よりも大きくなる空間のことです（図47）。地上でも十分大きな、例えば、辺が数百キロメートルの三角形を描けば、内角の和が180度以上であることを測定できることでしょう。

3 負の方向に曲った開いた空間

開いた空間とは、その空間上に平行な2本の線を引いた時、その2本の線が互いからどんどん離れる方向に広がっていく空間のことです。開いた空間は負の方向に曲がっていると表現

図 46

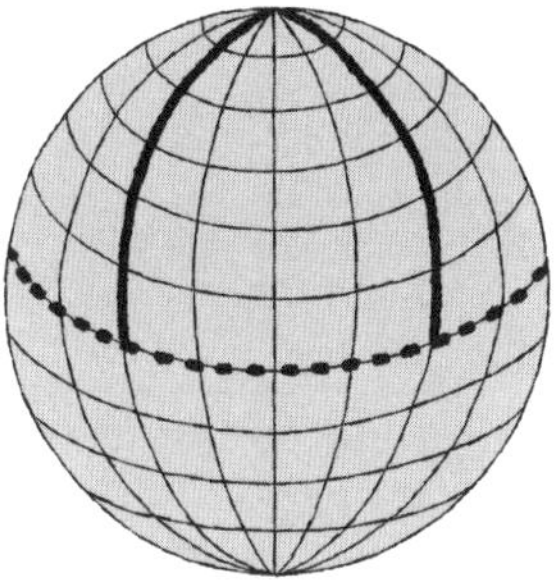

図 47

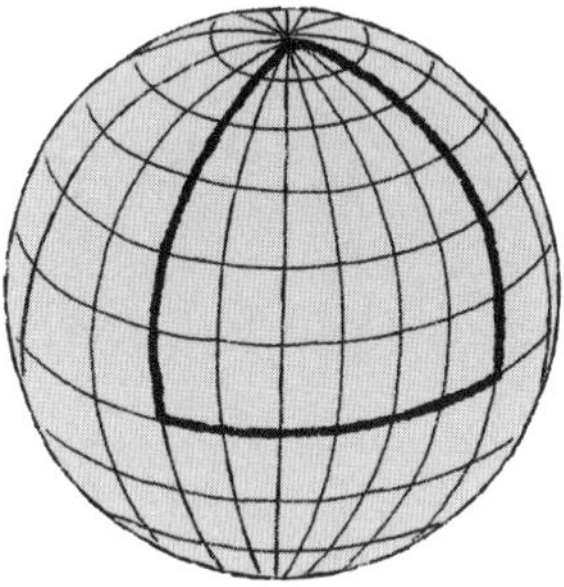

図 48

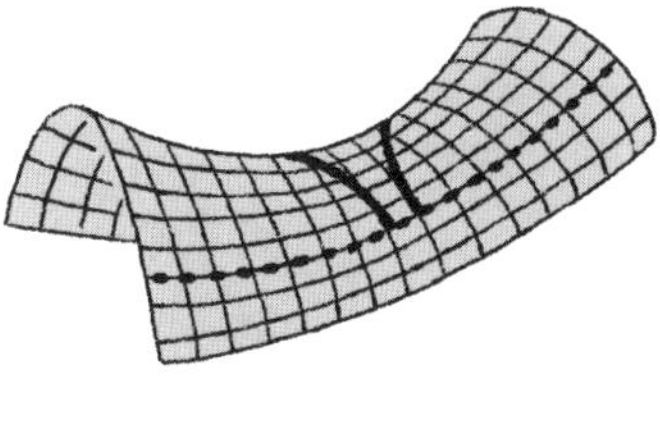

図 49

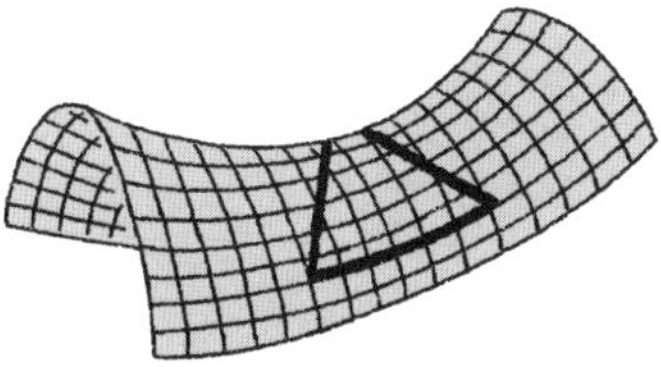

し、曲率は負です（図48）。

例えば、ポテトチップスのプリングルズ（ひげおじさんのイラストが描かれている、円柱形の容器で売られているポテトチップスです）の表面は負の方向に曲がった開いた2次元空間です。プリングルズの上に平行な2本の線を引いてください。その2本の線はどんどん互いから離れる方向に広がっていきます。理由は、プリングルズの表面（双曲面）が負の方向に曲がった開いた空間だからです。

また、開いた空間とは、空間上に三角形を描く時、その三角形の内角の和が180度よりも小さくなる空間のことです（図49）。プリングルズの表面に三角形を描いてみてください。角度を測れば内角の和は180度以下であるはずです。

2次元のルールは3次元にも適用されるので、3次元の宇宙空間の形も、平行な2本の線の様子や三角形の内角の和を測定すればわかります。

■ 三角形を描いて宇宙の形を測ると、宇宙は平坦

宇宙に描ける最大の三角形は、私たちにとって最も遠くから届く光、宇宙背景放射の構造と私たちを結ぶ三角形です。その三角形の内角の和を測定すると、なんと答えはちょうど180

図 50

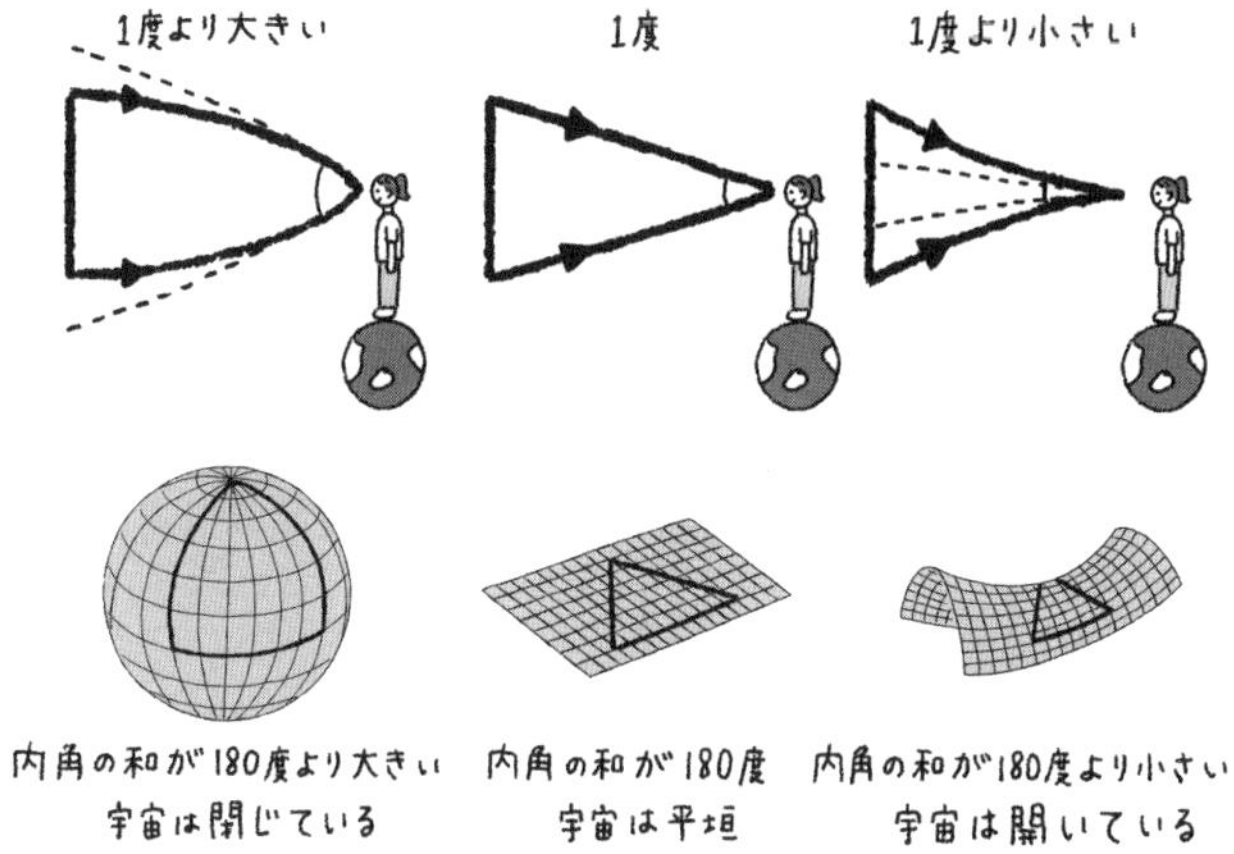

度！　平坦な空間に描いた三角形の内角の和がちょうど180度なので、宇宙は平坦であることがわかります。以下、実際に何を観察するのか、どうやって測定するのか、順に説明していきたいと思います。

宇宙背景放射は温度2・725Kのほぼ完璧な熱放射ですが、その値の0・001％の範囲で温度の揺らぎが観測されています。[*3] この温度の揺らぎは、当時原子が形成され光が自由になる直前の、粒子と光のプラズマの動きが生み出します。よって、この揺らぎの中で最も大きいものは、当時直径およそ50万光年のプラズマの塊であったことが計算からわかります。

そして、空に観察されるこの揺らぎの大きさを底辺とした三角形を考えます（図50）。三角形の高さは、宇宙背景放射が発せられてから観測者である私たちに届くまでに動いた距離ですから、

138億光年－38万光年になります。宇宙誕生から今日まで光が動ける距離が138億光年で、光が自由に動き始めたのは宇宙誕生後38万光年だからです。

こうして三角形の底辺と高さがわかると、この三角形の内角の和がちょうど180度であるためには、観察者が測る対角は理論的に1度であると計算できます。つまり、私たちから見て、宇宙背景放射の揺らぎの幅がちょうど1度であれば、宇宙は平坦であると言えるのです。

一方、宇宙が閉じていれば内角の和は180度よりも大きいのでこの対角は1度よりも大きくなります。閉じた宇宙は正の方向に曲がっているので、虫眼鏡（凹レンズ）のように、温度の揺らぎが実際よりも大きく見えるのです。また、宇宙が開いていれば内角の和は180度よりも小さいのでこの対角は1度よりも小さくなります。開いた空間は負の方向に曲がっているので、交差点や道路の曲がり角にあるカーブミラー（凸レンズ）のように、温度の揺らぎが実際よりも小さく見えるのです。

そして、ウィルキンソン・マイクロ波異方性探査機（WMAP）やプランク宇宙望遠鏡（Planck）などの観測結果をもとに、温度の揺らぎの対角を計算すると、99・6％の精度でちょうど1度であることがわかりました。

宇宙の形は平坦であるようです。宇宙が平坦でない0・4％の可能性を考慮しても、私たちの観測可能な宇宙の大きさ（930億光年）の250倍の範囲まで、宇宙は限りなく平坦であるようです。

■宇宙の総エネルギーから宇宙の形がわかる

また、宇宙のポテンシャルエネルギーと運動エネルギーの総量からも、宇宙の形を確認できます。まず、宇宙の重力ポテンシャル（可能性）エネルギーは、宇宙のモノとエネルギー密度を測定すれば計算できます。重力ポテンシャルエネルギーは負の値です（エネルギーの定義：第2章第6節）。次に、宇宙の運動（動き）エネルギーは、宇宙の膨張速度（ハッブル定数：第5章第1節&2節）を測定すれば計算できます。そして、宇宙の総エネルギーはポテンシャルエネルギー＋運動エネルギーで表せます。

例えば、宇宙の総エネルギーが正でも負でもない、ちょうどゼロの時は、宇宙空間は平坦な空間になります。また、総エネルギーが負の値の時、つまり、モノとエネルギーの量が多く、ポテンシャルエネルギーの絶対値が運動エネルギーよりも大きい時、宇宙空間は閉じた空間になります。逆にこの総エネルギーが正の値の時、つまり、モノとエネルギーの量が少なく、ポテンシャルエネルギーの絶対値が運動エネルギーよりも小さい時、宇宙空間は開いた空間になります。

そして、あらゆる観測結果から、私たちの宇宙の総エネルギーはゼロであることがわかりました。私たちの宇宙の形は平坦なのです。もちろん観測値に誤差があるので、ほんの少しだけ閉じていたり開いていたりする可能性も否定はできませんが、観測可能な宇宙を超えて、宇宙は限りなく平坦であると言って間違いないと思います。

■ 宇宙は平坦で無限か有限か？

では、平坦な宇宙に果てはあるのでしょうか？ 私たちは観測可能な宇宙内の情報しか得ることができないので、観測不可能な宇宙のどこかに、「果て」があったとしても、知りようがありません。一方、「果て」とは何なのでしょうか？ 壁でしょうか？ 「果て」があったらその先には何があるのでしょうか？

私たち天文物理学者は、宇宙には「果て」がないと考えます。「果て」がないとは、空間が無限に広がっていればもちろん「果て」がないのですが、空間が有限で限りがあっても「果て」がない場合があります。例えば、地球の2次元表面にも「果て」はありません。地球上どこまで歩き続けても、空間の終わりにぶつかることはないでしょう。地球の表面は「果て」がない、表面積が有限である閉じた空間です。

平坦で有限で「果て」のない2次元空間もあります。例えば、ドーナッツのようなトーラスの表面です（図44）。有限で「果て」のない3次元空間は、数学で描写することはできますが、3次元人である私たちにとってその可視化は不可能ですから、2次元で考えます。トーラスの表面のような平坦で有限な空間では、ある出発点から平行線を引きどんどん延ばしていくと、その平行線は、平行のままいずれ出発点に戻って来ます。空間に「果て」はありませんが、空間が有限だからです。

よって私たちの宇宙でも、全く同じ銀河からの光や宇宙背景放射の光が、異なる方向からそれぞれ観測されるようであれば、宇宙は有限であると言えます。ただし、そのような証拠はありません。一方、観測可能な宇宙の外からは光が届かないので、厳密には、私たちの宇宙は限りなく無限であるようだ、と言うのが正しいと思います。

しかし、次節で話すインフレーション理論で宇宙背景放射の観測結果を解釈すると、私たちの宇宙は無限であると考えられます。ここからは私たちの宇宙は平坦かつ、無限であると仮定したうえで話を進めていきます。

■観測不可能な無限宇宙の様子

観測ができない、無限の宇宙の様子は、観測可能な宇宙内のあらゆる観測結果と、その観測結果を説明できる理論から予測することができます。恐竜を見たことがある人は一人もいませんが、掘り出した骨から、恐竜の存在とその形や生態などの詳細を予測できるのに似ています。

まず、観測可能な宇宙内の銀河分布は、どの方向を見ても、数億光年単位（超銀河団スケール）で一様です。中心もなく特別な場所もありません（第5章第1節）。観測可能な宇宙の境界を超えたら、この一様な銀河の分布が急に変化するなんてことはあり得るのでしょうか？　物理的根拠がありませんから、境界を超えても宇宙には、同じような銀河の分布が広がると考えるのが自然です。さらに、宇宙背景放射に見られる、初期宇宙の様子も930億光年にわたってほぼ一様です。930億光年の境界を越えると突然、宇宙背景放射の分布が変化すると考えるほうが不自然ではないでしょうか？

また、宇宙背景放射には0・001％以下の温度の揺らぎがあり、この揺らぎの大きさやパターンは全てランダムで、中心も構造もありません。次節で説明するインフレーション宇宙論で解釈すると、宇宙背景放射の揺らぎは、宇宙が生まれたエネルギー場の量子のランダムな揺らぎです。どの方向を見ても同じようにランダムに揺らぐインフレーション場から私たちの宇宙が生まれたのであれば、私たちが観測できる宇宙のみならず、観測不可能な宇宙全体で同じランダムな揺らぎがあるはずです。そして、観測不可能な宇宙も、同じ物理法則の下、同じ材料（陽子、電子や光など）でできているはずです。

宇宙背景放射に見られる初期宇宙の温度の揺らぎは、原子ができた時の原子ガスの密度の揺らぎに比例します。この密度の揺らぎから、重力でモノが集まり、銀河が生まれました。これらの密度の揺らぎは宇宙構造の種のようなものです。よって、種がランダムでどこも同じように分布しているのであれば、無限の宇宙でも、私たちの観測可能な宇宙で見られるような銀河分布が広がっているはずだと予想できます。

■ ドッペルゲンガー

私たちの観測可能な宇宙が、どの方向にも同じように銀河が分布する無限の宇宙の一部であるのなら、あなたと全く同じコピー、ドッペルゲンガーたちが、宇宙のどこかに、しかも無数にいることは間違いないです。その理由は、

❶ 無限の宇宙のどの場所でも、同じ粒子で星や銀河が作られているはずです
❷ ある空間内における粒子数には限りがあります。例えば私たちの観測可能な宇宙内の陽子数はおよそ10^{80}個です
❸ 無限の宇宙のどの場所にも、それぞれ観測可能な宇宙があり、全ての観測可能な宇宙内には同じ種類の同じ数の粒子があります。それらの粒子を組み合わせて作る銀河のパターンには限りがあり、同じく銀河の中の星や生命のパターンにも限りがあります。そして、地球のような生命を育む惑星のパターンにも限りがあり、人間のパターンにも限りがあります

よってあなたという人間が繰り返されることになるのです。

例えば、家に、4枚のシャツと4枚のズボン、そして4足の靴下と4足の靴しかなかったら、あなたの服装のパターンは、4×4×4×4＝256通りあることになります（服装に関する情報の上限）。毎日異なる服装で過ごしたら、256日後にはパターン切れになり、同じ服装をリピートせざるを得ません。

これと同じように、私たちの観測可能な宇宙で繰り返される構造のパターンが、観測不可能な無限の宇宙のどこかで必ず繰り返されているはずなのです。つまり、天の川銀河にある太陽系の地球にいるあなた、というパターンは必然的に繰り返されるということです。あなたのドッペルゲンガーは無数にいることになります。

もしかしたら、あなたのドッペルゲンガーはイエメンに生まれてアラブ語を話しているかもしれないし、日本に生まれて日本語を話して、全く同じ家族で、全く同じ環境で、一秒一秒全く同じ人生を歩んでいるかもしれません。宝くじが当たって、フランスの城に住んでいるかもしれないし、銀行強盗をして刑務所にいるかもしれません。

ではどこまで行けば、自分のドッペゲンガーに出会えるのでしょうか？

私たちの宇宙領域[*4]の中で可能な構造のパターン（粒子の組み合わせ）は、上限が$10^{10^{122}}$通りです（第3章第4節）。つまり、無限の宇宙で、私たちの宇宙領域と同じ大きさの領域が$10^{10^{122}}$個あったら、その先には私たちと全く同じ宇宙領域があるはずだということになります（これは上限ですから、まだ若い私たちの宇宙のパターンはもっと近くにあります）。それはおよそ$10^{10^{122}}$メートル先で、そこには天の川銀河があり、太陽系があり、地球があり、全く同じあなたがいるはずです。周りの環境は異なるけれど、粒子のパターンが全く同じあなたのドッペルゲンガーはもう少し近くにいると計算されています[*5]。

このように、無限の宇宙には、あなたのあらゆる可能性を体現したドッペルゲンガーが無数にいるのです。しかし、お互いがそれぞれの宇宙のイベントホライゾンで隔たれているので、残念ながら自分のドッペルゲンガーに会うことはできません。

宇宙思考

無限の宇宙には、あなたと全く同じ環境で全く同じ一秒一秒を過ごしてきた、今この文章を読んでいるあなたが無数にいて、全てのあなたは自分こそが本物で、自分以外がドッペルゲンガーだと思っているので、結論として、全てのドッペルゲンガーはあなただということになります。

しかし、これから10分後、異なる行動をとり、異なる人生を辿るあなたもでてきます。つまり、あなたのあらゆる可能性を体現している無数のあなたが無限の宇宙にいるということなのです。あなたはどのあなたでしょうか？　自分で選べるので、選んでください。自分がなりたい自分になればいいのです。
本章第４節の「宇宙思考」に続く。

03

Q

私たちの宇宙以外にも宇宙は存在するのですか？

A

インフレーション理論が正しければ、永久に急速膨張し続けるインフレーション空間からバブル宇宙が生まれ続けています。その中の一つが私たちの宇宙です（マルチバースレベルII）。

Message

宇宙は無限、愚かさも無限、だけど愛も無限

■インフレーション

インフレーションとは、宇宙の誕生直後の急速加速膨張のことです。インフレーションという言葉を聞くと物価の暴騰を思い浮かべる人が多いと思いますが、宇宙のインフレーションは経済のインフレーションの比ではありません。世界経済史上最悪のインフレーションでは、1ヶ月で物価が400兆倍に跳ね上がったそうですが、宇宙のインフレーションは、10^{-32}秒以内に、空間を10^{26}倍以上に膨張させるものです。例えば、バクテリアサイズの空間が、一瞬で天の川銀河の大きさになるのです。

インフレーション理論に関する直接的証拠は現時点ではありませんが、インフレーション理論[*6]は宇宙背景放射の観測結果に見られる宇宙の地平線問題と平坦性問題を解決し、宇宙背景放射の温度の揺らぎを説明できます。

■地平線問題

宇宙最初の光、ビッグバンの残光である宇宙背景放射の温度は、観測可能な宇宙内でほぼ一定です。宇宙背景放射が発せられた当時、観測可能な宇宙の大きさは8400万光年でした。

当時粒子や光が動けた最大距離は、光速よりも速く動けないから、たったの150万光年です。この150万光年を地球から観察すると、月の見かけの大きさの4倍程度（2度）に過ぎないのですが、宇宙背景放射は空のどの方向を観察しても360度、ほぼ一定です。お互いの存在を知らなかった宇宙の場所と場所が、なぜ0・001％の範囲で全く同じ温度になったのでしょうか？　これが地平線問題です。

温度とは、粒子の平均運動エネルギーを数値化した指標です。観測可能な宇宙の温度が同じであるためには、当時の観測可能な宇宙の端から端まで粒子や光が動き、互いに情報（エネルギー）を交換していなければなりません。

例えば、暑い真夏日、摂氏40度にまで上昇した部屋の中にいることを想像してください。冷房をつけてもすぐに部屋中が涼しくなるわけではありません。エアコンから出てくる冷たい空気分子が周りの熱い空気分子とエネルギー交換することによって初めて、部屋全体の温度が下がっていき一様になるのです。

宇宙の温度も同じです。宇宙の膨張を単純に巻き戻すだけでは、この地平線問題は解決できません。

■平坦性問題

初期宇宙において、宇宙の形が少しでも正の方向に曲がり閉じていたら（本章第2節）、膨張し始めた宇宙空間は急速に閉じて収縮し、銀河ができる前に潰れてしまいます。一方、宇宙の形が少しでも負の方向に曲がり開いていたら（本章第2節）、膨張する宇宙空間は急速に開いていき、スカスカになってしまいます。この場合も銀河を作ることはできません。

理論的に、銀河や星が形成されるためには、宇宙はほぼ完璧に平坦で始まらなければいけないのです。宇宙の形をちょうど平坦にする宇宙のモノとエネルギーの密度があるのですが（本章第2節）、宇宙誕生1秒後の宇宙の密度が、1000兆分の1以下のズレの範囲で、まさしくその、宇宙をちょうど平坦にする宇宙密度でなければ、銀河も星も形成されないのです。

そして実際に現在の宇宙の平均密度を測ると、宇宙は平坦であり、また宇宙背景放射の観測からも宇宙は平坦であり、よって宇宙は生まれた時からずっと平坦であるようです（本章第2節）。しかし、私たちの宇宙がなぜ平坦に生まれなければいけないのか、その明確な理由はありません。

■インフレーションが解決する

インフレーションで宇宙が急速膨張したと仮定すると、それ以前の宇宙は非常に小さかったことになります。私たちの観測可能な宇宙も十分に小さく、端と端が容易に情報交換することができたはずです。その結果、宇宙背景放射の温度は一定になり、地平線問題が解決します。

さらに、宇宙がどんな形で始まろうが、例えば、きゅうりやゴジラの形をしていたとしても、10^{26}倍以上に引き伸ばされることで、私たちが観測できる範囲の宇宙はツルツルに平坦になってしまいます。よって平坦性問題も解決できるのです。

■インフレーションを生む真空エネルギー（インフラトン場）

このインフレーションのエネルギー源は、ダークエネルギーと同様、空間自体にあるエネルギー、真空エネルギーと考えられています（第4章第3節&第5章第2節）。インフレーションを起こす真空エネルギーに満ちた空間をインフラトン場と言い、[*6] 真空エネルギーは空間を膨張させます。空間が膨張して大きくなればなるほど総エネルギー量は大きくなっていくので、膨張はどんどん加速していきます。

どうやってその真空エネルギーが生まれたのはわかりませんが、例えば不確定性原理で許される範囲で空間の最小単位にこの真空エネルギーが生まれた、とするだけで、宇宙が生まれ、急速膨張が始まり、巨大な宇宙に成長することが可能になるわけです。

■量子的揺らぎが宇宙背景放射の揺らぎ

また、インフレーションは、宇宙背景放射の0・001％の温度の揺れも説明することができます。インフラトン場も不確定性によりエネルギーが揺らいでいるからです（第4章第3節）。この量子的揺らぎがインフレーションにより宇宙スケールまで引き伸ばされたと仮定し、粒子と光のプラズマの揺らぎを計算すると、宇宙背景放射の観測値に見られる揺らぎのパターンと一致します。

■インフレーションが私たちの宇宙を生む

インフレーションを生むインフラトン場が高エネルギー状態にあるかぎり、インフレーションは続きます。そのインフレーション空間のどこかで、インフラトン場が高エネルギー状態から低エネルギーの安定状態に移行すると、そこではインフレーションが止まり、その時解放さ

図51

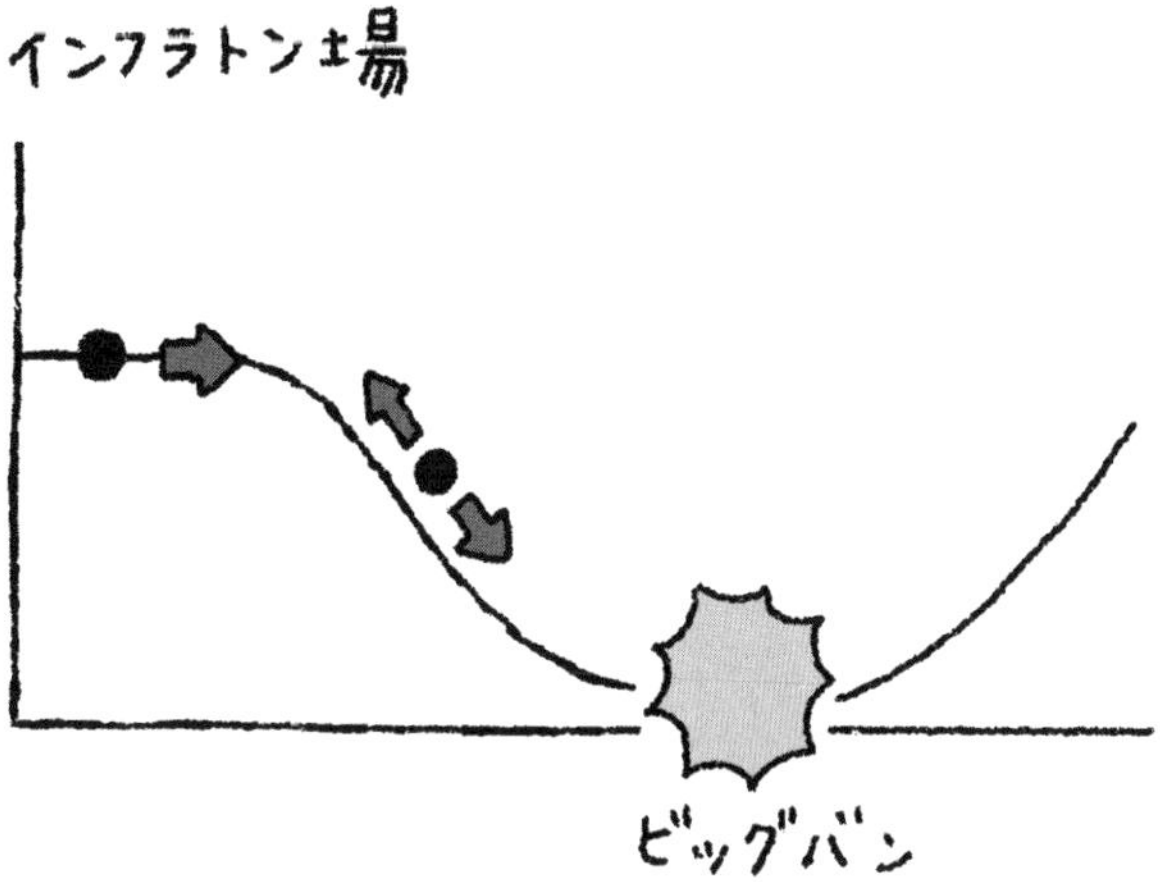

れるエネルギーから粒子ができると仮定します（第5章第4節のヒッグス場やビッグバウンスの場の崩壊に似ています）。そうやって、私たちの住んでいる、銀河や星や生命に溢れるバブル宇宙が生まれたと考えます（図51）。

なぜインフラトン場があるのか？　なぜインフラトン場の高エネルギー状態に宇宙はあったのか？　などは、残念ながらわかりません。インフレーション理論は宇宙背景放射の観測値と一致し、宇宙論として最も信用され受け入れられている理論なのですが、直接的な証拠はありません。インフレーションよりも宇宙の誕生をさらに正確に説明できる理論がこれから出てくるかもしれません。[*7]

一方、将来、インフレーションが予想する時空のゆらぎが生む原始重力波や、その重力波が宇宙背景放射に残した軌跡（偏光）が観測されたら、インフレーション理論を否定することは難しくなるでしょう。

■インフレーションは永久に続き、バブル宇宙を作り続ける

インフレーションは一度始まると永久に続いてしまうようです。そして永久にインフレーションする空間の中では、炭酸水のボトルのキャップを開けると現れる泡のように、ボコボコとバブル宇宙が生まれることになります。私たちの宇宙は、永久に、無限に、生まれ続けるバブル宇宙たちのひとつに過ぎないことになります。[*8]

これがレベルⅡのマルチバースです。ドッペルゲンガーが無数にいる無限宇宙のマルチバースレベルⅠ（本章第2節）は、無限に生まれ続けるバブル宇宙のひとつに過ぎませんから、レベルアップしてレベルⅡというわけです。[*9] インフレーション理論が正しければ、インフレーションは永久であり、私たちは、レベルⅡのマルチバースの、無数のバブル宇宙の中のひとつに住んでいることになります。

インフレーションする空間をコントロールするインフラトン場のエネルギーは揺らいでいるので、インフレーション空間の場所によって低エネルギーの谷に到達する時間は異なり、よって早く谷に到着した場所場所で、そのエネルギー差でバブルが生まれることになります。

しかし、エネルギーは低エネルギーの方向だけでなく、高エネルギーの方向にも揺らぎます

（図51の矢印）。よってあるインフラトン場の谷へ向かっていく途中でエネルギーアップして、また急速膨張を始めてしまう場所もあるはずです。

ですからバブル宇宙に取り込まれていく空間から必ず、再度急速膨張する空間が生まれ、インフレーション空間は永久にインフレーションし続けることになる、というわけです。そしてその永遠に続くインフレーション空間から、永遠にバブル宇宙が生まれ続けることになってしまうのです。

■無数のバブル宇宙から成るマルチバースレベルⅡ

１秒にどれだけ宇宙が生まれるか、簡単に計算してみましょう。インフレーションが現在観測されている宇宙の状態を説明するには、空間は10^{-32}秒以内に最低でも10^{26}倍に膨張しなければいけません。10^{-32}秒といえば、１秒を１００００００００００００００００００００００００００００００００で割った時間ですから、想像を絶する短時間です。

例えば、ある時点で、１立方メートルのインフレーション空間にバブル宇宙が１つ生まれたと仮定します。バブル宇宙は急速膨張するインフレーション空間から独立し、減速膨張を始めます。そしてこのバブル宇宙が生まれて10^{-32}秒後、背景のインフレーション空間は10^{26}倍膨張し、10^{78}立方メートルになります。バブル宇宙が生まれる確率は空間の大きさに比例すると仮定すると、この10^{78}立方メートルのインフレーション空間には、およそ10^{78}個のバブル宇宙ができると予想できます。これらのバブル宇宙ができてから10^{-32}秒後、背景のインフレーション空間は急速膨張を続け、10^{156}立方メートル（10^{78^2}＝156）に膨張します。そして、そこでまた10^{156}の個のバブル宇宙が生まれることになるのです。その結果、1つのバブル宇宙が生まれた1秒後には、およそ$10^{10^{34}}$個のバブル宇宙ができてしまうのです*10。

あえて1立方メートルの空間から計算を始めましたが、最初の大きさは何の値であろうが、誕生するバブル宇宙の数は同じです。バブル宇宙が1個できた空間はインフレーションを続け、1秒後には$10^{10^{34}}$個のバブル宇宙ができるのです。現在私たちの宇宙だけでも138億年経っていますから、バブル宇宙の数は数えきれないほどあることになります。

■マルチバースレベルⅡの中のマルチバースレベルⅠ

インフレーションする空間から生まれてくるバブル宇宙を、インフレーション空間から見ると、時間ごとに膨らんでいくシャボン玉のように見えます。インフラトン場が低エネルギー状態に達した場所がバブル宇宙の中で、バブル宇宙の外のインフレーション空間が順に低エネルギー状態に達していくからです。しかしバブル宇宙はシャボン玉のように壊れることはありません。よってバブル宇宙とインフレーション空間の境界（シャボン玉の表面）は無限の時間に向けてどんどん、無限の空間に広がっていきます。

一方、インフレーション空間の時間の物差しと、バブル宇宙内の時間の物差しは異なります。バブル宇宙の中から、このバブル宇宙とインフレーション空間の境界を見ると、この境界は新たにバブル宇宙の一部になり、解放されるエネルギーから粒子が生まれる場所ですから、時間の始まり、ビッグバンです。[*11] この境界はインフレーション空間から見て無限に広がっていくので、バブル宇宙から見たら無限の境界で時間が始まることになります。私たちのバブル宇宙は無限空間で始まり、ずっと無限であるというわけです（私たちは、私たちのバブル宇宙内の立ち位置から、私たちにとって観測可能な宇宙しか観測できないので、実際に見ることができるのはその境界の一部です）。つまり、マルチバースレベルⅡで生まれるそれぞれのバブル宇宙は、無限のマルチバースレベルⅠ（本章第2節）ということです。

■ 多様なバブル宇宙

インフラトン場の低エネルギーの谷は1種類でなければいけない理由はありません。9次元空間を必要とする超ひも理論によると、10^{500}種類の谷＝真空状態があると予想されています。[*12] 宇宙の真空状態は、様々な谷、低エネルギー状態へと動いていくので、それぞれの谷で生まれるバブル宇宙は、多種多様、10^{500}種類のユニークなバブル宇宙です。例えば、素粒子の種類が異なったり、素粒子の質量が異なったり、素粒子に働く力の大きさが異なったり、空間の次元が異なったりする宇宙です。

■マルチバースレベルⅡの私たちのバブル宇宙

しかし10^{500}種類のバブル宇宙があっても、銀河ができて、星が輝き、生命が可能になる宇宙はとても稀です。例えば、ダークエネルギー密度は限りなく0に近い値でない限り、銀河も星もできません（第5章第2節）。空間次元が4次元以上あったら、軌道（状態）が安定しないから、原子も太陽系もできません。逆に、2次元以下では複雑な生命は存在できません（第3章第1節）。また、電磁気力が私たちの宇宙の電磁気力に比べて4%大きいだけで、太陽は猛烈な核融合を起こして瞬時に爆発し、生命が生まれる時間はありません。さらに、核の力が私たちの宇宙の核の力に比べて0・5%大きかったり小さかったりするだけで、星は炭素も酸素も融合することができず、人間が生まれてくることはできません。

私たちの宇宙は3次元空間で、電子や陽子にちょうどいい質量があり、それぞれの粒子に働く4つの力がちょうどいい大きさでバランスが保たれるから、原子ができて、私たちがいるのです。つまり、10^{500}種類も宇宙があったとしても、ほとんどの宇宙では、私たちのような生命体が生まれることはないのです。

■他のバブル宇宙には行けない

私たちの宇宙と他のバブル宇宙は光速以上のスピードでインフレーションする空間に阻まれているので、他のバブル宇宙からの情報は一切届きません。つまり、バブル宇宙間では、通信も交流も一切不可能だということです。

映画の『スパイダーマン』や『ドクター・ストレンジ』のように、マルチバース（レベルⅡ）間を移動することは不可能です。映画では最低でも物理定数が全く同じ宇宙間だけを移動しているので、この部分は納得できます。そうでない宇宙に移動したとしたら、スパイダーマンもドクター・ストレンジも瞬時に消滅してしまうからです。

■他のバブル宇宙と衝突しない（例外あり）

さらに、SF映画に出てくるように、バブル宇宙同士が衝突して壊滅することはあり得ません。2つのバブル宇宙が衝突するには、私たちのバブル宇宙が生まれた瞬間、その場所から超近接した、10^{-49}メートル以内の場所で、もうひとつのバブル宇宙が生まれなければいけません。外のインフレーション空間の膨張はそれほど速いのです。

そんな近距離で2つのバブル宇宙が生まれる可能性は低いのですが、もし、そんな2つのバブル宇宙があり、衝突していたとしたら、その衝突した軌跡が宇宙背景放射に残り観察できるかもしれません。しかし衝突していたとしても、そんな軌跡は私たちの観測可能な宇宙の外にあり、見えない可能性が高いです。残念ながら現時点でそういった軌跡は観察されていません。

■ 宇宙の外

現在の宇宙観察結果から導かれる私たちの宇宙は無限です。また、インフレーション理論によると、私たちから見た、私たちのバブル宇宙は、始まりも無限で、最期も無限です。つまり、私たちから見た、宇宙の外はありません。

一方、インフレーション理論によると、インフレーション空間から見た私たちの宇宙は、有限であり、その外にはインフレーション空間があり、その外があるのならば、インフレーション空間を産んだ量子の揺らぎがあるのでしょうか？　そうならば、その場はただ無限にあるのでしょうか？　私にも、どの科学者にも、誰にもわかりません。

宇宙思考

アインシュタインは、「無限なものは2つある。宇宙と人間の愚かさです。でも宇宙については無限だとは断言はできません」と言いました。人間は、無数の殺し合いと略奪、侵略、破壊を重ねた自らの歴史から学ぶべきなのに、いまだに戦争をする、浪費する、差別する、いじめる、妬む、拗ねる、現実から目を背ける、「下」を作る、環境を破壊する、など、確かに愚かな面が無限にあります。

しかし愚かさが無限であると同時に、愛も無限です。私の息子たちへの愛は無限です。無限の愛の量が無限の愚かさの量よりも大きくなれば、愛が愚かさをコントロールできるようになるのではないでしょうか？

04

Q パラレルワールドってあるのですか？

A 量子力学の多世界解釈によると、パラレルワールドがあることになります。ランチ前は同一人物だったあなたが、例えばランチにピザを食べたあなたがいる世界と、牛丼を食べたあなたがいる世界に分岐します。そしてあなたは2人の別人になっていくのです（マルチバースレベルIII）。

Message

あなたは無数の可能性を重ね合わせた波なのです。遺伝や血筋の結果ではありません。

■宇宙は波？

宇宙を作る基本要素が波であるならば、波でできている星や私たちも波で、私たちや星でできている宇宙全体も波であるはずです。そして、その宇宙の波（波動関数）を全てそのまま進化させると、数えきれない世界、パラレルワールドがあることになるのです。

■電子は波、原子も波

例えば、電子は波（第2章第2節）です。波の揺れの高さ（振幅）は電子が「ある状態」である確率を表します（厳密には揺れの高さ×揺れの高さが確率です）。また、波は重ね合わせることができます。例えば、池に小石を投げると波が円状に広がっていきますが、その近くでもうひとつの小石を投げると、その小石が作る波と以前に投げた小石が作った波は重なり合い、重ね合わさった波は高くなったり、低くなったりします。

原子の中の電子はその原子を満たす波であり、よって電子は決まった位置にはないという話を第2章第3節でしましたが、電子があらゆる場所にいる時のその電子の波を全て重ね合わせた結果が、原子の中の電子の波と言えます。そして、その波の揺れの高さは、電子を観察したならばその電子がそれぞれの位置に観察される確率を表すのです。

一方、電子や光のような量子だけではなく、もっと大きな原子も分子も波であり、状態が重なり合って干渉を起こすことが実験で明らかになっています（第2章第2節）。量子でできている原子や分子が波ならば、原子や分子でできている猫や人、そして惑星のような大きな物体も波で表せるはずです。

しかし、猫や人や惑星の位置が、電子のように、あらゆる位置にある重ね合わせであるのを見たことがある人はいません。猫や人や惑星のようなマクロな物体は必ず決まった位置にあります。

なぜ量子のようなミクロの世界では重ね合わせが見られるのに、私たちのマクロな世界では重ね合わせが見られないのか、その真髄に迫るために、エルヴィン・シュレディンガー[*13]の有名な思考実験、シュレディンガーの猫を考えましょう。

■シュレディンガーの猫

この思考実験[*14]では猫が死んでいる状態と生きている状態の重ね合わせを作ります。外からエネルギーの出入りがない隔離された箱の中に猫を置き、中性子が崩壊すると毒ガスを出す装置を設置することを想像してください（図52）。

図 52

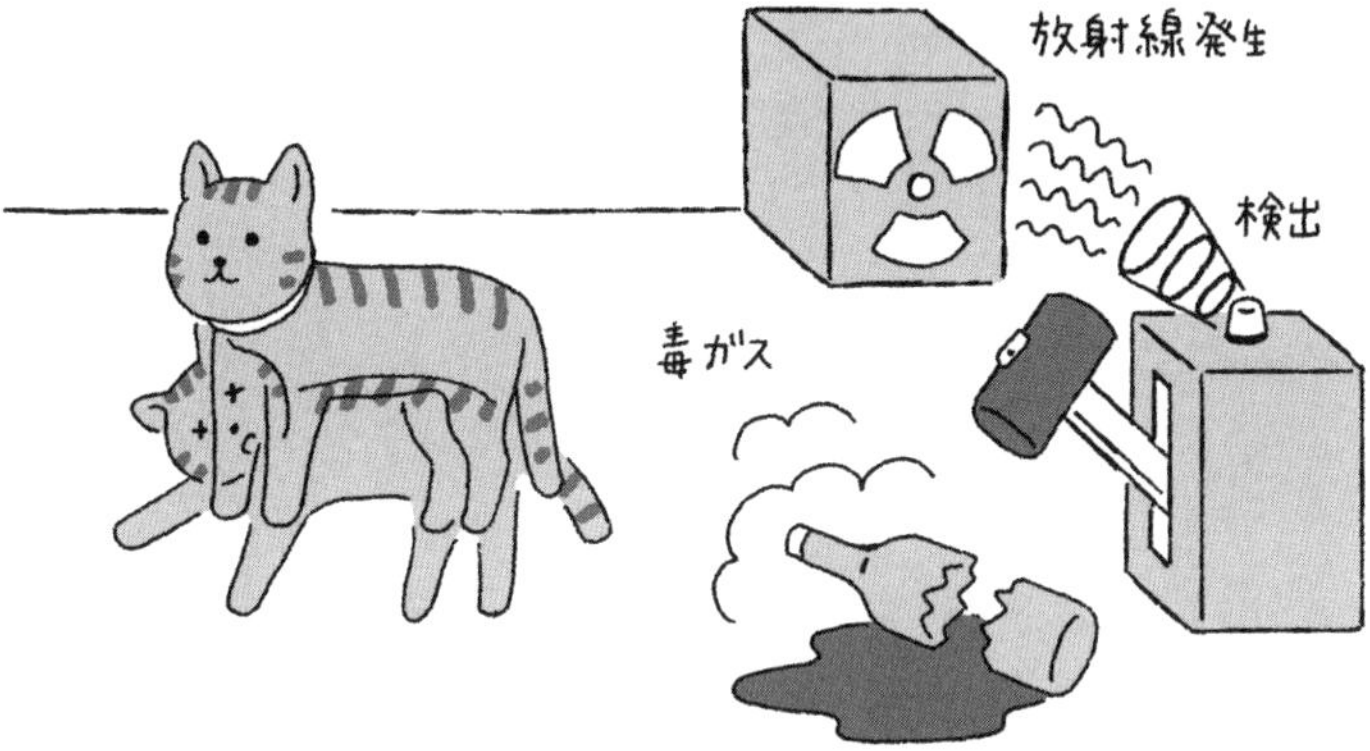

中性子はミクロな量子です。原子核の外の中性子は不安定で、平均12分で陽子と電子と反ニュートリノに崩壊してしまいますが、この崩壊は量子のプロセスです。よって、この中性子の状態は、崩壊していない状態と崩壊した状態の重ね合わせであり、次のように1つの波で表します。

〈崩壊していない〉 OR 〈崩壊した〉

ORは「重ね合わせ」を意味します。

最初、中性子は全く崩壊していない状態です。よって〈崩壊していない〉確率（波の高さ）が100％で、〈崩壊した〉確率（波の高さ）は0％です。しかし、時間と共に中性子の波は進化していき、波の高さが変わります。10分も経てば、〈崩壊していない〉も〈崩壊した〉も、どちらも50％の確率になり、その後も波は進化を続け、確率（波の高さ）がどんどん逆転していきます。

さらに箱の中には、この中性子が崩壊すると、その崩壊を検知して毒ガスを発する装置があります。この装置の状態は、中性子の状態とは互いに切っても切れない関係にあります。例えば、毒ガスが出ないということは必ず崩壊していないことを意味するし、逆に崩壊したのに毒ガスが出ないということはあり得ません。

つまり、どちらか1つの状態がもうひとつの状態を決定するという、もつれた関係にあるということです。この関係を「もつれ」または「エンタングルメント」と言います。

「もつれ」たものは、ANDを使い、中性子と毒ガス装置を次のように1つの波で表せます。


〈崩壊していないAND毒ガスが出ない〉 OR 〈崩壊したAND毒ガスが出た〉


ANDで繋がる2つの「もつれ」た状態が、OR、つまり「重ね合わせ」で存在している状態です。

最後に、箱の中には猫もいるので、猫も「もつれ」ます。中性子が崩壊する前は毒ガスが出ていないので猫は生きていますが、中性子が崩壊したら毒ガスが出るから猫は死にます。よって箱の中の状態を表す波は、

〈崩壊していないAND毒ガスが出ないAND生きている猫〉OR〈崩壊したAND毒ガスが出たAND死んだ猫〉

になります。つまり箱の中には、生きている猫と死んだ猫が重ね合わさって存在していることになります。

しかし私たちは猫の「重ね合わせ」を、例えば、半分生きていて半分死んでいる猫を見ることとは決してありません。箱を開けて猫を見ると、必ず猫は生きているか、死んでいるかのどちらかです。

では箱を開けなければ、猫は同時に生きていて死んでいるのでしょうか？「そんなことは馬鹿げている！量子力学の何かがおかしいはずだ！」というシュレディンガーの叫びが、この思考実験、シュレディンガーの猫を生んだのです。

■ デコヒーレンス

シュレディンガーの猫の問題は、1980年代、デコヒーレンスという理論によって解決されました。[*15] 猫は、誰か（何か）がその箱を開けて見る、見ないに拘らず、必ず生きているか死んでいるかのどちらかに決まっているのです。

シュレディンガーの思考実験では、箱の中にある環境、つまり無数の光や空気分子を無視していましたが、この環境も、装置や猫ともつれ（AND）ることを考えなければいけません。これら無数にある光子や空気分子それぞれが、装置や猫とランダムにもつれ（AND）ると、波の重ね合わせが打ち消されていき（第2章第2節、図10＆図11）、箱の中の（OR）の関係がなくなるのです。よって、箱の中にはどちらかの世界、

〈崩壊していないAND毒ガスが出ないAND生きている猫AND環境1〉

もしくは、

〈崩壊したAND毒ガスが出たAND死んだ猫AND環境2〉

しか存在しなくなります。デコヒーレンスとは、その無数のランダムなもつれにより、重ね合わせが消散することを意味します。

デコヒーレンスは10^{-20}秒以下という高速で完成するので、人間の脳がデコヒーレンス以前の重ね合わせを見ることは不可能です。よって環境がある限り、猫や人間のようなマクロな物体はデコヒーレンスにより、重ね合わせの状態であることはありません。だから、猫は死んでいる

か、生きているかのどちらかなのです。

■世界は消えるのか？　増えるのか？

しかし、仮に環境が一切なかったら、デコヒーレンスしなかったら、生きている猫と死んだ猫が重ね合わさった状態が存在することになります。ではここで問題です。

デコヒーレンスの前にあった2つの状態（生きた猫と死んだ猫）のうち、デコヒーレンスすることによって、1つはこの宇宙に残り、1つはこの宇宙からなくなってしまったと解釈すればよいのでしょうか？　それとも、デコヒーレンスによって1つの波（世界）が2つの波（世界）に分岐して、1つの世界では猫が生きていて、もうひとつの世界では猫が死んでいると解釈すればよいのでしょうか？

■多世界解釈（マルチバースレベルIII）

デコヒーレンスによって世界は消えるのか？　もしくは世界は増えるのか？　後者の解釈を多世界解釈[*16]と言います。多世界解釈は、宇宙を1つの重ね合わせの波（波動関数）で表すことから始まります。例えば、箱を開けて猫の様子を見るあなたも箱の中の波の一部で、1分後にあなたの部屋に入ってくる人も波の一部で、あなたと出会う全ての人々、あなたの足元の地球も波の一部ですから、宇宙全体を1つの波で表すべきなのです。

そして、宇宙の波のデコヒーレンスが新しい宇宙（世界）を生んでいくと考えるのです。私が投げかけた問いの答えになりますが、シュレディンガーの猫の実験を行うと、生きている猫がいる宇宙と、死んだ猫がいる宇宙、2つの宇宙に世界が分岐すると考えます。もちろんあなたも2つの世界に分岐し、生きている猫を見るあなたと、死んでいる猫を見るあなたになるのです。物理法則で許される全ての可能性は、宇宙から消えることなく、存続しているというのが多世界解釈です。

多世界解釈における宇宙の分岐は想像を絶する速さで頻繁に起こっています。宇宙のどこかで、重なり合った量子状態が周りともつれ、デコヒーレンスするたびに、宇宙は分岐するからです。

この分岐の数を定量化することはできませんが、例えば体の中で頻繁に起こる放射線崩壊により、1つの炭素が窒素に変わり、あなたは2つの世界に分岐したと仮定すると、この時、分岐したあなたとあなたはまだ全く同じ記憶を持っています。おそらくこの2人のあなたは、次の瞬間も同じことを考える全く同じあなたであるでしょう。一卵性の双子が同一の細胞から細胞分裂したようなものです。しかし時間と共に、2人のあなたは異なる環境ともつれ、異なるあなたになっていきます。一卵性の双子が、細胞分裂を繰り返し、子宮では少し異なる環境で育ち、生まれてからも異なる環境で育っていくのに似ています。見た目で間違えることはあっても、一卵性の双子のことを同一人物だと思う人はいません。同じく、無数の世界にいる無数のあなたはユニークな個人になっていくのです。

■あなたの可能性と確率、そして選択と未来

これがマルチバースレベルⅢです。マルチバースレベルⅢは、人間視点で世界分岐と解釈しますが、実は宇宙を表す1つの波があるだけです。ただその波の中に無数の宇宙のパターンがあり、無数のあなたのパターンがあるのです。

さらに、物理法則（シュレディンガーの方程式）に基づいて波は進化していくだけなので、全ての宇宙のパターン、全てのあなたのパターンは、可能性としてもう用意されていることになります。例えば、今日のランチにピザを食べたあなたは、インドネシアでウミガメと生態系を守る活動家になる世界に行く可能性が高くなり、牛丼を食べたあなたは日本で女性初の総理大臣になる世界に行く可能性が高くなったりします。

これはあくまで喩えですが、あなたがどんな選択をすれば、どんなあなたになるのかは、誰にもわかりません、未知です。多世界解釈における、宇宙の波の進化の結果である全てのあなたのパターンとその確率を計算することは不可能だからです。例えばあなただけでもおよそ10^{28}な

個の原子でできており、観測可能な宇宙内にはおよそ10^{80}個の原子があることを考えると、計算に必要な情報を得ることは不可能であることがわかると思います。

あなたがどんなあなたになるのかは、未知であるから、その方向が未来なのです。そしてわからないから、自由な選択、自由意志があるのだと思います。わからないから、あなたの一つひとつの選択が、あなたの未来を決定していくのです。

■ 多世界には行けない

また、分岐した世界には行くことはできないし、分岐した世界にいる異なるパターンのあなたと連絡を取り合うことも、会うこともできません。しかし、もし、過去にタイムトラベルが可能であるならば、過去のあなたに出会い、そこから分岐した世界で、過去のあなたと過ごすことも可能かもしれません。第7章第2節で過去へのタイムトラベルを考えてみます。

■ マルチバースレベルⅠとマルチバースレベルⅢ

マルチバースレベルⅠとマルチバースレベルⅢを比べると、マルチバースレベルⅢのほうが想像を絶するぶっとんだ理論のような気がしますが、マルチバースレベルⅠは無限なので、マルチバースレベルⅢで存在し得る世界は、もうすでにマルチバースレベルⅠのどこかで実現されているはずです（本章第2節）。

マルチバースレベルⅠの宇宙のパターンには、宇宙のイベントホライゾンによる上限（$10^{10^{122}}$）がありました。私たちの住んでいる世界の分岐にも同じ上限があるのではないかと予想されています。

宇宙思考

あなたの可能性は、物理法則に反することがない限り、（ほぼ）無限です。その可能性の重ね合わせがあなたです。全てのあなたの可能性が現実化する世界があなたの目の前に広がっています。どの世界にあなたが行くのかは誰にもわかりませんが、あなたがなりたい自分になれる世界も数多く広がっています。だから、一秒一秒の自分の選択を大事にして、なりたい自分がいる世界に向かっていけばよいのです。

脳科学的にあなたの可能性を考えることもできます。人間の脳にはおよそ1000億個の神経細胞があり、それぞれが繋がって100兆本以上の道を作り、情報交換をしています。そして常に新しい神経細胞が生まれ、新しい道ができ、ある道は強化され、ある道は捨てられ、あなたの脳の道の回路、コネクトームは常に変化しています。あなたが今何をするのか？　何を考えるのか？　という一秒一秒の選択で脳は変わっていくのです。

また、あなたはどの環境と、どんな人々ともつれあうのか？　という一秒一秒の選択でも脳は変わっていきます。あなたが、変わっていくのです。つまり、あなたは遺伝の結果ではないということです。自分が持った無数の可能性の中で、自分を作っていくことができるのです。なりたい自分になれるのです。「お父さんに似てあーだ」「お母さんに似てこーだ」「血筋がどーのこーの」と、科学的に根拠のないことを言う人々が多くいますが、もうやめてください。そして、そんな戯言《たわごと》に振り回されてはいけません。

みなさん、宇宙を学び、宇宙思考で自分を、周りの人々を、そして社会、地球を見直してみてください。この本からスタートしていただければ幸いです。そうすれば、あなたはなりたい自分になれることがわかるはずです。

05

Q

私たちの世界が全てシミュレーションだという可能性はありますか？

A

私たちの世界はもしかしたらシミュレーションかもしれません。

Message

自分の好きを追求して自分らしく生きよう！

■ 現実と仮想現実

幅40センチメートル、長さ5～6メートルの厚めの板が、クッションを敷き詰めた床の上5センチメートル程度の高さに固定されています。この板の上を端から端まで歩けますか？ ほとんどの人は問題なく歩けると思います。

今度はVRゴーグルをつけて同じ板の端に立ちます。VRゴーグルの中ではエレベーターに乗って地上80階までいく画像が流され、エレベータの扉が開くと、外は空中です。空中にこの板が飛び出しています。この板の上を端から端まで歩けますか？

私はこの仮想の現実を実際に体験してみましたが、脚がすくんで板の端から端まで時間内に歩くことができませんでした。現実の世界では、この板は床上5センチメートルの高さにある幅広の板で、しかも周りにはクッションが敷き詰めてあり、後ろからゲーセンの店員が私を支えてくれていることを脳のどこかで理解していたにも拘らず、脚が動かないのです。

現実＝Realityって何なのでしょう？

ゲームだけでも恐怖感から動けなくなるのに、もっとシミュレーションの質が向上したら、私たちには現実とシミュレーションの区別がつくのでしょうか？　夢の世界が現実だとわからなくなる時もあります。もしかしたら、私たちはもうすでにシミュレーションされた意識で、シミュレーションされた世界にいるのかもしれません。その可能性を完全否定することはできません。

■ シミュレーション

人間の脳をシミュレーションするには1秒に100兆からその1000倍回の計算処理（演算）ができるコンピュータが必要です。[*17] 人類の全歴史を連続的にシミュレーション（祖先シミュレーション）するとしたら、およそ10^{33}〜10^{36}回の計算が必要になります。

一方、惑星や星のエネルギーを支配した高度知的生命体がいるならば、惑星サイズのコンピュータを作ることができるであろうと考えられます。例えば木星サイズのコンピュータであれば、1秒に10^{49}回の計算をすることができ、[*18] 全人類の過去から未来までの脳とその環境を十分に、数十億回以上、シミュレーションできるであろうと予想されます。[*19] 量子コンピュータならばノートパソコン程度でシミュレーションできてしまうかもしれません。シミュレーション内の人間がシミュレーションだと気づいてしまったなら、それ以後の計算（全ての記憶）は消去し、計算し直せばいいだけです。

オックスフォード大学の哲学者・理論物理学者ニック・ボストロムのシミュレーション論法[*20]によると、

❶ 知的生命体は、惑星や星のエネルギーを支配する文明を築く前に絶滅する
❷ そんな文明を築いた高度知的生命体は、自分たちの進化の歴史、または条件や環境が異なる高度知的生命体の歴史をシミュレーションすることに興味がない。これを祖先シミュレーションと呼ぶ
❸ 私たちはシミュレーションの中で生きている

という、3つの判断（命題）ができ、どれかが正しいとします。

この論理によると、私たちが祖先シミュレーションをすることができる科学技術を取得し（①が否定）、祖先シミュレーションを始めたら（②が否定）、同等の知恵をもったシミュレーション内の人類も祖先シミュレーションを行い、ずっと何世代もどんどん祖先シミュレーションを行うであろうから、結果として私たち自身がシミュレーションである確率が非常に高くなるというわけです。

未来の人類が絶滅することなく、星間文明を築く可能性を信じたいのならば、私たちがシミュレーションである可能性も同時に高くなることを受け入れなければならないようです。

宇宙思考

シミュレーターに消される可能性があります。自分らしく、自分の好きを追求して、人生をエンジョイしましょう。

第7章

タイムトラベルしたいかい？

01

Q

未来へタイムトラベルできますか？

A

動けば、どんなスピードでも、人より先に未来へタイムトラベルできます。時空の道のりが時間を決めるから、寄り道すればいいのです。

Message

未来へタイムトラベルしたからといって、あなた自身が長生きできるわけではありません。誰にも平等にやってくる一秒一秒を大切にしましょう。

■時空の道のり

未来へのタイムトラベルは簡単です。現に、私もあなたも、今一秒一秒未来へタイムトラベルしています。

人よりも先に未来に行きたければ、簡単に言えば、人よりも動けばいいのです。空間を動くと時間方向に進めなくなり、動いている人の時間は、動いていない人に比べてゆっくりになるからです（第３章第３節）。

ただし、動きは相対的、視点に依存するので（第１章第３節）、あなたの視点からは他人が動いていることになってしまい、あなたから見ると他人の時計がゆっくりになり、他人から見るとあなたの時計がゆっくりになります。しかし、二人が出会って時計を比べる時に、実際どちらの時間が遅れているのでしょうか？

それぞれの時間の経過は、二人がどう時空を動いたのか、その道のりが決定します。道のりが長ければ長いほど、時間経過が短いのです。

時空内で、あなたとあなたの友達が、家（α地点）から学校（β地点）まで移動する際の２つの異なる道のりを考えます（次ページ、図53）。図に示す時空の座標は左右方向が空間の座標で、上下方向が時間の座標です。時間軸の時間は地球上の時間、つまり、家（スタート地点α）と学校

図 53

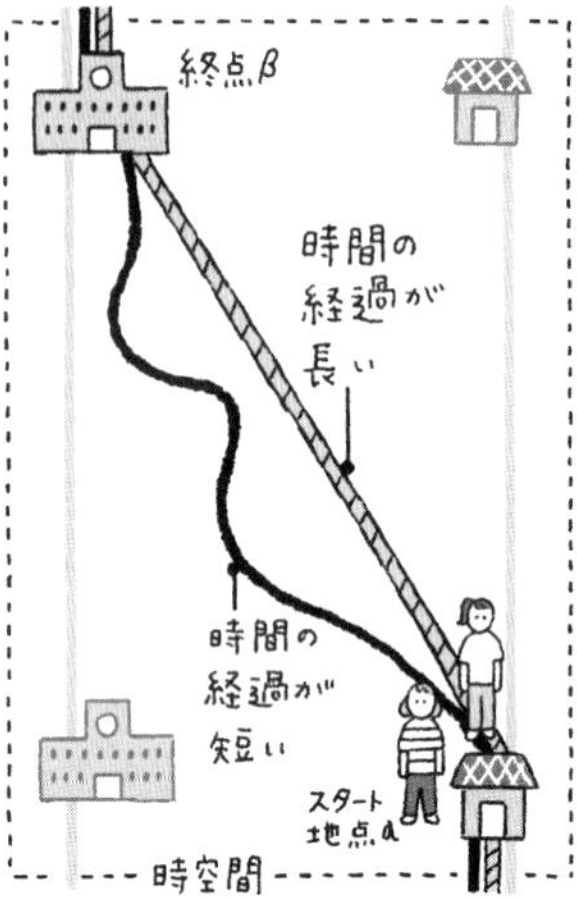

（終点β）の時計が示す時間です。家の時計と学校の時計は全く同じ時を刻んでいます。

しかし、この時間座標は、地上を動くあなたや友達の時間の経過を表すものではありません。時間は個人的、個々のものだからです。

二人は家の時計で同時刻に家を出発し、学校の時計（家の時計と同じ）で同時刻に学校に到着します。様々な道筋が考えられますが、友達は時空内で家と学校を真っ直ぐに結ぶ道（斜線の道）を動きましたが、あなたは動いて動いて寄り道（黒色の道）をしたと仮定します。

その結果、時空の道のりが長かったあなたの時間の経過は、時空の道のりが短かった友達の時間の経過よりも短くなります。動きまくって寄り道をした人ほど、その人にとって短い時間で、時空上の同じ終点に到達できるのです。つまり、相手の未来へ行くことができるということです。言い換えると、学校に着いた時には、寄り道をした人のほうが少し若いということになります。

しかし、私たちが日常生活で時空の道のりの違いから、時間経過の違いを感じることはありません。例えば、時速2万8000キロメートル（秒速8キロメートル！）で動く国際宇宙ステーションで1年を過ごした、NASAの双子宇宙飛行士の一人、スコットは、地球に残った双子のマークに比べて、どれだけ若くなったと思いますか？　たった0・01秒です。これは理論値で、実際年齢の違いとして計測できたわけではありません。

一方、空間内のスピードが速くなればなるほど、光のスピードに近づけば近づくほど、時間経過の違いは顕著になっていきます。そして宇宙スケール、素粒子スケールでは、明らかな時間経過の差が、正確に計測されています。

■双子のパラドックスはない

「双子のパラドックス」というものがあります。双子宇宙飛行士の一人、マークは、光速の5分の4のスピードで動く宇宙船に乗り4光年先にあるプロキシマ・ケンタウリ星に向かっており、一方、マークの双子の兄弟スコットは、地球でマークの帰りを待っている状況を思い浮かべてください。

モノの動きは相対的なので、スコットから見たらマークは光速の5分の4のスピードで動いているように見えますが、マークから見たら、マークは全く動いておらず、スコット（と地球）が光速の5分の4のスピードで自分から離れていくように見えます。そして同じく、動くモノ（人）の時間の進み方も相対的ですから、スコットから見たら、動いているマークの時計が遅れているように思えるけれども、マークから見たらスコットの時計が遅れているように思えるのです。では、マークが地球に戻ってきてスコットと再会すると、マークから見たらスコットよりマーク自身のほうが歳をとっており、スコットから見たらマークよりスコット自身のほうが歳をとっていることになるのでしょうか？　これが双子のパラドックスです。

しかし、双子のパラドックスは一見パラドックスのように思えますが、二人の時空の道のりを比べれば、全然パラドックスではないことがわかります。時空図でマークとスコットの時空の道のりを考えてみましょう。

まずは地球の時空図（図54左）を使います。スコットは地球上にいるので、時間の方向へ真っ直ぐに進んでいくだけです。よってスコットの道のりは時間軸上にある斜線の道です。一方、マークは4光年先のプロキシマ・センタウリ星に行き、Uターンして地球に戻ってくる故、マークの道のりは灰色の道です。マークの道のりのほうがスコットの道のりよりも長いことがわかります。道のりが長いほうが、時間の経過は短いので、再会時、マークのほうが若いことになります。

どの時空図で道のりを比べても同じ結果になります。例えば、光速の5分の4のスピードで

図 54

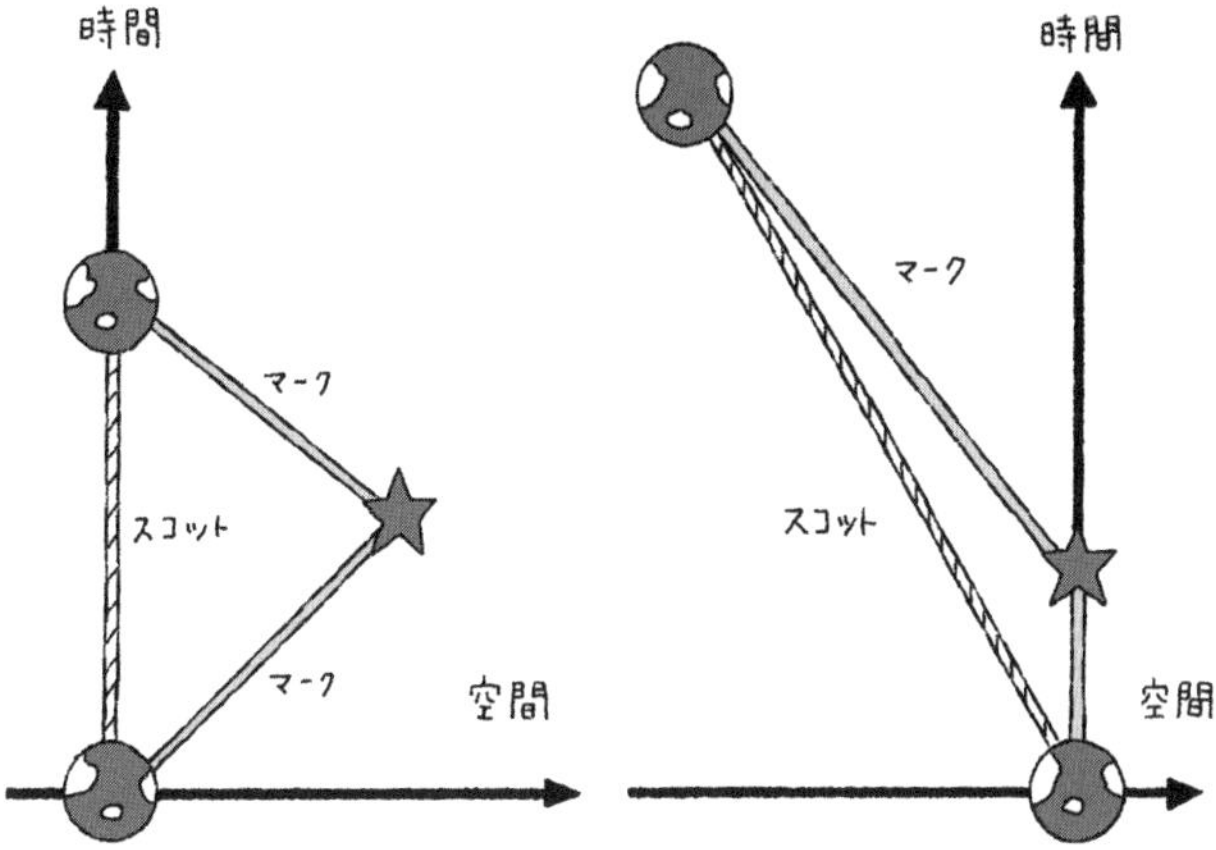

アルファケンタウリ星に向かう宇宙船の時空図(図54右)上でも、マークの道のり(灰色)のほうがスコットの道のり(斜線)よりも長いことがわかります。

マークが旅立った時、双子の二人は32歳でした。しかしマークが旅から戻ってくると、マークはまだ37歳なのに、マークよりも3歳と4ヶ月老けて40歳になったスコットと再会することでしょう。スコットも自分よりも3歳と4ヶ月若いマークに気づきます(地球及びプロキシマ・ケンタウリ星での加速と減速を無視して計算していますが、マークが若いままだという結果は変わりません)。ここにパラドックスは存在しません。マークはスコットの、そして地球の未来へタイムトラベルしたのです。動けば、未来へタイムトラベルできるのです!

■同じ一秒一秒で未来へ行く

しかし時間が遅くなるということは、体の時計も同じように遅くなるので、動いたからといって決して長生きができるわけではありません。みんな、自分にとっての一秒一秒で未来に行くのだけれど、それぞれの一秒一秒の幅が相対的に異なり、その異なる一秒一秒で未来に動いていくということです。動くことで、より早く相手の未来へ到達できるのです。

宇宙思考

時空を寄り道して未来へ行くことを、日本の昔話に出てくる浦島太郎にちなみ、ウラシマ効果とも言います。浦島太郎の竜宮城は宇宙船だったのかもしれません。宇宙船が光速に近いスピードで3年間動いている間に、浦島太郎が地球に戻ってくる頃には、地球は700年の時が経っていた、と物理法則に従って説明できるからです。しかし浦島太郎も長生きができたわけではありません。普通に3年間、酒と女に溺れていたら、700年先の地球の未来へ早く着いたというだけです。

ただし、この話のオチが物理法則に反します。玉手箱を開けると浦島太郎が瞬時におじいさんになるなんてことはありません。周りの人々にとって、浦島太郎が瞬時におじいさんになってしまったと感じることはあったとしても（例えば浦島太郎以外の、地球を含めた全てが光速に近いスピードで動いた、など）、浦島太郎自身にとって、自分が瞬時におじいさんになってしまうなんてことはありえません。時間の進み方は相対的で個人的であっても、太郎にとっての一秒一秒、そしてあなたにとっての一秒一秒は、みんなと同じように平等にやってくるからです。

自分はどんな粒子のコンビネーションで生まれたのか、時空のどの場所に生まれ、どんな場所で育つのかなど、生まれた時の初期条件は生まれた個人が選ぶことはできません。[注]しかし、そこから一秒一秒何をするのか？　何を考えるのか？　どんな自分になりたくて、どの方向に進んでいくのかは選択できます。自分の存在意義は自分が作り、自分の価値は自分が決めるので、1年前の自分よりも、1週間前の自分よりも、一秒前の自分よりも、なりたい自分に近づいていけばよいのです。だからこそ、誰にも平等にやってくる一秒一秒を大切にしなければいけないのです。

※注　幼児ポルノにはまり逮捕された人の脳の、性的衝動を抑制する場所に腫瘍があり、その腫瘍をとると性的衝動が止まったという例もありますし、周りの子供を遊具から突き落とす幼稚園児の脳の、攻撃性を抑制する場所に腫瘍があることがわかり、その腫瘍をとると攻撃性がなくなったという例もあります。人はそれぞれ初期条件が異なり、自分の一秒一秒の選択でコントロールし得ない側面もあることを覚えておいてください。

さらに、人間は野球ボールではありませんから、初期条件はとても複雑で容易に原因を突き止められるものではありません。遺伝子の組み合わせも複雑ですし、子宮内での多様な環境及び突然変異による影響などもあります。そして人間が生まれ育つ社会や環境からの影響もさらに複雑であることを覚えておいてください。つまり、安易に人を咎めたり、責任追及したりすることはできない、ということです。

一方、何らかの明確にできない原因から、他人を傷つける人々は社会から隔離されるべきです。しかしそんな「犯罪者」でも、人間らしい生活ができるべきであるし、更生の機会を与えられるべきだと思います。

02

Q 過去へタイムトラベルできますか？

A 過去へのタイムトラベルは数学では可能ですが、マクロなあなたが過去へ行くには様々な問題が浮上します。

Message

過去の喜び、幸せ、興奮、そして悲しみ、苦しみ、間違いも含め全てが今のあなたを作っているのだから、それらのひとつでも欠けていたら他人です。あなたではありません。過去は変えられませんが、過去の物語は変えられます。そして物語が変われば、未来が変わります。

■過去には行けない（私の意見）

過去に行けるとしたら、あなたは何がしたいのでしょうか？

ティラノサウルスやトリケラトプスを見てみたいですか？

アインシュタインに会って話をしてみたいですか？

自分の人生をやり直したいですか？

残念ながら全部できません。過去に行けるのならば、もう過去の所々にタイムマシーンの出口があったことになります（なかったですよね）。たとえタイムマシーンが開発された後の未来の人が過去へ行けたとしても、過去は定義として終わったことなので、やり直すことはできません。私たち人間のようなマクロなモノは過去には行けない、と私は思います。

■光より速くは動けない

光速以上で「仮に」動けたとしたら、過去に戻ることが可能になりますが、残念ながら、光速よりも速くは動けません！　時空にはスピード制限（光速）があるからです（第3章第3節）。光速で動いていないモノにどれだけエネルギーを与えて加速しても絶対に光速に達することはありません。加速すればするほど、より多くのエネルギーが必要になり、結果として無限大のエネルギーが必要になるからです。

初めから光速以上のスピードで動いているならば別です。そんな仮想の粒子をタキオンと言いますが、タキオンを使えば、例えば自分の過去に情報を送ることも可能になります。宇宙ロケットで友達に旅に出てもらい、タキオン信号を受信し送り返してもらえばよいのです。しかし、宝くじの当せん番号を過去の自分に送れば、自分は大金持ちになれる！　と喜ぶのは早いです。

過去を変えることは可能なのでしょうか？

さらに、タキオンは仮想の粒子であり現時点で宇宙のどこにもその存在は確認されていません。

■時空を歪めて時間のループを作る

光速より速く動くことはできませんが、時空は歪むので（第3章第5節）、時空の歪みを操作することができれば、あなたの未来の方向を、外の世界の過去の方向に変えることができてしまいます。

例えば、ブラックホールの中に入ったアリスの未来の方向は、ブラックホールの時空の歪み

図55

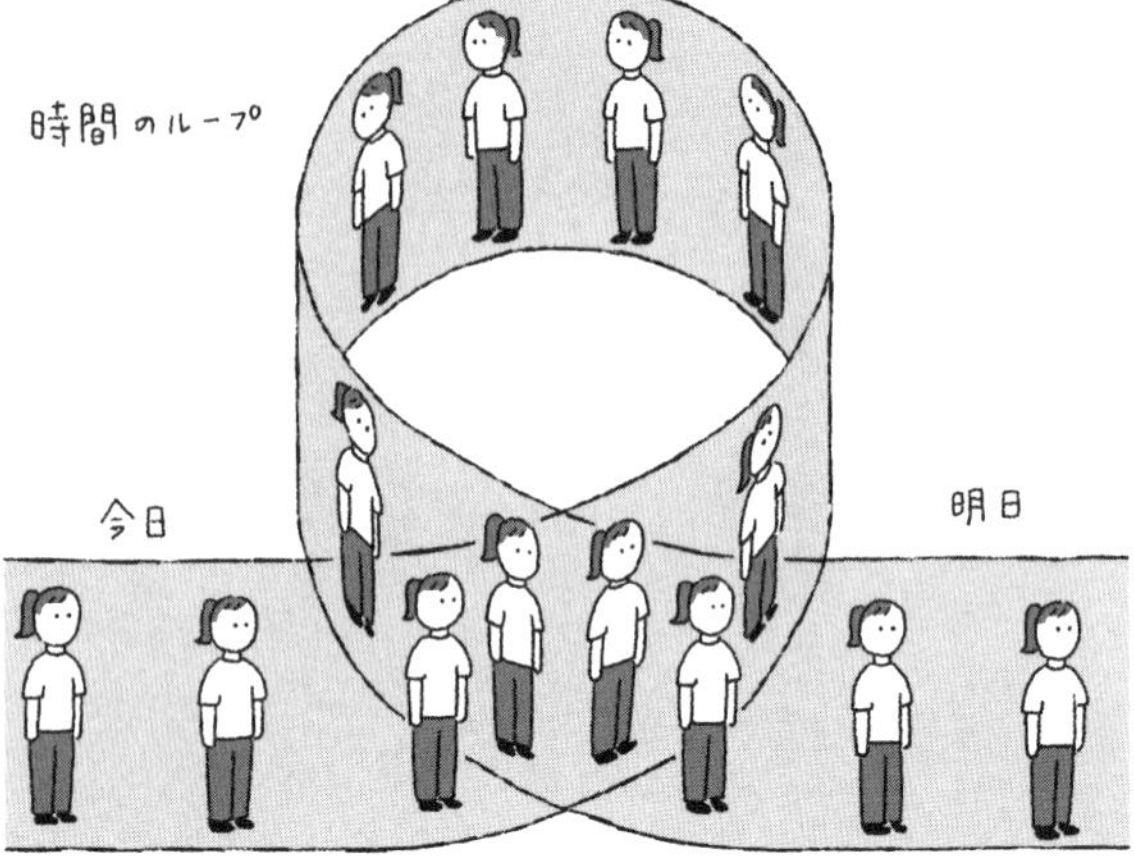

により、「特異点」(空間)の方向になってしまうことを思い出してください(第4章第2節)。時空の歪みにより個人の未来の方向が変わるという一例です。

さらに時空が歪み、個人の未来の方向が過去の方向になったら？　その結果が時間のループ(時間的閉曲線：Closed Timelike Curve)です。そんな時間のループがあれば、もしくは作ることができれば、過去にタイムトラベルが可能になります。

最もシンプルな時間のループの例を紹介します(図55)。入口から自分の未来(矢印)の方向に進んでいくと、また入口に戻ってくるループです。入口に戻ってくると、この入口に入ってくる自分に出会います。ということは、入口に入った時にもうすでに、くるっと回って戻ってくる自分に出会っていたはずです。

入口に入ったあなたの過去に未来の自分がい

て、入口に戻ってきたあなたの未来に過去の自分がいるのです。これは第3章第4節の、宇宙のエントロピーは減ることなく増え続け、その方向が私たちの未来である、という話と矛盾します。エントロピーが低い過去に、エントロピーがより高い未来があり、エントロピーが高い未来に、エントロピーがより低い過去があるのは、おかしいです。このように時間のループとは、過去にタイムトラベルできるタイムマシーンですが、未来と過去の方向に一貫性がなくなります。

一般相対性理論の数学の解としての時間のループは様々あります。例えば回転する宇宙、無限の円柱や宇宙のひもの周り、そして高速回転するブラックホールの特異点の近くに時間のループを、数学では、作ることができるようです。しかしどれもこれも観測されておらず実体がありません。

映画によく出てくるワームホールでも時間のループを作ることができますが、同じく観測はされておらず、ループを作る過程で様々な問題が残ります。例えばワームホールは不安定で、すぐブラックホールになってしまいます。よってここからは「もしかしたら？」という夢物語としてワームホールを使ったタイムトラベルを考えてみたいと思います。

図 56

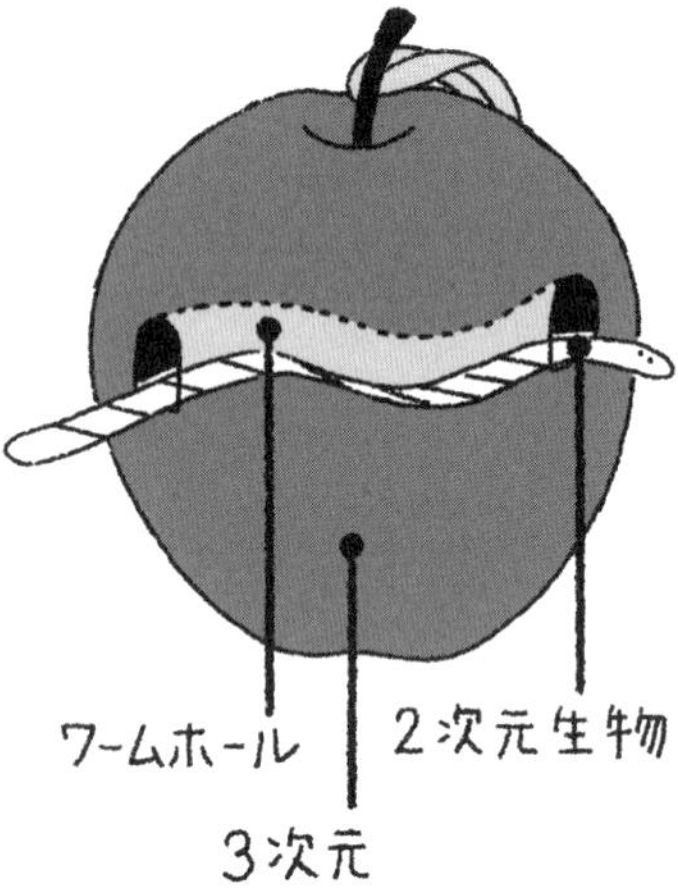

■ワームホール

ワームは虫、ホールは穴です。虫がりんごの表面の、ある場所から反対側に移動しようと思ったら、表面を歩くよりも、リンゴを貫通する穴があるのなら、その穴を通ったほうが早く到達できますよね（図56）。

ここで虫は、リンゴの表面という2次元世界に住む2次元生物と考えます。そしてリンゴを貫通する穴は、虫には自由に動けない3次元を突き抜けるトンネルです。そして、この近道トンネルがワームホールです。[*1] このワームホールは、高次元（ハイパースペース）があると仮定して、その高次元を利用したものです。

映画『インターステラー』で登場したのも、ハイパースペースで私たちの4次元時空を結ぶワームホール（時空の近道）でした。5次元空間を操ることができるようになった未来の人類が作ったという設定です。ドラえもんのどこでもドアも同じ原理のワームホールだと思います。

しかし、ハイパースペースを必要としないワームホールも、理論的には、可能です。ここで注意！　数学の解は純粋な論理ですから、実存が確認されなければ、物理ではありません。現時点でワームホールの存在は確認されていません。

■量子スケールのワームホール

空間の最小（プランク）スケールでは、不確定さ（第2章第2節）により時空が揺らいでおり、あらゆるワームホールが現れ消えていると予想されます。例えば映画『アベンジャーズ／エンドゲーム』では、ピム粒子（フィクション）で量子化したスーパーヒーローたちが、このような量子スケールのワームホールを使い、過去の様々な時空点にタイムトラベルしました（フィクションです）。

しかし人間をプランクスケールに縮小するよりも、プランクスケールのワームホールを人間サイズに引き伸ばすほうが理論的に可能だと思います。もちろん今の私たちにはできない技術ですが、星も銀河も、元はと言えばプランクスケールの密度の揺らぎがインフレーションによって引き伸ばされた結果、形成されたようであることを思い出してください（第6章第3節）。

つまりインフレーションを理解することができれば、量子ワームホールを引き伸ばすことができるかもしれません。そうすれば自分たちで、理論的には、時空の近道を作ることができます。時空の近道があれば、理論的には、時間のループを作り、過去にタイムトラベルが可能になります。

■通り抜け可能なワームホール

タイムマシーンとして使うワームホールは人間が通り抜けられるワームホールでなければなりません（図57）。このイラストは、私たちの宇宙を2次元で表し、この2次元宇宙のある場所とある場所を繋ぐワームホールです。

ワームホールには2つの出入口があり、それらは喉（近道トンネル）で繋がれていますが、その喉は、自身の重力ですぐ閉じてしまい、ブラックホールになってしまいます。よって、その閉じる正の重力に対して逆方向に働く負のエネルギーを持つ、例えばダークエネルギーや仮想のエキゾチック物質などを使って、喉をしっかり開けておく必要があります。*2 さらに、外から少しのエネルギー、例えば光が入ってきても、その正の重力により喉は閉じてしまうという問題もあります。ですからこれら全ての問題を解決できると仮定すれば（現時点では無理なようです）、ワームホールが通り抜け可能になり、そのワームホールを使うと過去へもタイムトラベルでき

図57

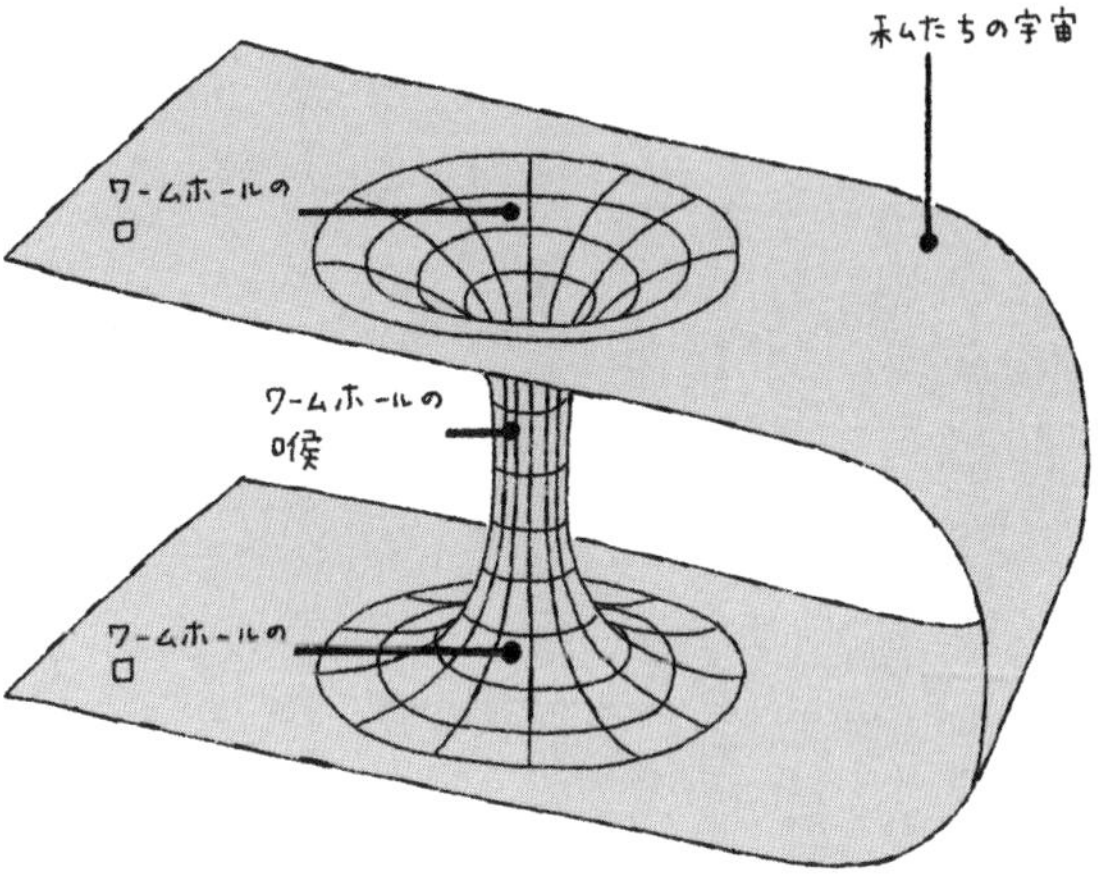

るタイムマシーンを作れます。

■タイムマシーン

未来の天才双子兄弟、たけちゃんとぴやちゃんが20歳の時、そんなワームホールを実験室で完成させたと仮定します。このワームホールは、1つの出入口に入るとほぼ瞬時にもうひとつの出入口に移動できる時空の近道です。そしてこのワームホールの出入口のひとつ、「出入口1」を宇宙船に移動させ、もう片方のワームホールの出入口、「出入口2」は実験室に残します。

次に、双子兄弟の一人たけちゃんが、ワームホールの「出入口1」を載せた宇宙船に乗り、光速に近いスピードで宇宙旅行します。タイムマシーン製作の始まりです。

たけちゃんはたけちゃんの時計で1年後に地球

に戻ってきます。ここで、動く時計は遅くなることを思い出してください（第3章第3節&第7章第1節）。たけちゃんにとっての1年は、地球に残ったびやちゃんの時計で3年に相当します。よって、たけちゃんとワームホールの「出入口1」は、びやちゃんと「出入口2」の、地球の未来へタイムトラベルすることになります。地球で再度双子の兄弟が出会う時、たけちゃんは21歳ですが、びやちゃんは23歳になっているということです（図58）。

ワームホールの出入口はどれだけ動いても、喉（近道トンネル）の長さは変わりませんし、喉を覗くと二人の時計は常に一致しています（図58の斜線がワームホールです）。たけちゃんが宇宙船の中にあるワームホールの「出入口1」を覗くと、同い年、21歳のびやちゃんが見えます。その21歳のびやちゃんも、地球の実験室にあるワームホールの「出入口2」を覗くと21歳のたけちゃんが見えます（図59）。

しかしたけちゃんは3年後の地球にタイムトラベルしたので、外から23歳のびやちゃんが出迎えてくれます。「出入口1」には21歳のびやちゃんがいて、横には23歳のびやちゃんがいることになります。また、21歳のびやちゃんも、「出入口2」に23歳の、さらに太く逞しくなった（筋トレ効果）自分を見ることができます（図59）。

つまり、「出入口2」から「出入口1」へ、21歳のびやちゃんは23歳の自分に会いに行くことができるし、「出入口1」から「出入口2」へは、23歳のびやちゃんが21歳の自分に会いにいくことができるようになったということです。「出入口1」「出入口2」は、未来と過去を行

図 58

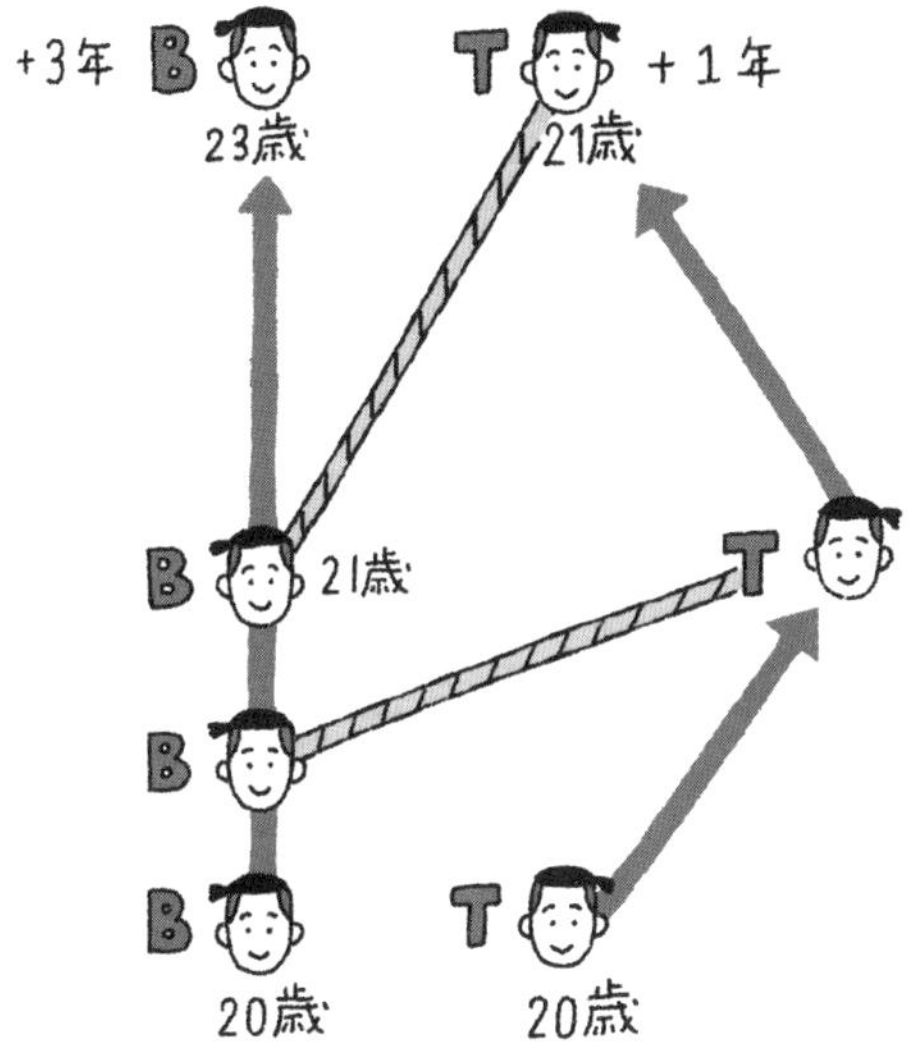
+3年
B
23歳
T
+1年
21歳
B
21歳
T
B
B
20歳
T
20歳

図 59

21歳
23歳
T
B
B
出入口2
21歳
2026年の地球
B
21歳
B
T
出入口1
23歳
21歳
2028年の地球

き来できるワームホール、つまりタイムマシーンの出入口です。天才双子兄弟は、常に2年の時の差を結ぶタイムマシーンを作ったのです。

もっとワームホールがあれば、10年先、100年先と様々な未来の時と過去の時を結ぶタイムマシーンを作れます。しかしタイムマシーンが完成した以前の過去に戻ることはできません。去年どこかでタイムマシーンを見かけましたか？　去年なかったのであれば、残念ながら、もう去年には行けないということです。

■パラドックスがあってはいけない

ここで問題です。過去に行った23歳のびやちゃんが21歳のびやちゃんと殴り合いの喧嘩を始め、23歳のびやちゃんは21歳のびやちゃんを階段から突き落として殺してしまいました。21歳のびやちゃんが死んだのならば、「誰」が23歳のびやちゃんになったのでしょう？　23歳のびやちゃんの存在自体が矛盾になります。

これは過去へのタイムトラベルに付きまとうパラドックスです。しかし、このパラドックスは物理の問題ではなく論理の問題です。過去へのタイムトラベルには論理的矛盾があるのです。パラドックスはあってはならないから、パラドックスなのですから、絶対にあり得ないことです。

このパラドックスが生まれる理由は、時間のループにより、過去と未来の方向がごちゃ混ぜになるからです。過去は終わったことであり記憶に残っているのに対して、未来はこれから選択できる未知のものです（第3章第4節）。21歳のびやちゃんが23歳のびやちゃんの未来になってしまうからパラドックスが生まれます。21歳のびやちゃんは過去であり、終わったことであり、選択できる未来ではありません。このパラドックスが生まれる限り、時間のループは宇宙に存在することができないでしょう。つまり過去へのタイムトラベルは許されないのです。

ちなみに、パラドックスが一切生まれないタイムトラベルであれば、過去へのタイムトラベルが可能になるかもしれません。つまり、過去にタイムトラベルした23歳のびやちゃんは、過去に行った時点で自由な選択ができなくなればよいのです。過去へのタイムトラベルを可能にしたいのならば、人間に自由意志（選択）はないことを受け入れる必要があります。

■パラレルワールド

毎秒数えきれない数の世界に分岐していく、多世界解釈によるパラレルワールド（第6章第3節）があるならば、自由意志をキープしたままで、過去へのタイムトラベルが可能かもしれません。あなたが過去に行く時は、あなたがいた元の世界には戻らず、あなたが過去に行くまでの過去は同じだけれど、そこからはストーリーが異なる世界に行くのです。よってあなたの過去と未来が混同することはありません。

さらに、多世界解釈では自分を殺してもパラドックスは生まれません。23歳のびやちゃんがタイムトラベルした世界では、21歳のびやちゃんは死んでしまいますが、23歳のびやちゃんが元々いた世界では21歳のびやちゃんは殺されないからです。論理的に一貫性が保たれるというわけです。

しかしここでまた問題です。21歳のびやちゃんのところへ、1秒後のびやちゃん、1分後のびやちゃん、1日後のびやちゃん、10年後のびやちゃん、11年後のびやちゃんといった具合に、毎秒毎秒のびやちゃんが全員集合してしまったらどうなるのでしょうか？　もしこんなことが起きれば、多くの世界からびやちゃんが消え去ることは確かなのですが、それぞれの世界の質量やエネルギーが保存されなくなります。これは問題ではないのでしょうか？　多世界全体で質量やエネルギーが保存されていればいいのでしょうか？

さらに、びやちゃんだけでなく、タイムマシーン完成以後生まれる全ての人類、動物、さらには天の川銀河中の生命体が全員1つの世界に集合してしまったら、その世界は、そしてその世界以外の世界はどうなるのでしょうか？　私にはよくわかりませんし、どの科学者にも明確な答えはないでしょう。

これら多くの疑問が残る故、私は、パラレルワールドがあろうとも、過去へはタイムトラベルはできないと思います。

■人生のやり直しはできない

たとえパラレルワールドがあったとしても、過去は終わったことですから、自分の人生をやり直すことはできません。あなたの時間の矢の方向をひっくり返して、映画を巻き戻すように、あなたを過去の状態に戻すことができたとしても、「やり直す」ことは無理です。

ミクロスケールで、物理の法則に時間の方向はありませんから（第6章第4節）、あなたを作るミクロの粒子全てを完璧に微調整し、全てをエントロピーの減る方向、過去の方向に動かすことができたら、若返りは可能なような気がします。

しかし、あなたの意識を生む電子の動きも過去の方向に進むので、記憶が1つずつなくなっていきます。よって過去に行ったという認識も、巻き戻されている感覚もありません。だから物理的に若返ったとしても、あなたの意識に若返ったという感覚は一切生まれません。時間の矢の方向があなたの未来ですから、いつも通りに未来（以前の過去）へ一秒一秒動いていくだけです。若返ってから再度時間の矢を元通りにしても、何も覚えていないのだから、全く同じ人生を再び歩むだけです。

さらに、あなたの時間の矢をひっくり返すことは、現実では無理です。あなたを巻き戻すには、あなたが過去に発した、または接触した全ての光と原子・分子も巻き戻さなければいけません。あなたが過去に発した熱を運ぶ無数の分子はその熱をあなたに返すことができるのでしょうか？　食べた物は胃で元の形になり、口から出てくるのでしょうか？

完璧に閉じた空間内であれば巻き戻しは理論的に可能なように思えるかもしれませんが、どんな閉じた空間でも必ず接触面があり、その接触面にある環境が巻き戻し計画を邪魔します。例えば外からの光子が数個接触するだけでも、この接触により誘発された閉じた空間内の粒子の動きが、空間内を乱雑さの増す方向に煽り、空間内のエントロピーは増え始めます。

よって、マクロなモノの時間の矢を変えることは、やはり不可能なのです。変えるならば宇宙全体が変わらなければいけません。

あなたは過去に戻ってもう一度人生をやり直したいと思いますか？

私は自分の人生をやり直したいとは1ミリも思いません。間違いだらけで、転んでばかりですが、立ち上がって未来へ進む、不完全で輝いている私が好きだからです。私というスペシャルで、唯一無二の存在を作った過去の一秒一秒が、そして愛する人々との過去の一秒一秒が貴重だからです。

そして、この同じ宇宙の、同じ座標（時間・場所）に戻ってくることができないのならば、未来へも過去へもタイムトラベルしたくはありません。この宇宙の、今、この座標に、私の愛する人々がいるからです。私の軌跡があり、私が愛する人々の軌跡があるからです。

宇宙思考

どう考えても過去には行けないようですし、たとえ世界が分岐することで過去のある座標に戻れたとしても、あなたの人生をやり直せるわけではありません。しかしもし仮に、あなたが人生を1年前に戻ってやり直せたとします。そうしたら、その1年後にはあなたはもうあなたではなくなるでしょう。あなたは、あなたが経験した喜び、幸せ、興奮、そして悲しみ、苦しみ、間違いなども含め、全ての過去があるからこそ、あなたであり得るのです。ひとつでも欠けていたら、今のあなたは存在しません。

やはり過去は変えられないし、今までのあなたを変えることもできませんが過去の記憶の「物語」は変えることができます。記憶の物語は脳の仮定であり、思い込みなので、物語が変われば、未来を、つまり未来の自分を変えることができます。

あなたは過去に起こった全てを覚えていますか？　昨日玄関の足元にあった埃、1週間前街ですれ違った人々の様子などは過去の座標に確実にあった出来事なのですが、あなたの記憶には残っていないでしょう。あなたは自分に役に立つことを厳選して長期記憶（データ）として残しています。そして、それらの記憶は脳のネットワークを通して他の記憶やあらゆる感情と関連付けられ、物語としてセーブされます。記憶はあなたの作る物語なのです。

例えば、仮の話ですが、あなたは、学校でスクールカースト上位のいじめっ子グループに無視され続けているとします。過去、同じグループにいじめられ、不登校になった生徒のようにはなりたくないという、不安と恐れの感情に学校での嫌な経験とが繋がり、そのままの自分であることを否定する物語がセーブされます。自分の価値も個性も否定し、いじめられないように自分を変えるための物語です。しかし、これらの物語はあなたが作ったものです。

一方、記憶（物語）というのは、引き出して使う（誰かに話す、自分で考え直すなど）たびに、脳に新しい繋がりができ、書き換えられていくそうです。辛い記憶も悲しい記憶も、時間と共に、辛さや悲しさが軽減していくのは、あなたが記憶＝物語を書き換えているからです。

つまり、いじめっ子グループに無視されいじめられることで誘発された、自分の価値や個性を否定するあなたの物語も書き直せるということです。そのままのあなたでいることが間違っているから無視される、またはいじめられるという物語から、人をいじめて下を作ることでしか自分の価値を感じられない、不幸で惨めないじめっ子たちと、たとえ今友達はいなくても自分のままで輝いている素敵なあなたの物語に変えてみてはどうでしょうか？

あなたの未来はあなたが作る物語で変わっていきます。もしも、学校や先生、そして会社や上司も頼りなく、容易に物語を書き換えられないのであれば、学校や会社を変わり、自分の物語を創ってください。物語は脳にある仮定であり、仮説ですから、自分でどんどん書き換えていけるし、書き換えていくべきなのです。そして自分で過去の物語を変えることで、自分の未来を変えることができるのです。

なりたい自分に向かって、あなたらしく、あなたのままで、輝いてください。

おわりに

私は宇宙に自分の意味や価値を求め宇宙を学び始めましたが、学ぶ過程で、自分の意味や価値は自分が決めるもので、自分の内から湧き出てくるものだ、という結論に至り、心に平和がやってきました。

さらに、宇宙の学びを通して、自分の輝きにも気づきました。誰とも違う、ユニークな輝きです。自分をあるがまま受け入れ、愛することができるようになりました。愛に溢れたエネルギーが私を満たしています。そして自分の年齢や状況に関係なく、私には無数の可能性があることがわかります。いつだって遅くないし、何だってできます。私はなりたい私になれるし、なりたい私であり続けられます。

宇宙を知れば知るほど、周りの人々の輝きも見えてきました。表面からは見えない、本質を見る努力をするようになりました。人は皆、人を作る様々な要素や人を取り巻く様々な要素に関わらず、エネルギーと可能性に満ち溢れていることがわかります。私は宇宙を学ぶことでそのことに気づいたから、皆が、自分らしく、あるがままで、それぞれの好きを追求し、それぞれの可能性を体現していき、それぞれの色で輝ける社会を創っていきたい、と思うようになったのです。

宇宙思考の3ステップは、

❶ 視点に限られたことしか見ることができない
❷ 新しい視点、多視点で見え始める
❸ 視点を選び、未来を創る

です。視点を増やせば、モノゴトの本質が見えてくるのです。新しい視点は、未知への探検、探究、そして違いとの対話から生まれてきます。

もしあなたも、自分の輝きに気づきたい、なりたい自分になりたい、と思うのであれば、宇宙を知り、宇宙思考で自分を見てみてください。

もしあなたも、自分を含め皆が、それぞれの色で輝く社会を創りたい、と思うのであれば、宇宙思考でまわりを見てみましょう。そのためには、自分の当たり前ではない、社会の普通ではない領域を探検してみてください。違いに出会い、対話してください。

宇宙は全てです。あなたも宇宙です。あるがままの、美しく多様な宇宙、無限の宇宙を畏れ、讃えましょう。

注釈

第1章　宇宙の中の私たち

【1】　天文学では核融合で輝く天体のことを恒星といい、「星＝star」とは恒星を意味します。惑星は核融合が行われていないので「星＝star」ではありません。

【2】　白色矮星超新星爆発を使った宇宙の膨張速度の観察結果（第5章第2節）や宇宙マイクロ波背景放射の観察結果（第6章第2節）を使い、一般相対性理論（第3章第5節）による宇宙モデルで宇宙を巻き戻すと、宇宙の年齢を計算できます。

【3】　“The Cosmic Calendar” by　Carl Sagen, TVシリーズ”Cosmos“より

【4】　https://jwst.nasa.gov

【5】　“Spectroscopy of four metal-poor galaxies beyond redsfhit ten”Curtis-Lake et al. (2022) Nature: arXiv:2212.04568

【6】　“A Cold, Massive, Rotating Disk Galaxy 1.5 Billion Years after the Big Bang” Neelman et al. (2020) Nature 581, 269．太陽質量の1000億倍の円盤銀河です。

【7】　“The merger hat led to the formation of the Milky Way’s inner stellar halo and thick disk” Helmi et al. (2018) Nature 563, 85

【8】　ただし地動説のほうが太陽系の全ての天体の運動をよりシンプルに正確に、矛盾なく描写できます。

【9】　1977年に打ち上げられた惑星探査機ボイジャー2号に乗せられた地球の住所は、14のパルサー（回転する中性子星）の周期をバイナリーで表し、それらのパルサーと地球の場所を図で表したものでした。

【10】　初期宇宙にはリチウムとベリリウムもありましたが、質量比で10億分の1程度です。

【11】核融合で生成されるのは、正確には原子核です。原子は原子核と電子から成ります。第2章で詳しく説明します。

第2章　宇宙は何でできているの？

【1】熱放射は、理論上、全ての波長で放射されますが、波長によって放射量が異なるので、観測できたり、できなかったりするのです。例えば、理論上、人間だって可視光を放射しているはずです。あまりにも微量で検出不可能なだけなのです。

【2】正確には運動量＝質量速度です。

【3】20世紀量子力学の発展をリードしたニールス・ボーアが導入した言葉（概念）です。

【4】全ての場所に同じ確率で存在するわけではなく、場所によって存在する確率は異なります。電子の波、厳密には波の高さの2乗が、電子が存在する確率の密度なのです。

【5】強い力を運ぶバネの役割を果たす粒子をグルーオンと言います。一方、電磁気の力を運ぶのが光子（光）です。グルーオンや光子をボース粒子と言い、クォークや電子をフェルミ粒子と言います。フェルミ粒子は形を作り、ボース粒子は力を運びます。

【6】クォークをはじめ電子などの素粒子（フェルミ粒子）は、元は質量のない粒子でしたが、ヒッグス場にブレーキをかけられて減速し、質量を持つようになりました。やはり質量はエネルギーですね。

【7】この運動歌は私の息子たちも歌わされていました。一人の息子が太陽の色は白で燃えていないことを先生に伝えたらしいのですが、運動会の歌は変わることなくそのままでした。

【8】おそらく日本における太陽が赤いという勘違いは、国旗に描かれた日の丸が赤いことが原因だと思います。しかし日の丸は朝日を描いているから赤いのだと思います。白地に白い太陽では国旗になり

ません（降参するときの白旗になってしまいますね）。

【9】 太陽の中心核は太陽の半径のおよそ2割以下を占めます。密度は金や鉛の密度のおよそ10倍、圧力は地球の大気圧のおよそ数千億倍ですから、想像を絶する世界です。

【10】 核融合エネルギーのおよそ3％はニュートリノが持って逃げます。ニュートリノは一匹狼で他の粒子と関わりを持たない性格ゆえ、太陽を2秒で脱出できます。そして私たちの指の爪を、毎秒およそ1000億の太陽ニュートリノが通り抜けていきます。そのほんの一部を日本のスーパーカミオカンデが検出していますが、ニュートリノ検出が容易でない理由は、ニュートリノの一匹狼的性格に起因します。

【11】 ほぼ無名の数学者、エミー・ネーターが、エネルギーの本質とエネルギーの奥に潜む現実の対称性を教えてくれました。女性です。

【12】 熱エネルギーには物体を成す原子や分子のポテンシャルエネルギーも含まれます。

【13】 空間が動くと、例えば宇宙が膨張すると（第5章第1節）、エネルギーは保存されなくなります。よって宇宙全体を考えるときは、宇宙スケールの重力ポテンシャルエネルギーを別に考える必要があります。幸い、地球でも、太陽系でも、天の川銀河内でも宇宙の膨張を考慮する必要は全くありません。

【14】 水素ガス輝線観測による銀河回転曲線でダークマターの存在を決定的にしたのは天文学者ヴェラ・ルービンです。女性です。

第3章　空間、時間、時空、重力

【1】 標高は平均海面から測る高さです。平均海面とは何かを同意したうえで高さを伝えましょう。

【2】 0次元の点、1次元の線、2次元の紙（表面）は数学の定義です。3次元人の私たちが見ることのできる現実の点には大きさがあり、線には幅があ

り、紙には厚みがあります。私たちは、3方向に大きさがあるものだけしか見ることはできないのです。

【3】 私たちの宇宙を司る物理法則（モノと力のルール）に従うと、4次元以上の世界では、原子構造も惑星軌道も不安定である故、生命は存在できません。『インターステラー』は4次元空間にいる生命体の助けを得てスペーストラベルをしたSF映画ですが、助けてくれたのは4次元人ではなく、4次元空間を支配した3次元人、人間の子孫でした。

【4】 次元に関するSF小説の古典、エドウィン・アボットの『フラットランド』（講談社）では、3次元世界から2次元世界を訪れた3次元人の球に遭遇した2次元人の四角が、同じ論理で、4次元世界の可能性を、3次元人の球に解きます。

【5】 ニュートンは絶対的な空間と時間を背景に、運動と万有引力の法則を発見し、モノと力の関係（力学）の基盤を築きました。

【6】 時空はニュートンの概念ではありません。4次元時空として空間と時間を統合したのは、次節に出てくるアインシュタインとアインシュタインの数学の先生、ヘルマン・ミンコフスキーです。

【7】 物体の中では光は自由に動けませんから、光の速さは遅くなります。

【8】 時空の制限スピードで動ける光にとって一切時間は経過しません。宇宙の始まりから最後まで全て「同時」です。というより、意識がないのですから、同時の概念も時間そのものの概念もないと思います。

【9】 私たちの脳が認識する「今」となると、さらに過去が「今」になります。目が受信した情報が脳に送られて脳が解釈する時間（0・013〜0・05ミリ秒）もありますし、脳が解釈したからといって私たちの認知があるとは限りません。

【10】 太陽からの可視光光子1つに対して、地球は赤外線光子20個を放射します。太陽から吸収する光

のエネルギーと地球が放射するエネルギーは全く同じ量です。ただエネルギーの形が変わるだけで、エネルギーは保存されます。太陽のローエントロピーエネルギーは使えるエネルギーですが、その使用過程で発生するハイエントロピーエネルギーは、地球にとっては使えないエネルギーです。

【11】 宇宙誕生後、ビッグバンの熱は均等に配分され、粒子は一様に分布していたことが観察されていますが（第6章第1節&第2節）、なぜ温度が一様である初期宇宙のエントロピーが低いのでしょうか？理由は重力です。重力がものを引きつける時、熱が発生し、さらに乱雑になるのです。重力にもエントロピーがあるのです。

部屋の中の空気は重力よりも大きな圧力があり、よって重力で収縮することはありませんが、宇宙の粒子（ガス）は宇宙の膨張（第5章第1節）と共に温度も圧力も下がり、重力で徐々に集まっていきます。例えばガス雲が重力で収縮し、整った星や銀河を作る時は、必ず大量の熱が放射され、エントロピーは増えます。冷蔵庫がものを冷やす（整然）時に必ず熱（乱雑）が発せられるのに似ています。重力が働く方向がエントロピーの増える方向なのです。

よって宇宙で最大のエントロピーを持つ天体はブラックホールです。ある与えられた空間に重力で可能な限りモノが集まった天体がブラックホールだからです。実際、現在の宇宙のほぼ全てのエントロピーは数千億個ある超巨大ブラックホールが持っています。宇宙の情報はブラックホールに隠れてしまっているということです（第4章第3節）。

【12】 この図はニュートンの思考実験で、ニュートンキャノンと言います。地球上の丘にある大砲で弾丸を発射します。弾丸はいずれどこかの地に落ちますが、どんどん発射速度を上げていったら、もっと遠くに落ちるはずです。どんどん遠くまで行って、いずれは地球をくるっと回って、落ちなくなります。これが衛星であり月です。

【13】モノというのは、外から力が働かない限り、現状維持をします。静止しているものは静止状態を続け、動いているものは動き続けます（例：氷の上でスケートすると止まらないのは、摩擦の力がほぼないからです）。ですから、車が加速しても中の人間が同時に加速するわけではありません。座席のシートに押されて共に加速していくのです。車が急ブレーキをかけて減速すると、体が前に飛んでいく理由も同じです。車は減速しても、あなたは動き続けます。だからシートベルトで力を与えて共に減速する必要があるのです。

【14】厳密に言えば、地上の重力は場所によって異なります。地上に近ければ近いほど重力は強いです。さらに、地球が球であることにより、重力の方向は一様ではありません。この違いを潮汐力といいます。よって、重力加速度は一定ではありませんが、重力が一定と見なせる小さな局所的空間において等価原理が成り立ちます。地球は丸いですが、私たちが住んでいる街は局所的に平たいと見なせるのと同じです。逆に、平たい街を少しずつ繋げていくと、丸い地球になるように、重力が一定の局所を繋げていき、重力と時空を統合したのが一般相対性理論です。

【15】皆既日食は、月がちょうど日中の太陽を覆い隠す現象です。太陽の光が遮断されるので、太陽の周りの時空の歪みが背後にある星の光の行程に与える影響を観測できるのです。

【16】"First Batch of Candidate Galaxies at Redshifts 11 to 20 Revealed by the James Webb Space Telescope Early Release Observations" Yan et al. (2022) arXiv: 2207.11558

【17】https://www.ligo.org

【18】アインシュタインは当時、重力波の信号は微弱過ぎる故、実際に観察できないであろうと言っていました。また、アインシュタインはノーベル物理学賞を受賞していますが、相対性理論でもらってい

るわけではありません。

【19】 https://lisa.nasa.gov/

第４章　ブラックホールは怖いですか？

【1】 太陽は核融合により輝くので厳密には少しだけ質量が減っていきます（第２章第５章 $E=mc^2$）。その結果、１００年に1メートル程度、地球の軌道は大きくなっていきますが、人間の生活には全く影響はありません。よって、太陽がブラックホールになると、逆に軌道が不動になる（安定する）とも言えます。

【2】 太陽の光は地球の全ての生命のエネルギーです。太陽の光がなくなったら、地球の熱を利用した地下都市を創るか、スペースコロニーで生活するか、他惑星に移住するか（第５章第３節）の選択が残されます。

【3】 ＮＡＳＡのパーカー・ソーラー・プローブは、彗星のように楕円軌道を作り何度も回りながら、少しずつ太陽に接近していきます。そして最も接近した場所で、太陽コロナ（大気の上に薄く広がる高温低密度ガス）の観測を行います。

【4】 中心から太陽半径１％の距離における重力は、地上における地球の重力（重力加速度9.8メートル毎秒毎秒）の28万倍です。

【5】 物体に働く潮汐力はその物体の大きさに比例します。例えば月の重力場は地球を潮汐力で引き伸ばしています。地球は大きいので、その潮汐力の違いで海の潮が生まれます。

【6】 イベントホライゾンの2〜3倍の距離まで近づくと、安定した軌道を描くことはできなくなり、吸い込まれます。

【7】 カール・シャワルツシルトは第一次世界大戦の前線で戦っている最中に、アインシュタイン方程式からブラックホールの解を見つけました。

【8】 物理学の世界では、Ａで始まるAlice（アリス）とＢで始まるBob（ボブ）を喩えに使うのが伝統です。

もう一人必要な時は、Ｃで始まるCharlie（チャーリー）になります。物理学分野だけでなく、科学エンジニア分野一般で同じ傾向があるようです。

【9】動きや重力場における時間の進み方の違いで、光の波長が伸びることをレッドシフト、波長が短くなることをブルーシフトと言います。赤（レッド）や青（ブルー）色になるわけではありませんが、可視光域で長い光が赤く、短い光が青いからという理由でそういう表現になりました。第６章第１節で、動きによるレッドシフトと宇宙の膨張によるレッドシフトの話をします。

【10】特異点はアインシュタインの一般相対性理論が崩壊する現代物理学の理解では解釈できない場所です。点という文字が入っていますが、「点」ではありません。

【11】ブラックホール相補性といい、本章第３節で展開するホログラム原理を導いた物理学者の一人、レオナルド・サスキンドが提唱した概念です。

【12】空間の最小単位がプランク長です。これより小さい空間は、測定しようと思うとブラックホールになってしまい測定できません。プランク長は空間の限界です。

【13】"The World as a Hologram" Susskind (1995) Journal of Mathematical Physics 36, 6377 "Dimensional Reduction in Quantum Gravity" 't Hooft (1993) Conf. Proc. C 930308 284-296 Video lecture called "The World as a Hologram" by University of California TVelevision https://www.uctv.tv/shows/The-World-as-a-Hologram-11140

【14】この舞台を物理学では「場」といいます。量子の場の理論です。

【15】ブラックホールに入った情報は失われると主張するホーキングに対して、ブラックホールに入った情報は失われないと主張するもう一人の理論物理学者ジョン・プレスキルとの間に、１９９７年、賭けが行われました。そして２００４年にホーキング

は負けを認め、ジョン・プレスキルは野球百科事典をゲットしました。

【16】 解決策として、例えば、ブラックホールのイベントホライゾンに入る前にエネルギーで焼き殺されるから情報は外に残るとするファイアウォール（防火壁）説、ホーキング放射のペアは内と外をワームホールで繋ぐので情報は内から出ることができるとするER＝EPR説、ブラックホールはブラックホールではなく、素粒子よりも小さい超ひもでできた、情報を保有するファズボール（fuzzball: ボンボン）だとする説などです。ERはアインシュタインとローゼンが1935年7月に発表した論文に基づく時空のワームホール（第7章第2節）を意味し、EPRはアインシュタイン、ポドルスキー、ローゼンが同年5月に発表した論文に基づく量子のもつれ（第6章第4節）を意味します。ブラックホール情報パラドックスに関して詳しく知りたい読者は、スタンフォード大学の理論物理学者、レオナルド・サスキンドの著書『ブラックホール戦争：スティーヴン・ホーキングとの20年越しの闘い』（日経BP）を読んでください

【17】 理論物理学者キップ・ソーンと賭けを行いました。しかし、1990年までには負けを認め、キップ・ソーンが賭けの報酬、アメリカのアダルト雑誌「ペントハウス」を1年間分ゲットしたそうです。ホーキングは賭けが好きですね。

【18】 "An improved orbital ephemeris for Cygns X-1 "Brocksopp et al. (1999) Astronomy & Astrophysics 343, 861

【19】 中性子星は太陽を地球の都市サイズに押し込めて巨大な原子核になったような星です。中性子（量子）は同じ量子状態にいることはできない故（パウリの排他原理）、巨大星の中心核という空間（状態）が限られた場所では、全ての中性子が異なるエネルギー状態をとることにより圧力が生じます。これを中性子縮退圧力と言います。電子縮退圧力で支えら

れているのが白色矮星です。

【20】天の川銀河中心部の観察をリードしたアンドレア・ゲッズとラインハルト・ゲンツェルは２０２０年にノーベル物理学賞を受賞しています。同時に、理論的にブラックホール形成を証明したロジャー・ペンローズにも授与されています。アンドレア・ゲッズはノーベル物理学賞受賞者としては4人目の女性です。

【21】いて座A*のイベントホライゾンは１０００万キロメートルです。地球から2万６０００光年離れた銀河中心で、太陽から地球までの距離の1割程度の小さな空間を「見る」には、月の上のりんごを「見る」に匹敵する解像度が必要です。イベントホライゾンテレスコープ（EHT）チームは、世界中の電波望遠鏡を使い、数年の分析を経て、いて座A*及び巨大楕円銀河M87の超巨大ブラックホールの観察に成功しました。

【22】"A Luminous Quasar at Redshift 7.642" Wang et al. (2021) The Astrophysical Journal Letters 907,1

【23】原始ブラックホールを最初に提案したのはホーキングです。

【24】"Primordial Black Holes as Dakr Matter: Recent Developments" Carr & Kuhnel (2020) Annual Review of Nuclear and Particle Science 70, 355-94

【25】星々は銀河円盤状に分布し、同じ方向に銀河の中心を回転しています。例えば、太陽を含め、近傍の星々の回転速度は毎秒２２０キロメートルです。その回転からずれる、局所的なスピードは、ランダムな方向に、毎秒20キロメートル前後です。

【26】星は質量が小さければ小さいほど数が多く、大きい星は稀です。例えば大半（4分の3）の星は、太陽の半分以下の大きさである赤色矮星です。

【27】"Crater Morphology of Primordial Black Hole Impacts" Yalinewich & Caplan (2021) Monthly

Notices of the Royal Astronomical Society Letters, 550,1

第5章　宇宙はどこへ行く？

【1】　セファイド変光星の周期――光度関係を発見したのはヘンリエッタ・リービットという女性です。とても優秀であったにも拘らず、女性であるが故に研究職には就けず、ハーバード大学附属の天文台で、他の優秀な女性たちと共に観察結果の分類をしていました。男たちに「コンピュータ」と呼ばれ、何も考えずにただ働けと言われていたそうです。賃金は、現代の貨幣の価値に換算して時給800円程度でした。「コンピュータ」と呼ばれた女性の中から天文学だけでなく他分野でも、多くの素晴らしい発見が生まれています。

【2】　銀河の速度は、私たちと銀河を結ぶ視線方向の速度のみしか測ることはできません。銀河は最も近所にあるアンドロメダ銀河でさえ250万光年先というとてつもなく遠い距離にあるので、視線方向に対して垂直方向の銀河の動き（接線速度）は、何十年、何百年観測しても測ることはできません。接線速度を測れるのは近傍の星のみです。

【3】　アインシュタイン方程式から動的宇宙の解を求めたのはアレクサンドル・フリードマンとジョルジュ・ルメートルです。アインシュタイン自身は無限で不変の静的宇宙を信じていた故、動的宇宙を否定していました。そのために、宇宙の重力に抵抗する力、宇宙定数を導入したのです。この宇宙定数が次節のダークエネルギーに繋がります。本章の注8（383ページ）を読んでください。

【4】　太陽のような低質量星は核融合で輝く限界に達すると白色矮星になります。白色矮星は電子による量子的圧力によって支えられている星の核ですが、この白色矮星に連星があり、その連星が赤色巨星になり大きく膨らむと、その連星の外層のガスを

引き寄せることができます。しかし電子の量子的圧力は太陽質量の1・4倍の質量しか支えることはできません（チャンドラセカール限界）。ガスが降着しこの質量限界を超える時、白色矮星は超新星爆発を起こすのです。全ての白色矮星が太陽質量の1・4倍で爆発する故、超新星爆発タイプIaは全く同じエネルギー量で爆発するのです。だから標準光源です。

【5】 観察で宇宙が加速膨張していることを示したソール・パールマッター、ブライアン・P・シュミット、アダム・リースの3氏は2011年にノーベル物理学賞を受賞しています。

【6】 真空中で、ごくわずかな距離を隔てた2枚の金属板に挟まれた空間とその2枚の金属板の外の空間の真空エネルギーには差があり、そのエネルギー差で金属板が互いに引き合う力を発生するカシミール効果や、水素原子中の真空エネルギーと電子の相互作用により、電子のエネルギー準位がずれるラムシフトなどがあります。

【7】 アインシュタインの一般相対性理論では、ものとエネルギーに加え、圧力も重力を作ります。例えばあなたの部屋の中の空気の圧力も重力を生むのですが、地上の圧力による重力は全て無視できるほど、微小でわからないだけです。一般に私たちがいう圧力は正の圧力で引き付ける重力を生みます。一方、空間自体にあるエネルギーの圧力は負の圧力になります。負の圧力は斥ける重力を生みます。

【8】 アインシュタインは無限で不変の静的宇宙を信じていたので、自身の一般相対性理論から導かれる動的宇宙の動きをキャンセルするために、反発する重力を及ぼす宇宙定数を導入しました。空間そのものに一様のエネルギーがあり、それが負の重力を与えると考えたのです。アインシュタインは当時、ハッブルの観測で宇宙の膨張が明らかになった直後、この宇宙定数を「人生最大の過ち」と言って撤回しました。それからおよそ70年後、宇宙は膨張しているだけではなく加速膨張していることがわか

り、この宇宙定数がダークエネルギーとしてカムバックするのです。宇宙定数は宇宙の加速膨張を説明できるからです。アインシュタインは間違っていても、正しかった、さすがアインシュタインとしか言いようがありません。

【9】 "Anthropic bound on the cosmological constant" Weinberg (1987) Physical Review Letters. 59 , 2607–2610
"Large Number Coincidences and the Anthropic Principle in Cosmology" Carter (1974) Symposium - International Astronomical Union , Volume 63: Confrontation of Cosmological Theories

【10】 地球の温暖化を解決するために炭酸カルシウムの効果と副作用を検証しているSCoPExプロジェクトがあります。ビル・ゲイツも投資しています。
https://www.keutschgroup.com/scopex

【11】 例えば1991年、フィリピンのピナツボ山が噴火した後、1年以上に亘り、地球の平均気温は0・7度下がりました。

【12】 太陽が星風で質量を失うと、地球の軌道はそれに応じて後退するので（重力が減少するから）、ぎりぎりで太陽に飲み込まれないかもしれません。それでも星風に攻撃される環境からは脱出するべきです。

【13】 電子は同じ量子状態にいることはできない故（パウリの排他原理）、星の中心核という空間（状態）が限られた場所では、全ての電子が異なるエネルギー状態をとることにより圧力が生じます。これを電子縮退圧力と言います。中性子縮退圧力で支えられているのが中性子星です。

【14】 , "Stratification in planetary cores by liquid immiscibility in Fe-S-H," Yokoo et al. (2022) Nature Communications: 13, 644

【15】 "How to Create an Artificial Magnetosphere on Mars" Bamford et al. (2022) Acta Astronautica, Volume 190, 323-333

【16】 https://www.nasa.gov/press-release/goddard/2018/mars-terraforming

【17】 https://mars.nasa.gov/mars2020/spacecraft/instruments/moxie/

【18】 全てのガス惑星（木星、土星、天王星、海王星）にはそれぞれ数多くの衛星があり、リングもあります。

【19】 "HABITABLE ZONES OF POST-MAIN SEQUENCE STARS" Ramirez & Kaltenegger (2016) The Astrophysical Journal 823, 6　地球の内部もいずれは冷却し磁気圏がなくなるでしょうから、どの惑星も惑星自体で大気を維持できる寿命が、多かれ少なかれあります。

【20】 惑星にかかる潮汐力とは、星からの重力の大きさの違いによる力です。ブラックホールでスパゲティになるのと同じ原理です。地球の月はこの潮汐力により、自転周期と公転周期が同じになりました。これを潮汐ロックと言います。

【21】 "Habitability of Proxima Centauri b" Turbet et al. (2016) Astronomy & Astrophysics 596, A112 星は若ければ若いほど頻繁に爆発的にエネルギーを放出します。太陽が比較的落ち着いているのは、太陽は一生（100億年）の半分ほどを終えた中年のお星様だからです。プロキシマ・ケンタウリ星もいずれはだいぶ落ちつくかもしれません。"Discovery of an Extremely Short Duration Flare from Proxima Centauri Using Millimeter through Far-Ultraviolet Observations" MacGregor et al. (2021) The Astrophysical Journals Letters 911, L25

【22】 https://breakthroughinitiatives.org/initiative/3

【23】 例えば、東京大学工学部の渡辺正峰准教授が意識を機械に移植する研究に取り組んでいます。参照『脳の意識、機械の意識』（中央公論新社）

【24】 アンドロメダ銀河と天の川銀河間の宇宙空間も膨張しているのですが、アンドロメダ銀河と天の川銀河は、膨張する空間の中をそれ以上の速さで互

いに向かって動いています。２つの銀河は宇宙の膨張にも負けず、重力で惹かれあっているのです。局部銀河群内は引き付ける重力が斥ける重力に勝ちます。一方、それより大きい空間はいずれ、斥ける重力が引き付ける重力に圧倒的に勝ってしまいます。空間は大きければ大きいほどダークエネルギーのパワーが圧倒するのです。

【25】“Phanton Energy and Cosmic Doomsday”Caldwell et al. (2003) Physical Review Letters 91 071301

【26】“The end of everything” by Katie Mack (2018)

【27】第6章で話す宇宙の始まり、ビッグバンを説明するインフレーション理論とそこから必然的に生まれる何でもありのマルチバースが嫌いな物理学者たちが、マルチバースを必要としない様々なサイクリック宇宙モデルを提案しています。

【28】“A new kind of cyclic universe”Ijjas & Steinhardt (2019) Physics Letters B 795, 666-672

第６章　宇宙はどう始まったのか？　宇宙の外には何があるのか？

【1】１９４０年代、ジョージ・ガモフ、ラルフ・アルファー、ロバート・ハーマンがビッグバン宇宙論を提唱しました。「バン」という名前ゆえ、爆発があったような気がしますが、ビッグバンは爆発ではありません。宇宙は始まりも終わりもないと主張していた科学者たちが、この宇宙論を馬鹿にしてつけた名前がビッグバンです。誤解が生まれるということで、後年、ビッグバンに代わる名前を一般募集したのですが、やはりビッグバンが一番かっこいい、ということでビッグバンの名前が定着したそうです。

【2】宇宙マイクロ波背景放射は１９６４年、通信会社の研究所で働いていたアーノ・ペンジアスとロバート・ウィルソンが偶然見つけました。二人が電

波通信のアンテナに入ってくるノイズを取り除くのに困っていた時、近所のプリンストン大学のロバート・ディックとジム・ピーブルズによるビッグバンの残光の話を人伝えに聞き、そのノイズがその残光だと気づいたのです。その結果二人はノーベル賞を受賞しました。ジム・ピーブルズはのちに2019年、宇宙マイクロ波背景放射と宇宙の構造の解明に対してノーベル賞を受賞しました。

【3】宇宙マイクロ波背景放射探査機（COBE）で宇宙マイクロ波背景放射の温度の揺らぎを測定したジョン・マザーとジョージ・スムートは2006年にノーベル賞を受賞しています。KOBE（故バスケットボール選手）ではなくCOBEです。

【4】ここで宇宙領域とは、私たちから見た宇宙のイベントホライゾンまでの空間を意味しています。

【5】"Parallel Universes"Tegmark (2003) Science and Ultimate Reality* From Quantum to Cosmos, Cambridge University Press

現在の宇宙のイベントホライゾン内の情報はエントロピー上限（ヒートデスが上限：第5章第4節）からは程遠いので、実際はもっと近くに、全く同じ宇宙領域があると考えます。

【6】アラン・グース、アレクセイ・スタロビンスキ、佐藤勝彦氏などがインフレーション理論を提案しました。佐藤勝彦氏は東京大学の名誉教授です。

【7】第5章第4節で話したビッグバウンスはインフラトン場の代わりにクインテッセンスダークエネルギーのスカラー場を導入して、宇宙マイクロ波背景放射の観察値等を説明できる新しい理論です。

【8】アンドレイ・リンデ、ポール・スタインハート、アレクサンダー・ビレンキンによって永久インフレーション理論は提案されました。一般人向け概要は"The Self-Reproducing Inflationary Universe"Linde (1994)Scientific American

【9】様々なマルチバースをレベルで分類したのはマサチューセッツ工科大学の物理学者マックス・

テグマークです。彼のホームページにマルチバースの分類及び説明に関する論文リストがあります。https://space.mit.edu/home/tegmark/crazy.html

【10】 https://www.youtube.com/watch?v=XglOw2_lozc&t=254s 参照

【11】 https://ncatlab.org/nlab/show/Coleman-De+Luccia+instanton 参照

【12】 10^{500}種類の真空状態は、3次元空間以外の6次元を空間の最小スケールに編み込んで畳む方法の違いから生まれるようです。レオナルド・サスキンド、ラファエル・ブーン、ジョセフ・ポルチンスキーらによって提案されています。これをランドスケープと言います。

【13】 電子のような量子が波である様子を波動関数という数式で表し、その波動関数の時間ごとの進化を計算したのがシュレディンガーです。量子力学におけるこのシュレディンガーの方程式は、古典力学におけるニュートンの運動方程式に匹敵します。

【14】 波動関数が確率でものの状態を表すという解釈に最も反対していたのは、波動関数を編み出したシュレディンガー自身です。「猫が同時に生きていて死んでいるなんて馬鹿げているだろ！」というシュレディンガーの叫びが、猫を犠牲にしたシュレディンガーの猫の思考実験なのです。ちなみにシュレディンガーは猫ではなく犬を飼っていたらしいです。

【15】 デコヒーレンスはディーター・ゼーにより導入されヴォイチェフ・ズレックらが発展させました。デコヒーレンスを簡単に説明している論文は"100 years of quantum mysteries" Tegmark & Wheeler (2001) Scientific American です。

【16】 多世界解釈を提唱したのはシュレディンガーではなく、1957年、米国プリンストン大学院生ヒュー・エヴェレット3世です。シュレディンガーが波動関数を発見し、マックス・ボルンによりその確率的解釈がされた31年後のことです。もっと詳し

く知りたい人は、『量子力学の奥深くに隠されているもの　コペンハーゲン解釈から多世界理論へ』（青土社）を読みましょう。

【17】スイスのＥＰＦＬ研究所のBlue Brain Projectは、人間の脳のシミュレーションを目指し現在はネズミの脳のシミュレーションに取り組んでいるそうです。https://www.epfl.ch/en/

【18】"The Physics of Information Processing Superobjects: The Daily Life among the Jupiter Brains." Sandberg (1999) Journal of Evolution and Technology vol 5

【19】宇宙全体を量子レベルでシミュレーションする必要はありません。人間の認知に関わらない環境は粗く計算しても何の支障もありません。

【20】"Are We Living in a Computer Simulation?" Bostrom (2003) The Philosophical Quarterly v53, 211

第７章　タイムトラベルしたいかい？

【1】ワームホールの原案は、アインシュタイン・ローゼン（ＥＲ）橋と呼ばれるブラックホールの数学の解で、その解をそのまま解釈すると、アインシュタイン・ローゼン橋は異なる宇宙に繋がるポータル（扉）のようです。しかしアインシュタイン・ローゼン橋はできたら瞬時に閉じてしまうので、光でさえも通り抜けることはできません。ワームホールの原案から20年後、アメリカの理論物理学者ジョン・ウィーラーが、同じ宇宙の二点を繋ぐ解もあることを示し、その解をワームホールと名づけました。

【2】"Wormholes, Time Machines, and the Weak energy Condition" Morris et al. (1998) Physical Review Letters Vol 61, 13

みんな輝いてるよ、ピース✌

【著者紹介】
天文物理学者BossB（てんもんぶつりがくしゃぼすびー）
◉——信州大学准教授。理学博士。アメリカのコロンビア大学博士課程修了、カリフォルニア大学サンタバーバラ校、ドイツのマックス・プランク天文学研究所などで研究活動後、10年間の子育てを経て、2014年よりアカデミアにカムバック。

HP：天文物理学者BossB.com
YouTube：www.youtube.com/天文物理学者BossB
TikTok：@herosjourneygc
Instagram：@herosjourneygc
Twitter：@herosjourneygc

宇宙思考《うちゅうしこう》

2023年2月20日　第1刷発行
2024年3月1日　第5刷発行

著　者——天文物理学者BossB
発行者——齊藤　龍男
発行所——株式会社かんき出版
東京都千代田区麹町4-1-4 西脇ビル　〒102-0083
電話　営業部：03(3262)8011㈹　編集部：03(3262)8012㈹
FAX　03(3234)4421　振替　00100-2-62304
https://kanki-pub.co.jp/

印刷所——図書印刷株式会社

　ISBN978-4-7612-7655-3 C0040